复合纤维材料
混凝土结构的抗震性能

江世永　等著

中国建筑工业出版社

图书在版编目（CIP）数据

复合纤维材料混凝土结构的抗震性能/江世永等
著. —北京：中国建筑工业出版社，2018.5
ISBN 978-7-112-21826-4

Ⅰ. ①复… Ⅱ. ①江… Ⅲ. ①复合纤维-纤维增
强混凝土-混凝土结构-抗震性能-研究 Ⅳ.①TU37

中国版本图书馆 CIP 数据核字（2018）第 030250 号

本书首先简要介绍了复合纤维材料的特殊性能及其在结构工程、工程结构抗
震中的研究与应用；然后介绍了 CFRP 材料性能测试，全 CFRP 筋混凝土柱、全
CFRP 筋高韧性水泥基复合材料柱、CFRP 布加固震损 CFRP 筋混凝土柱、CFRP
筋-钢筋混合配筋混凝土转换梁框支剪力墙的抗震性能；而后基于 OpenSees 和
ABAQUS 对 CFRP 筋-钢筋混合配筋混凝土转换梁框支剪力墙进行了抗震性能分
析；最后对复合纤维材料混凝土结构研究进行了展望。

本书适合从事纤维增强复合材料研究及应用的人员参考学习。

* * *

责任编辑：李天虹
责任设计：李志立
责任校对：刘梦然

复合纤维材料混凝土结构的抗震性能

江世永 等著

*

中国建筑工业出版社出版、发行（北京海淀三里河路 9 号）
各地新华书店、建筑书店经销
霸州市顺浩图文科技发展有限公司制版
廊坊市海涛印刷有限公司印刷

*

开本：787×1092 毫米　1/16　印张：18¼　字数：449 千字
2018 年 5 月第一版　2018 年 5 月第一次印刷
定价：**56.00** 元
ISBN 978-7-112-21826-4
（31666）

《复合纤维材料混凝土结构的抗震性能》编委会

前　言

复合纤维材料（Fiber Reinforced Plastics/Polymers，简称FRP）是将多股连续纤维与聚酰胺树脂、聚乙烯树脂、环氧树脂等基体材料胶合后，采用特殊工艺成型的一种新型复合材料。复合纤维筋具有轻质、高强、耐腐、无磁等优良材料特性，这对解决土木工程领域的诸多特殊问题提供了良好的解决方案。对FRP开展相关研究，并不是为了取代现有的材料、技术和结构，而是作为既有结构体系的一个有效补充和重要组成部分，满足特殊使用环境对工程材料与结构的特殊要求，解决长期困扰土木工程界的一些棘手问题，如钢筋锈蚀、电磁干扰、腐蚀性介质侵蚀等。

在道路工程中应用FRP筋，可以减少由于普通钢筋传力杆腐蚀而造成的混凝土路面剥落，并有效应对严寒季节道路除冰盐的腐蚀作用。在桥梁工程中应用FRP筋拉索、FRP桥面板等，可以有效减轻结构自重，提高承载能力，改善耐腐蚀性和耐疲劳性，延长使用寿命。在海洋基础设施中用FRP筋替代钢筋，可以从根本上解决钢筋锈蚀问题，极大地改善设施的耐久性和耐腐蚀性，并降低工程造价。在岩土工程和地下工程中采用FRP筋作为支护、加固或配筋材料，可以提高施工便利，降低施工难度，获得更好的耐久性和耐腐蚀性。在对电磁有特殊要求的结构中，如电化通信设备建筑、地震观测站、变电所基础、雷达站、机场通信塔、机场跑道、医院核磁共振设备间、核潜艇基地等军事和民用特殊设施，FRP筋所具有的良好透波性和非磁性，使其成为钢筋等传统建筑材料的理想替代材料。

应该指出的是，FRP并非毫无缺陷。由于FRP是一种各向异性的线弹材料，弹性模量低于钢筋，因此，与钢筋混凝土结构相比，FRP筋混凝土结构裂缝更宽、变形更大、刚度更小、抗震性能较差，从而降低了其适用性和耐久性，限制了其工程应用。这些问题一直困扰着研究人员，而高韧性水泥基复合材料（Engineered Cementitious Composite，简称ECC）则成为解决这些问题的最佳选择。将短切纤维、水泥、水、石英砂以及硅粉、粉煤灰等掺合料以一定的比例混合在一起并搅拌均匀，即制得ECC。ECC基于断裂力学和微观力学原理对材料微观结构进行合理设计，具有鲜明的应变硬化特征，使水泥基材料由传统的脆性材料转变为韧性材料。ECC具有高抗拉延性、裂缝控制能力和高断裂韧性，非常适合与FRP筋联合使用来提高结构的延性、适用性和耐久性，并且能有效提高结构的损伤容限。本课题组完成的全CFRP筋高韧性水泥基复合材料柱的抗震性能研究表明，即使将线弹性的CFRP筋用作高韧性水泥基复合材料柱的增强筋，构件也具有很好的延性，充分发挥了两种复合材料的优势，弥补了FRP筋塑性、韧性不足的缺陷，实现了两种复合材料的有机结合。FRP筋高韧性水泥基复合材料结构将成为未来研究的一大热点，有着迫切的研究需求，这对FRP的工程应用将会产生极大的促进作用。

随着FRP生产成本的降低，经济性将不会成为FRP推广应用限制因素，应着力解决的问题包括生产工艺的改进，标准、指南或规范的制定，科研工作的统筹协调，科研任务

4

的分工协作，以及相关教材和教学的建设。尽管早在 20 世纪 80 年代，FRP 的相关研究即已开展，并且持续推进，成果与应用皆有目共睹，但是有工程师对这种新兴技术仍然缺乏足够理解，存在疑虑。例如，在 2004 年巴黎戴高乐机场航站楼的顶棚垮塌事故中，一些工程师首先就对结构中所采用的 FRP 系统提出质疑，而最后的调查结果证明，该垮塌事故与 FRP 系统毫无关联。因此，加强这种新材料、新结构、新技术的宣传与推广亦不容忽略。

对于 FRP 的研究应用，美国、日本、加拿大和欧洲等发达国家和地区于 20 世纪 80 年代即已介入，目前仍处于引领地位，在研究成果与工程应用方面均收获颇丰。其中，行业协会发挥了非常重要的促进作用，如美国混凝土协会 440 委员会（ACI Committee 440）、日本土木工程师学会（JSCE）、加拿大标准协会（CSA）、欧洲国际混凝土委员会（CEB）均制定了有关 FRP 的报告、建议、指南、细则等规范性文件，并根据最新研究成果定期修订更新。以美国混凝土协会 440 委员会为例，该委员会制定的有关 FRP 的规范性文件多达十几项，从材料、设计、构造、施工、质量检查与验收、试验方法等方面均提出了详细的可操作性强的方法与措施，全面系统地呈现了 FRP 研究应用的各项要素，为其工程应用提供了扎实的理论和技术支撑。这些都是国内相关研究值得借鉴之处。国内的现状是相关研究持续深入开展、工程应用逐步推进、规范性文件比较缺失。中国土木工程学会也成立了 FRP 及其工程应用专业委员会，先后召开了两届学术会议，有效促进了 FRP 在土木工程中的研究应用，在工程应用方面也取得了进展，如采用 CFRP 筋配筋的地磁观测站，采用 CFRP 拉索的斜拉人行天桥等，但多为示范性工程，工程应用总量较小。

本课题组自 1998 年开始进行 FRP 的研究应用，从零开始不断拓展研究的深度与广度，主要成果有：CFRP 布加固钢筋混凝土梁受弯性能研究（1998~2001 年），预应力CFRP 布加固钢筋混凝土梁受弯性能研究（2002~2005 年），AFRP 筋混凝土粘结性能研究（2006~2007 年），AFRP 筋高强混凝土梁受弯性能研究及 ANSYS 有限元模拟分析（2006~2007 年），BFRP 筋混凝土粘结性能研究（2007~2008 年），BFRP 筋混凝土梁受弯性能研究（2007~2008 年），有粘结预应力 BFRP 筋混凝土梁受弯性能研究（2008~2009 年），无粘接预应力 BFRP 筋混凝土梁受弯性能研究（2008~2009 年），BFRP 连续螺旋箍筋混凝土梁受剪性能研究（2009~2011 年），预应力 CFRP 筋混凝土矩形和 T 形梁受弯性能研究（2011~2013 年），CFRP 筋-钢筋混合配筋混凝土转换梁框支剪力墙抗震性能研究（2011~2013 年），全 CFRP 筋混凝土柱抗震性能研究（2013~2015 年），CFRP布加固震损 CFRP 筋混凝土柱抗震性能研究（2014~2015 年），预应力 CFRP 筋-钢筋混合配筋混凝土转换梁框支剪力墙抗震性能研究（2015~2016 年），墙肢布置对 CFRP 混合配筋框支剪力墙抗震性能影响研究（2016~2017 年），全 CFRP 筋高韧性水泥基复合材料柱抗震性能研究（2016~2017 年）。

通过对研究成果进行精心整理，课题组编写了专著《复合纤维筋混凝土结构设计与施工》，已由中国建筑工业出版社出版发行。这本专著主要以复合纤维筋混凝土结构的静力试验研究为基础，通过建立力学模型进行理论分析，提出了复合纤维筋混凝土结构的材料测试、设计以及施工指南。位于我国西南某地的地磁观测站，完全采用 CFRP 筋配筋，其设计与施工即采用了这本专著所提供的指南。该工程于 2012 年 8 月完工并投入使用，使用至今，未发现有开裂、变形过大、承载力不足等不良现象，使用状况良好，表明此种结构形式安全可靠，为地磁观测站的建设提供了一种新的方案，也为对磁性环境有特殊要求或位于恶劣环境下的工程建设提供了一种新的解决方法。

对于复合纤维筋混凝土结构，国内外研究得比较多的都是其静力工作性能，而对其抗震性能的研究相对较少。在前期研究的基础上，课题组相继开展了一系列复合纤维筋混凝土结构抗震性能的研究工作，本书即是这项研究的成果体现，其内容主要包括全 CFRP 筋混凝土柱的抗震性能，全 CFRP 筋高韧性水泥基复合材料柱的抗震性能、CFRP 布加固震损 CFRP 筋混凝土柱的抗震性能、混杂配筋混凝土转换梁框支剪力墙的抗震性能等。通过这些研究成果的提炼和系列专著的编写，希望能更好地促进和支撑课题组的后续研究，并为复合纤维材料的工程应用和相关规范性文件的编制提供借鉴。

本书的撰写，由江世永教授牵头负责、统筹规划，课题组成员分工合作，经过若干次讨论、修改，历时 2 年左右完成。本书的面世，得到了东南大学、同济大学、玄武岩纤维生产及应用技术国家地方联合工程研究中心、国家救灾应急装备工程技术研究中心、四川拜赛特高新科技有限公司、江苏绿材谷新材料科技发展有限公司、四川帕沃可矿物纤维制品有限公司、《材料导报》杂志社等单位的大力支持，得到重庆市科委科技攻关重点项目"全无磁耐腐蚀地震观测站建筑设计及施工技术"（CSTC2011AB0043）、重庆市前沿与基础项目"复杂受力状态下 FRP 筋-钢筋转换梁框支剪力墙抗震性能及设计方法研究"（CSTC2014jcyjA30010）、重庆市社会民生科技创新专项"预应力 FRP 筋高性能混凝土复杂高层结构关键技术及应用研究"（CSTC2015shmszx30006）的资助，在此表示衷心感谢。

本书系统归纳提炼了本课题组近年来的研究成果，期望本书的面世，能够在同行之中起到良好的交流作用，书中疏漏之处难免，恳请各位专家教授和同行批评指正。

目　　录

1 绪 论

1.1 复合纤维材料及其特殊性能

纤维增强复合材料（Fiber Reinforced Plastics/Polymers，FRP），或称复合纤维材料，是由多股连续纤维通过基体材料（如聚酰胺树脂、聚乙烯树脂、环氧树脂等）进行胶合后，经特制的模具成型的一种新型复合材料。FRP 所采用的纤维原丝通常有芳纶纤维（Aramid Fiber）、碳纤维（Carbon Fiber）、玻璃纤维（Glass Fiber）和玄武岩纤维（Basalt Fiber）等四种类型。选择纤维主要考虑费用、强度、刚度和长期稳定性等因素。纤维与树脂的比例不同，FRP 的力学性能和材料性能就会出现差异。例如，采用不同的纤维树脂比例，芳纶纤维材料的弹性模量可以从低、高到极高范围内变化，碳纤维材料的弹性模量也可以从低于钢筋弹性模量到数倍于钢筋弹性模量的范围内变化。

FRP 具有多种不同的形式，如片材（布材）、板材、纱材、网格材、筋材等。典型的FRP 大约有 60%～65% 的纤维含量，其余是树脂基体。其中纤维起受力作用，而树脂主要起粘合纤维的作用。碳纤维、芳纶纤维、玻璃纤维和玄武岩纤维是应用最广泛的几种纤维。树脂有热固性树脂和热塑性树脂两大类。树脂基体中会放入一些添加剂，主要是为了改善树脂的物理、化学性能。合理加入添加剂可以改善复合材料的力学性能，如增加强度、减小收缩、增加韧性、缓解徐变断裂、提高耐火性及其抗紫外线的能力，因而 FRP 有很大的可设计性。

FRP 是一种线弹性的各向异性的复合材料，它具有高强、轻质、耐腐蚀、非磁性等优良材料特性，使其在岩土、海洋、道路、桥梁工程和许多特殊工程领域中有着广阔的应用前景。将 FRP 用作混凝土结构的加固或增强材料，对解决钢筋锈蚀问题、改善结构耐久性、减轻结构自重和提高结构承载力等效果显著，并且能够更好地满足特殊使用环境对工程材料与结构的特殊要求。将 FRP 用作工程结构的加固或增强材料，需要对 FRP 的性质有一个全面的认识和了解。归纳起来，FRP 的优缺点见表 1-1。

FRP 的优缺点 表 1-1

优 点	缺 点
顺纤维方向抗拉强度较高（随荷载与纤维之间的夹角不同而变化）	脆性、无屈服点
耐腐蚀（不依赖于表面防护措施）	非顺纤维方向强度较低（随荷载与纤维之间的夹角不同而变化）
非磁性	弹性模量较低（随纤维类型不同而变化）
耐疲劳（随纤维类型不同而变化）	纤维和树脂受紫外线照射易破坏
重量较轻（约为钢筋密度的 1/5～1/4）	潮湿环境中玻璃纤维的耐久性较差

优　点	缺　点
导热性和导电性较差（仅限于玻璃纤维、芳纶纤维和玄武岩纤维） —	碱性环境中某些玻璃纤维和芳纶纤维的耐久性较差 与混凝土相比,垂直于纤维方向的热胀系数较高 遇火易破坏,破坏程度取决于基体材料的 类型和混凝土保护层的厚度

1.2　复合纤维材料在结构工程中的应用

在道路工程、桥梁工程、海洋工程、岩土工程以及许多特殊工程领域（如电磁绝缘结构工程、高寒环境下基础工程、地址灾害防治工程等），FRP 的独特之处使其有着广阔的应用前景。以下简要介绍 FRP 在土木工程各个领域的典型应用。

1. 桥梁工程中的应用

FRP 以其高强轻质、良好的耐疲劳性能可用作斜拉桥的拉索。丹麦 Herning 斜拉桥，是丹麦第一座大规模使用 CFRP 筋建造的桥梁，也是迄今为止已建成的全部采用 CFRP 斜拉索的最长桥梁。FRP 的另一用途是 FRP 桥面板，FRP 板自重仅为传统面板的 $1/4\sim 1/3$，且 FRP 桥面板具有耐腐蚀和强度高的性能，因此 FRP 桥面板不仅可应用于新建桥梁的桥面板，同时还应用于替换老化桥梁的桥面板以提高桥梁的荷载等级，延长其使用寿命。

2. 海洋工程的应用

在海洋工程中，最突出的问题就是海洋基础设施建设中的结构防腐问题。目前在建的海洋工程中的钢混结构，采用厚达 150mm（陆地钢筋混凝土结构保护层的 5 倍以上）的混凝土保护层及防腐措施，结构的耐久年限也仅有 20 年左右，远远达不到海洋工程结构的耐久性要求。由于 FRP 筋具有优良的抗腐蚀性能，采用 FRP 筋混凝土结构就可以从根本上解决海洋工程中的钢筋锈蚀问题，对海洋工程的建设具有重大的意义。

3. 岩土工程中的应用

FRP 筋在长期恶劣的地质条件下具有良好的抗腐蚀性能，其抗拉强度高且抗剪强度很低（不超过其抗拉强度的 10％），很容易被剪断。由于这个特性，用 FRP 筋制作锚杆代替钢锚杆具有不需防腐保护，结构简单，重量轻且易于制造、运输和安装，预应力损失小等优点。FRP 筋在岩土工程中的应用对地下工程的开发有十分重要的意义，既可以充分发挥其抗拉强度高的优势，又很容易被掘进机具剪断，消除了大量钢筋网埋在地下给今后城市地下工程的开发带来的隐患。成都地铁一号线工程中采用 FRP 筋代替钢筋进行混凝土结构的配筋与施工，既能满足围护结构的要求，又能确保盾构机顺利通过，取得了良好的效果。

4. 特殊工程中的应用

FRP 耐腐蚀性能好，可用于淡水码头、堤坝或近水的混凝土构筑物中；可用于有机物含量较多的、腐蚀性较强、受地下水升降变化影响环境中，如浮动建筑、地下室、深井、隧道、钻探勘探工程中短期加固的水泥结构，以及对重量敏感的水泥结构处；可用于接触化学腐蚀环境的混凝土结构中，如污水处理厂、化工厂、造纸厂、冶炼厂、电镀厂等；可用作水泥路面的传力杆，以减少因普通钢筋传力杆的腐蚀而造成的混凝土路面剥落；由于 FRP 筋具有良好的透波性和非磁性，可将其用于对电磁有特殊要求的结构中，如电化通信设备建筑、地磁观测站、核磁共振设备间、雷达站、机场通信塔、核潜艇基地等军事和民用构筑物中。

1.2.1　复合纤维材料加固既有结构

钢筋混凝土结构使用至今已有一百多年的历史，由于其承载能力大、抗震性能好、延性好、造价较低，同时可以充分发挥钢筋和混凝土两种材料的性能等特点，钢筋混凝土成为目前土木工程中最常用的主要结构材料之一。然而，由于设计、施工缺陷和外部环境等因素的影响，随着使用年限的增加，钢筋混凝土结构的安全性、可靠性和耐久性都会受到不同程度的削弱，从而影响其正常使用。采用对钢筋混凝土结构进行加固或补强的方法，可以提高结构的承载力，补偿由于外部恶劣环境影响而引起的强度损失，对改变使用用途的结构中的正常构件进行翻新或补强从而使其能够承受更大的荷载，弥补设计和施工缺陷，以及增加结构的延性等。对已有钢筋混凝土结构的加固，存在着众多传统的加固方法、加固材料和加固工艺，如外粘钢板法、外包钢法、增大截面法、体外预应力法等体外加固技术。

近年来，FRP 作为一种新型的加固材料，在既有钢筋混凝土结构的加固中正得到越来越多的应用。美国、日本、加拿大和欧洲等发达国家和地区的行业委员会、协会、学会等均较早地制定了 FRP 加固技术的报告、指南、建议或细则等规范性文件，国内也制定了《CFRP 片材加固修复混凝土结构技术规程》CECS 146：2008。一个完整 FRP 加固体系，应该包括 FRP 片材或板材、粘贴胶、浸渍胶、表面涂层（保护层）等，而完全出于美观考虑的表面涂层并不包含在内。

FRP 材料具有质量轻、耐腐蚀、抗拉强度高等优良特性，并且可以制作成不同的形式，在已有结构的加固中，主要用到的是 FRP 片材（又称 FRP 布）和 FRP 板材这两种形式，其中，FRP 片材具有良好的柔韧性，可以适应矩形、圆形等不同的建筑结构表面。与传统的加固材料相比，FRP 材料的另一大优势是其厚度很薄，因此，当对加固后结构的美观和使用空间有要求时，FRP 材料就是一种非常合适的加固材料。

FRP 材料之所以在已有建筑结构的加固或修复中引起广泛的兴趣，其原因是多方面的。虽然 FRP 加固体系中的纤维和树脂比传统的加固材料（如钢筋和混凝土）要贵，但是，一方面由于 FRP 材料的抗拉强度较高，从而使得它的用量相比之下要少很多，并且 FRP 材料比传统的加固材料要轻得多，另一方面在采用 FRP 材料加固时，施工的人工和设备成本往往较低（Nanni 1999）。此外，当受到空间的限制，采用传统的加固技术难以进行施工时，采用 FRP 加固体系就是一种很好的途径。

FRP 加固作为一种新型的加固技术，还有许多问题需要进一步研究和解决。FRP 材料的耐久性能以及其在长期荷载作用下的使用性能一直都是研究的热点，目前，对这两个问题的研究仍在进行之中。国外的设计指南中都考虑了不同外部使用环境和长期荷载作用下 FRP 材料的耐久性能，具体做法是针对不同的使用环境设定不同的 FRP 材料的强度折减系数。此外，这些指南还考虑了 FRP 材料在长期荷载作用下的疲劳性能和蠕变性能，具体做法是设置 FRP 材料的容许应力。对比数据表明，这些折减系数和容许应力的值都过于保守。随着研究的深入，这些设计参数还会被进一步修正，并且不同外部环境条件、不同受力情况下设计参数的取值也会得到进一步的界定。此外，FRP 材料在不同外部环境和不同受力情况的共同影响下的材料性能也需要进一步研究。当结构同时受到恶劣外部环境和复杂应力状况的影响时，采用 FRP 加固系统对结构进行加固应该尤为谨慎。对 FRP 加固系统的耐久性能有影响的因素，同样也会影响到其抗拉弹性模量。

FRP 材料与结构表面的粘结仍然是众多研究的焦点。无论是抗弯加固还是抗剪加固，都存在着多种形式的剥离破坏，在这种情况下，FRP 加固混凝土结构构件的承载力实际上受到 FRP 材料与构件表面的粘结的牢固与可靠程度的控制。虽然大部分剥离破坏模式已经为研究人员所熟知，但是还缺少更加准确的预测剥离破坏的方法。在国外的设计指南中，为避免 FRP 加固混凝土结构构件的剥离破坏，所采取的措施是限制 FRP 材料的最大应力水平，但是其值过于保守，还需要借助于更准确的剥离破坏预测方法来对其进行修正。

为避免剥离破坏的发生，还需要采取适当的施工工艺和施工措施。其中，最为关键的步骤是构件表面的处理和 FRP 材料的切断。对于 FRP 加固系统的锚固，也有着众多的锚固方法，如机械式、灌胶式等。需要着重强调的是，由于 FRP 材料是一种脆性的、各向异性的复合材料，FRP 加固系统的锚固存在着若干问题，因此，某一种锚固方法在被应用到实际工程中之前，需要对其可靠性进行详细的检验与论证。

FRP 材料主要被用作结构的抗拉增强材料。虽然 FRP 材料能承受一定的压应力，但是将其用作结构的抗压增强材料仍然存在着大量的问题，国外的设计指南极力建议避免将 FRP 材料用作抗压增强材料。在 FRP 片材或板材中，如果出现树脂空缺，纤维会发生微小的弯曲；如果没有恰当地粘贴于或锚固于结构表面，FRP 片材或板材本身也会弯曲，此时，在这些发生弯曲的部位，由于纤维方向排列紊乱，将会产生很难确定的压应力。对于 FRP 加固混凝土结构的设计、施工、质量控制以及维护，以上这些情况都是应该避免的。

FRP 加固系统除了可以应用于混凝土结构的加固外，还可以用于钢结构和砌体结构的加固。在应用 FRP 材料对这三种类型的建筑结构进行加固时，很多设计方法都是相通的。

1.2.2 复合纤维材料增强新建结构

钢筋混凝土结构是目前土木工程领域中应用最为广泛的一种结构类型，然而，由于环境侵蚀、氯离子腐蚀和混凝土碳化等因素的不利影响，尤其是处于恶劣环境中的钢筋混凝土结构，钢筋的锈蚀和腐蚀问题无法避免。钢筋的锈蚀和腐蚀严重削弱了结构的耐久性和后期可靠性，从而造成巨大的影响和损失，为解决这一问题，所采取措施主要有：加强混凝土的密实性，加强钢筋的耐锈蚀能力以及采用不锈钢等。

采用上述措施虽然可以防止或减轻钢筋的锈蚀和腐蚀，但费用较高，效果也不够理想，而由于 FRP 筋是一种非金属材料，具有良好的耐腐蚀性能，因此，采用 FRP 筋替代钢筋用作混凝土结构的增强筋可以很好地解决上述问题，并且对改善结构耐久性、提高结构承载力和减轻结构自重等也有明显的作用。

对于采用钢筋和预应力钢筋作为增强材料的传统混凝土结构，混凝土内部的碱性环境对钢筋的锈蚀起到了初步的防护作用，从而提高混凝土结构的耐久性，改善其使用性能。然而，许多处于恶劣环境中的结构，如海工结构、桥梁以及直接与除冰盐接触的停车场，在湿度、温度和氯离子的综合影响下，混凝土内部的碱性环境被破坏，从而导致钢筋和预应力钢筋的锈蚀，最终造成混凝土力学性能和结构使用性能的降低。为解决混凝土中钢筋的锈蚀问题，工程师们曾经尝试采用不同的金属增强材料，如环氧涂层钢筋等，然而在某些环境中，这些措施的效果并不理想，并不能从根本上完全解决钢筋的锈蚀问题（Keesler & Power 1988）。

近年来，FRP 已经成为一种新型的增强材料用于建筑结构之中。由于 FRP 具有非磁性、耐腐蚀等优良材料特性，采用这种材料作为建筑结构的增强材料，传统的钢筋混凝土结构和预应力混凝土结构所面临的电磁干扰问题和钢筋锈蚀问题将会得到彻底的解决。此外，FRP 所具有的诸多优良材料性能，如较高的抗拉强度，也使它非常适合用作建筑结构的增强材料。

将 FRP 用作混凝土结构的增强材料，其主要形式是棒材，常见的有 CFRP 筋、AFRP 筋、GFRP 筋和 BFRP 筋，其主要用途是用作受拉主筋。FRP 筋与钢筋的力学性能存在着较大的差异，因此，在对 FRP 筋混凝土结构进行设计时，需要根据 FRP 筋的材料与力学性能，对传统混凝土结构的设计方法进行修正，从而建立起适用于 FRP 筋混凝土结构的设计方法。FRP 筋是一种各向异性的材料，仅在顺纤维方向具有很高的抗拉强度。FRP 筋的这种材料属性对它的抗剪强度、抗销栓作用，以及它与混凝土之间的粘结性能都造成了不利的影响。再者，FRP 筋是完全线弹性的材料，不存在屈服流限或屈服点，因此，在对 FRP 筋混凝土结构进行设计时，还需要考虑到结构延性不足的影响。

目前，美国、日本、加拿大等几个国家已经建立了 FRP 筋混凝土结构的设计流程。在北美，FRP 筋混凝土结构的理论分析与试验研究工作已经做得非常充分了，目前的主要工作是制定 FRP 筋混凝土结构的设计建议。

由于 FRP 筋具有耐腐蚀、非磁性的优良特性，对处于高度腐蚀性环境中的结构（如海堤等海工结构，直接与除冰盐接触的桥面板、上部结构和公路等），以及用于放置核磁共振成像设备或其他对电磁场干扰敏感的设备的结构，采用 FRP 筋作为结构的增强筋具有很大的优势。由于 FRP 筋的延性较差，将 FRP 筋用作结构的增强筋，其应用范围应限制于对耐腐蚀、非磁性和非导电性等有特殊要求的建筑结构之中。对要求进行弯矩重分配的框架或节点，由于缺乏工程应用经验，FRP 筋在这些部位的应用受到了限制。

FRP 筋不应被用来承受压应力的作用。研究数据表明，FRP 的抗压弹性模量要小于其抗拉弹性模量。并且，FRP 筋的弹性模量小于钢筋的弹性模量。受以上两个因素的综合影响，将 FRP 筋用作混凝土结构的抗压主筋，其对结构抗压强度的贡献是很小的。因此，FRP 不应被用作柱子或其他抗压构件的抗压主筋，也不应被用作抗弯构件的抗压主筋。对抗拉 FRP 筋而言，允许其承受一定的由于弯矩符号改变和荷载形式变化所引起的压应力。在国外 FRP 筋混凝土结构的设计指南中，一般是不考虑 FRP 的抗压强度的。对于 FRP 筋的抗压性能，还需要进一步深入的研究。

由于 FRP 筋的抗拉强度较高，将其用作混凝土结构的预应力筋方可使其强度得到充分的利用。FRP 材料之所以能够在建筑结构的加固和增强中得到重视和应用，原因即在于它具有重量轻、强度高、耐腐蚀、非导电（CFRP 除外）和非磁性等传统的钢筋所不具备的优良材料特性。此外，FRP 可以采用多种横截面形式，也可以混杂不同的纤维，从而可以生产出多种形状和形式的 FRP 加固和增强材料，而这对于传统的钢筋来说则是很难或者不可能实现的。采用重量较轻且形状多样的建筑材料将会极大地提高施工效率和施工操作性。目前，由于 FRP 材料的价格还比较昂贵，因此，其在土木工程中的应用还限制在采用传统的建筑材料无法满足特殊使用要求的领域。随着生产加工费用的降低，加上较高的施工效率，FRP 在土木工程领域中的潜在市场是十分广阔的。FRP 材料具有多种不同的形式，如筋材、网格材、板材、片材以及预应力筋等。

预应力 FRP 筋的主要优点之一是可以制作成不同的形式，从而满足特殊应用场合和特定设计目的的要求。预应力 FRP 筋可以采用光圆、带肋和绞线等多种形式，不同形式的预应力 FRP 筋，其表面粗糙程度是不一致的，因而其与混凝土之间的粘结性能也是各不相同的。与传统的钢筋或预应力钢筋不同，FRP 没有标准的形状、表面形式、纤维走向、材料成分与材料比例。类似的，FRP 也没有标准的生产工艺或方法，如拉挤、编织、缠绕等工艺，也可以是为满足特殊应用场合的要求而采用特定的工艺。因此，为使 FRP 成功地应用于工程实际，还需要付出大量的努力。

FRP 中的树脂通常是热固性的，树脂的类型可以是环氧基、乙烯基、聚氨酯基、聚酯基以及亚乙烯基等。对树脂的组分、等级和物理化学性能基本上是没有限制的。纤维、树脂、添加物和填充物等多种成分的混合为预应力 FRP 筋的标准化造成了很大的难度。预应力 FRP 筋的材料性能最终还是依赖于纤维与树脂之间的比例，以及生产制作过程。

预应力 FRP 筋系统由预应力 FRP 筋和锚具构成。该系统的整体性能取决于预应力筋-锚具体系以及其各个组成部分的性能。该系统的各组成部分的性能应该通过试验测试进行检验。由于 FRP 筋的脆性特征明显，FRP 筋混凝土结构构件的延性通常较差，为安全起见，国外设计指南中对预应力 FRP 筋混凝土结构的有关设计参数建议值都偏于保守。2004 年的统计数据表明，整个世界范围内预应力 FRP 筋的工程应用实例不足 100 例，并且大部分都是未将火灾或火源的影响视为关键因素的桥梁结构。可见，预应力 FRP 筋的应用前景是十分广阔的，但是为使预应力 FRP 筋在结构工程中得到更广泛的应用，还需要进行大量的研究分析工作。

1.3 复合纤维材料在工程结构抗震中的研究与应用

1.3.1 复合纤维材料抗震加固技术

FRP 在建筑物和桥梁中的加固应用工程实例表明，大多数情况下，在混凝土柱外缠绕粘贴 FRP 片材，可以加强构件的抗震措施，提高构件的延性和抗震性能。与重建相比，采用 FRP 片材加固既有结构、继续使用既有结构更加经济节约。目前，国外有关 FRP 加固和增强混凝土结构的设计指南中，并未纳入 FRP 抗震加固的有关内容，这是今后一段时间国外有关设计指南修订的一项重要内容。

Saadatmanesh 等采用 FRP 片材加固震损钢筋混凝土柱，对其受弯性能进行了研究。他们将加固后的钢筋混凝土柱置于模拟地震荷载的作用下，通过绘制加固构件的滞回曲线，并与未加固震损钢筋混凝土柱的滞回曲线进行对比分析，对加固构件的抗震性能进行研究。结果表明，采用 FRP 片材加固震损钢筋混凝土柱的效果非常明显，与未加固构件相比，FRP 加固构件的抗弯承载力、位移和延性均得到了提高或改善。

Saadatmanesh 等还采用 FRP 片材，对不满足抗震设计要求的钢筋混凝土矩形截面桥墩进行了加固，研究其受力性能。在构件上可能出现塑性铰的区域，他们缠绕粘贴高强 FRP 片材进行加固，从而加强对构件的约束作用，改善构件的抗震性能。结果表明，采用 FRP 片材加固后，构件的延性、耗能性能都得到了明显的改善。

在 1995 年的日本阪神大地震中，许多桥梁和桥墩都受到了破坏，为此，研究人员开展了大量研究，以寻求既有钢筋混凝土柱和桥墩的加固修复方法。Mutsuyoshi 等研究发现，采用连续纤维片材加固是一条可行的途径。在这些研究工作的基础上，近年来，FRP 片材加固修复高速公路、铁路、地铁等结构的设计指南相继出版面世。日本土木工程师学会 FRP 片材混凝土委员会也在积极探索钢筋混凝土桥墩抗震加固设计的新方法，他们提出了基于性能的设计理念，并希望将现有的设计指南统一到该设计理念之中。

Seible 等针对钢筋混凝土柱不同类型的抗震破坏模式，提出了相应的 FRP 片材加固设计准则，并且将其应用于钢筋混凝土柱的抗震加固设计中。在他们所进行的加固设计中，钢筋混凝土柱具有不同的截面形状（矩形截面和圆形截面）、不同的配筋率、不同的抗震措施。通过大型足尺钢筋混凝土桥墩模型试验，他们发现不管是采用 CFRP 片材加固还是采用传统钢板加固，两者都能使构件获得同等水平的非弹性变形能力。

Sheikh 分别采用 CFRP 片材和 GFRP 片材对钢筋混凝土柱进行了加固，以改善构件的抗震性能。研究结果表明，不管是圆形截面还是矩形截面的钢筋混凝土柱，采用 FRP 片材对其进行加固后，都可以改善构件受力工作的脆性性质，从而提高构件抵抗地震荷载作用的能力。

Pantelides & Gergely 采用 CFRP 片材，对桥梁排桩顶部的钢筋混凝土盖梁进行了抗震加固，并提出了分析和设计程序。该加固案例比较成功，加固后，构件的延性和变形能力得到了较大改善，超过了预期水平，并且构件滞回曲线所体现的耗能性能也得到了较大程度的提高。通过与试验结果进行对比，他们检验了所采取的加固方案和设计基本假定的适用性，基于现场试验的有关数据，他们进一步提出了 CFRP 片材抗震加固设计方法的改进建议。

Saatcioglu & Grira 为检验将 FRP 网格用作混凝土结构横向增强筋的可行性，开展了一项试验研究，重点研究 FRP 网格对混凝土的约束作用和结构的抗震性能。试验中，他们对大型足尺混凝土柱试件施加模拟地震荷载，并考虑了网格间距、网格形式、网格体积配筋率、轴力大小等设计参数的影响。试验结果表明，通过合理设计，采用 FRP 网格对混凝土柱进行横向增强，可以提高构件的变形能力。

Sause 等基于混凝土应变和截面曲率的限制条件，提出了 FRP 片材加固混凝土柱的设计程序。根据他们的设计建议，设计制作了四个矩形截面足尺混凝土柱（一个未加固，其余三个分别采用不同的加固方案），并对其施加反复荷载，试验结果表明，他们所建议的设计程序具有较好的适用性。他们认为，采用同时考虑了混凝土的约束区域和未约束区域的简单纤维模型，即可较合理地预测为获得期望的变形能力，构件受压区混凝土边缘纤维的应变水平。此外，采用较低的约束水平（加固量），建筑物中柱子的结构响应也会更加充分。

1.3.2 复合纤维筋混凝土构件抗震性能研究现状

目前，国内外学者对 FRP 筋混凝土构件的研究主要聚集在静载试验上，而关于 FRP 筋混凝土构件抗震性能的研究相对较少，相关研究也主要集中在 FRP 筋混凝土柱。由于 FRP 筋为线弹性材料，FRP 筋混凝土柱表现为脆性破坏特征，与现有抗震设计理论提出的依靠塑性铰耗能不相符。但是在 FRP 筋完好的情况下，FRP 筋混凝土柱的变形恢复能力较钢筋混凝土柱要好。国外一些学者就 FRP 筋混凝土结构能否用在抗震设防要求较低的建筑中，对 FRP 筋混凝土结构的抗震性能进行了试验研究。国内亦有少量 FRP 筋混凝土构件抗震性能的研究见诸报道。

Saatcioglu 设计了 5 个尺寸为 292mm×350mm×1370mm 的混合配筋混凝土柱，纵筋用钢筋，箍筋用 CFRP 筋，以体积配箍率和轴压比为变量，研究试件在低周反复荷载作用下的变形能力。试验表明，合适的箍筋配置可以改善柱的变形性能，CFRP 箍筋应用在混凝土柱中是可行的，体积配箍率和轴压比是影响柱子变形能力的主要因素。

Mohammad 对 10 个以配箍率、剪跨比和轴压比为变量的 CFRP 筋混凝土柱进行了低周反复荷载试验。通过"屈服弯矩法"求得柱子的名义屈服位移，从而得到 CFRP 筋混凝土柱的位移延性系数在 1.5～5.4 之间，同时指出轴压比和体积配箍率对 CFRP 筋混凝土柱的变形能力影响较大。

Fukuyama 采用 1/2 缩尺比例模型，对一个 3 层 AFRP 筋混凝土框架结构在低周反复荷载作用下的抗震性能进行了研究。框架结构层高 3.6m，X 轴方向为两跨，跨度 7m，Y 轴方向为三跨，跨度 5.5m，AFRP 筋的极限抗拉强度为 930MPa，弹性模量为 67GPa，截面面积为 90mm^2。通过试验将结构的破坏过程分为三个阶段：（1）层间侧移比达到 1/200 时，柱底部出现裂缝；（2）层间侧移比达到 1/50 时，柱底部的混凝土压碎，骨架曲线出现峰值；（3）层间侧移比达到 1/20 时，梁端 AFRP 筋破坏。框架最后破坏时，其变形和水平力是构件开始出现混凝土压碎时的 2.2 倍和 1.5 倍。试验证明将 FRP 筋作为纵筋和箍筋应用于混凝土结构中是可行的。

龚永智对 3 根 CFRP 筋混凝土柱和 1 根模拟地震损伤并经修复后的 CFRP 筋混凝土柱开展低周反复加载试验，研究其抗震性能，结果表明：（1）低周反复荷载作用下，CFRP 筋混凝土柱表现出较好的承载能力和变形能力。CFRP 筋只要不发生断裂破坏，构件修复加固后仍具有很好的承载能力且变形能力得到了增强。试验中，混凝土首先被压碎，之后随着继续加载，部分 CFRP 纵筋因混凝土剥落失去保护而发生折断破坏。（2）轴压比和体积配箍率对 CFRP 筋混凝土柱的抗震性能影响很大。轴压比越大，柱子的变形能力越弱。体积配箍率越大，柱子的变形能力越强。（3）CFRP 纵筋的应变随水平位移值的增大几乎成线性增加关系，CFRP 箍筋的强度得到了较充分的发挥。加载初期，CFRP 箍筋应变小且发展缓慢，混凝土出现压碎破坏后，其应变值迅速增长。（4）传统方法定义的位移延性系数不适合评价 CFRP 筋混凝土柱的抗震性能。

吴刚等设计制作了配置钢-连续纤维复合筋的混凝土柱，并对其进行抗震性能试验研究。结果表明，混杂筋与单一纤维筋不同，其应力-应变曲线呈现较好的双线性特性，对配置钢-连续纤维复合筋的混凝土柱的抗震性能进行了理论推导，理论结果与试验结果拟合较好。

王作虎通过对 5 根 CFRP 筋预应力粗纤维混凝土梁进行低周反复加载试验，对其抗震性能开展了深入研究，同时结合 ANSYS 软件的有限元分析结果，得出预应力度是影响CFRP 筋预应力粗纤维混凝土梁抗震性能的主要因素。

2 CFRP 材料性能测试

与 AFRP、GFRP、BFRP 等其他类型的复合纤维材料相比，CFRP 具有抗拉强度高、弹性模量高的优势，可以很好地与混凝土协同工作，更加适合应用于混凝土结构中。受环境温度、加工工艺等因素的影响，相对钢筋而言，CFRP 的材料性能参数（抗拉强度、抗压强度、弹性模量）不够稳定，需要通过试验获得准确的数据。目前，对于 CFRP 片材（布材）和筋材的抗拉性能，科研人员已经进行了深入的探索，对其测试方法特别是锚具的设计研究较多，但对 CFRP 筋抗压性能的研究相对较少，采用不同测试方法取得的结果差异较大。国内在应用 CFRP 片材加固修复既有钢筋混凝土结构方面的研究比较完善，已经制定了相关的技术规程。为获得较为准确的材料性能参数，需要对 CFRP 的受拉和受压性能进行测试，为 CFRP 混凝土结构的抗震性能研究提供依据。

2.1 CFRP 筋的受拉性能

试验采用的 CFRP 筋由江苏绿材谷新材料科技发展有限公司生产，是以碳纤维丝作为增强材料，以环氧树脂作为基体材料经拉挤加工而成的，在其表面通过缠绕纤维束形成螺纹凹槽，增强它与混凝土之间的粘结作用，纵筋与箍筋直径均为 8mm，纤维体积含量为 75%，如图 2-1 所示。

图 2-1 CFRP 筋示意图

CFRP 筋与钢筋最大的区别是钢筋为各向同性材料，而 CFRP 筋为各向异性材料，其轴向抗拉强度很高，但横向抗剪能力弱。在进行 CFRP 筋的拉伸试验时，若直接用夹具夹持筋材的两端，将导致夹持段筋材受横向集中力的作用而发生剪切破坏。因此，为准确测得 CFRP 筋的抗拉强度，必须设计相配套的锚具，通过夹持锚具在试验机上进行拉伸试验。

FRP 筋的锚具类型较多，本试验采用粘结型锚具，锚具系统由套筒和对中螺栓组成。采用无缝钢管制作套筒，粘结剂为环氧树脂。根据本课题组所著《复合纤维筋混凝土结构设计与施工指南》，套筒长度取 450mm，足以保证 CFRP 筋在达到抗拉强度前不产生粘结滑移。套筒外表面沿全长攻丝形成外螺纹，增大套筒与夹具的摩擦，内表面的一端攻丝，配以合适型号的对中螺栓。套筒及对中螺栓如图 2-2 所示。

图 2-2　螺纹套筒及对中螺栓

日本 JSCE-1997 中建议筋材自由段长度与直径的比值 l/d 在 40～70 之间，美国 ACI440.3R-04 中建议筋材自由段长度至少为直径 40 倍。本试验中 CFRP 筋的直径 d 为 8mm，取 l/d 为 40，中间自由段长度为 320mm。制作完成的试件如图 2-3 所示。

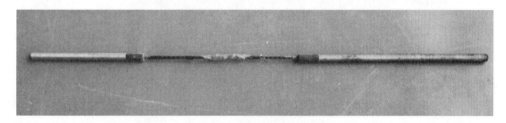

图 2-3　套筒灌胶式锚具系统

测试在 1000kN 微机控制电液伺服万能试验机上进行。加载初期，CFRP 筋应变增量的变化略小于荷载增量的变化，当加载至极限荷载的 20％以后，应变随荷载增加呈线性增长。加载至 80kN 左右时，CFRP 筋中的碳纤维束与环氧树脂开始出现剥离，并伴随发出"嗞嗞"的声音。临近破坏时，碳纤维丝逐渐开始出现断裂，伴随发出清脆的响声，这可以作为 CFRP 筋破坏前的预警。继续加载，试件发生突然断裂破坏，试验结束。取下试件，发现 CFRP 筋破坏位置呈"爆炸发散"状态，试件的破坏形态如图 2-4 所示。试验过程中，未观测到 CFRP 筋与套筒以及套筒和夹具之间发生滑移现象，说明锚固系统可靠稳定。

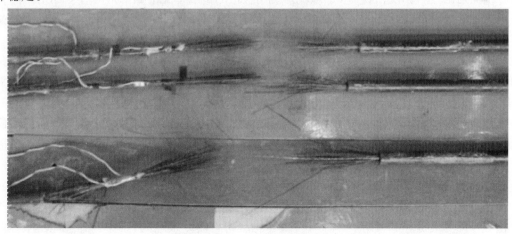

图 2-4　拉断破坏模式

不同于钢筋具有屈服阶段，CFRP 筋的应力-应变基本呈线性关系，其最终破坏形式表现为脆性破坏。通常情况下，为保证安全，进行 CFRP 筋混凝土结构设计时，必须保证足够的承载力储备。目前，在进行 FRP 筋混凝土受弯构件设计时，一般取其极限抗拉强度的 70%～85% 为名义屈服强度。

试件分为 3 组，每组 3 个试件，CFRP 筋的受拉性能测试结果如表 2-1 所示。

CFRP 筋的抗拉材料性能试验结果　　　　　　　　　　　　　　表 2-1

试件组号	1	2	3
极值荷载(kN)	87.2	84.2	87.3
抗拉强度(MPa)	1735.7	1676.0	1737.7
抗拉弹性模量(GPa)	135.8	132.8	144.8
极限延伸率(%)	1.28	1.26	1.20
平均抗拉强度(MPa)		1716.5	
平均抗拉弹模(GPa)		137.8	
平均极限延伸率(%)		1.25	

2.2　CFRP 筋的受压性能

单根 CFRP 筋受压极易发生失稳破坏，且受压端头处受集中力影响易破碎，因此 CFRP 筋受压性能的测试相对较为困难。另外，CFRP 筋是将多股连续碳纤维浸润在改性环氧树脂基体中经拉拔挤压成型的，表现出抗拉强度高而抗压能力相对较低的特性，因此目前在实际工程中较少利用 CFRP 材料的抗压性能，这在一定程度上也限制了 CFRP 筋受压性能的研究。

目前国内外学者已经对 CFRP 筋的受压性能做了一些试验研究。Wu 等对径长比为 1∶1 和 1∶2 的 CFRP 筋进行了受压试验，测试结果表明 CFRP 筋的抗压强度低于抗拉强度，其抗压强度约为抗拉强度的 78%。张新越等采用直接测试的方法，将径长比为 1∶2 和 1∶4 的 CFRP 筋试件直接在试验机上进行抗压试验，由于端部树脂提早发生破坏，测得 CFRP 筋的抗压强度值仅为 200MPa，说明直接测试法不能准确获得 CFRP 筋的实际抗压强度，需要对试件端头设置有效约束，使得 CFRP 筋试件在受压破坏前端头处不发生提早破坏，从而得到真实的抗压强度值。

本测试中，CFRP 筋试件自由段的径长比有三种，分别为 1∶2、1∶4 和 1∶6，试件两端各预留 20mm，并将两端面打磨平整，采用无缝钢管和螺帽对试件两端进行约束。制作完成的 CFRP 筋抗压试件如图 2-5 所示。

测试在 200kN 微机控制电液伺服万能试验机上进行。开始加载后，CFRP 筋应变随荷载的增加呈线性增长，加载至 20kN 左右时，碳纤维束开始向外鼓曲，伴随发出"咔咔"声响，试件临近破坏时，发现有碎粒状树脂向外喷射，并且持续发出纤维断裂的声音，继续加载，试件突然破坏。试件的破坏形态如图 2-6 所示。

通过对比各组试件的最终破坏形态可以得出：(1) CFRP 筋受压破坏主要呈现两种破坏模式，即劈裂破坏和剪切破坏。劈裂破坏表现为外侧纤维束向外剥离，但未发生断裂，卸载后仍具有变形恢复能力。剪切破坏表现为沿斜截面发生剪切破坏，断面处纤维呈粉末

图 2-5 CFRP 筋抗压试验试件

状，靠外侧纤维向外剥离炸开。（2）径长比大的试件易发生劈裂破坏，径长比小的试件受压易发生失稳，出现剪切破坏形态，从而测得的抗压强度较小。

图 2-6 试件破坏形态图

试件分为 3 组，每组 3 个试件，CFRP 筋的受压性能参数如表 2-2 所示。

CFRP 筋的抗压材料性能试验结果　　　　　　　　　　　　　　　　　表 2-2

试件组号	1	2	3
极限荷载(kN)	23.9	23.5	21.1
抗压强度(MPa)	475.7	467.8	420.0
抗压弹性模量(GPa)	125.3	112.3	109.5
平压抗压强度(MPa)		454.5	
平压抗压弹模(GPa)		115.7	

2.3　CFRP 布的受拉性能

试验所采用的 CFRP 布厚度为 0.167mm（300g），宽 200mm。采用两层 CFRP 布制作试件，粘结剂为环氧树脂，为有效地把荷载施加到试件上并防止试验中因明显的不连续性而引起试件提前失效，在试件两端胶接钢片作为加强片。CFRP 布试件的示意图如图 2-7 所示。

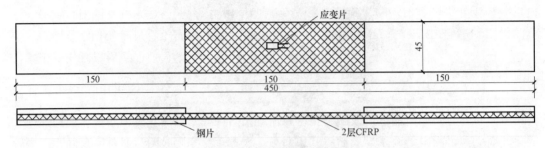

图 2-7　CFRP 布试件示意图

制作完成后的 CFRP 布试件如图 2-8 所示。试件制作完成后，在室内养护 7 天，待胶体形成强度后在试件自由段两侧粘贴应变片，即可开始试验。试验在 200kN 微机控制电液伺服万能试验机上进行，加载速度为 1mm/min。

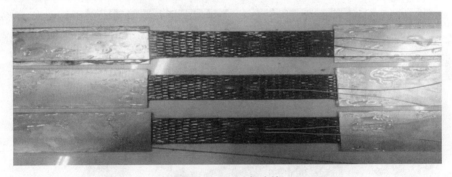

图 2-8　CFRP 布试件

试件分为 3 组，每组 3 个试件，CFRP 布的受拉性能参数如表 2-3 所示。

CFRP 布拉伸性能试验结果			表 2-3
试件组号	1	2	3
极限荷载(kN)	34.0	29.5	34.5
拉伸强度(MPa)	2262	1959	2295
弹性模量(GPa)	265	280	243
平均拉伸强度(MPa)		2172	
平均弹性模量(GPa)		262	

2.4　测试小结

通过 CFRP 材料性能测试，可以得到以下结论：

（1）试验测得 CFRP 筋的抗拉强度为 1716.5MPa，抗拉弹性模量为 137.8GPa。CFRP 筋的抗拉强度是普通钢筋强度的 4～7 倍，CFRP 筋的抗拉弹模与钢筋的抗拉弹模为同一数量级。试验选用的 CFRP 筋表面通过缠绕纤维束形成螺纹凹槽，增强了筋材与混凝土之间的粘结作用，减小了筋材的滑移，使 CFRP 筋能够与混凝土协同工作。

（2）试验测得 CFRP 筋的抗压强度为 454.5MPa，抗压弹性模量为 115.7GPa。CFRP 筋的抗压强度与钢筋相当，抗压弹模略低于抗拉弹模，与钢筋的抗压弹模为同一数量级。

（3）试验测得 CFRP 布的抗拉强度为 2172 MPa，抗拉弹性模量为 262 GPa。与 CFRP 筋相比，CFRP 布的抗拉强度和抗拉弹模均明显较大。

根据试验数据，可得 CFRP 筋的受拉、受压应力-应变关系曲线如图 2-9 所示。

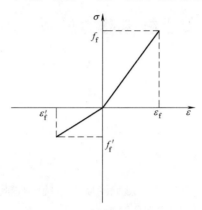

图 2-9　CFRP 筋应力-应变关系

3 全CFRP筋混凝土柱的抗震性能

3.1 全CFRP筋混凝土柱拟静力加载试验

3.1.1 试件设计

3.1.1.1 设计参数

相关研究表明，轴压比、剪跨比是影响混凝土柱抗震性能的重要因素。因此，本试验针对以上参数设计了6根倒T形CFRP筋混凝土柱，根据等强度原则，即CFRP筋混凝土柱受剪承载力设计值与钢筋混凝土柱受剪承载力设计值大致相同，设计了2根倒T形钢筋混凝土柱作为对比试件。试件的详细参数见表3-1，混凝土强度等级均为C30。

混凝土柱参数 表3-1

试件编号	截面高度 h(mm)	截面宽度 b(mm)	计算长度 l(mm)	轴压比 n	剪跨比 λ	箍筋间距 s(mm)	体积配筋率 ρ_v(%)	纵筋配筋率 ρ(%)
0.2-3	250	250	705	0.2	3	150	1.41	0.96
0.4-3	250	250	705	0.4	3	150	1.41	0.96
0.5-3	250	250	705	0.5	3	150	1.41	0.96
G0.4-3	250	250	705	0.4	3	100	4.76	2.17
0.2-5	250	250	1175	0.2	5	150	1.41	0.96
0.4-5	250	250	1175	0.4	5	150	1.41	0.96
0.5-5	250	250	1175	0.5	5	150	1.41	0.96
G0.4-5	250	250	1175	0.4	5	100	4.76	2.17

3.1.1.2 试件尺寸

CFRP筋混凝土柱试件和钢筋混凝土柱试件均设置两种剪跨比，即剪跨比为3的短柱和剪跨比为5的长柱，试件柱身长度分别为530mm与1000mm，柱截面为250mm×250mm，混凝土保护层厚度为15mm。试件尺寸见图3-1。

3.1.1.3 试件配筋与制作

为了尽量减小加载过程中因试件底座和柱头变形而产生的误差，应保证试件底座和柱头具有足够的刚度。因此，在非试验段的底座与柱头分别配8Φ25的螺纹钢筋以及Φ8@50的箍筋，混凝土保护层厚度为30mm。详细配筋图如图3-2所示。

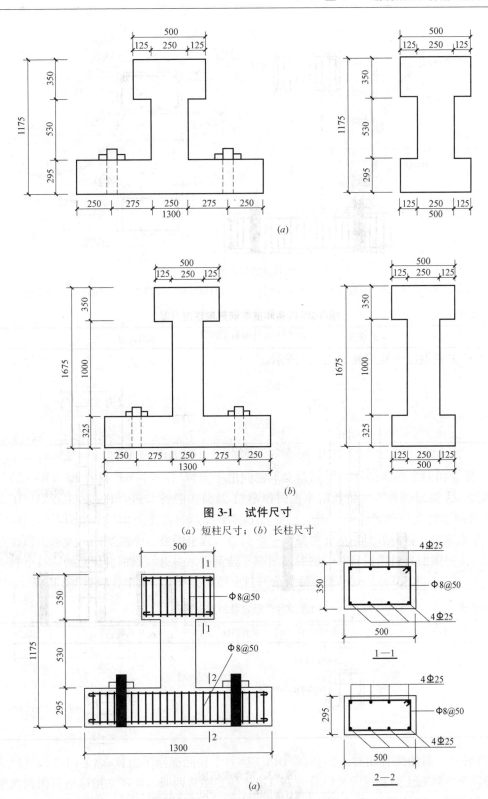

图 3-1 试件尺寸

（a）短柱尺寸；（b）长柱尺寸

图 3-2 柱头和底座钢筋配筋图（一）

（a）短柱钢筋配筋图

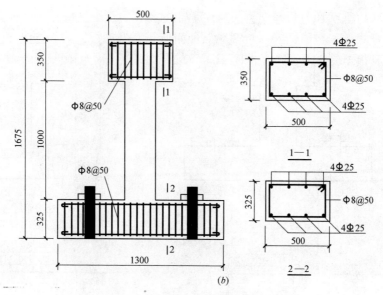

图 3-2 柱头和底座钢筋配筋图（二）

（b）长柱钢筋配筋图

CFRP 筋混凝土柱配筋如图 3-3 所示。

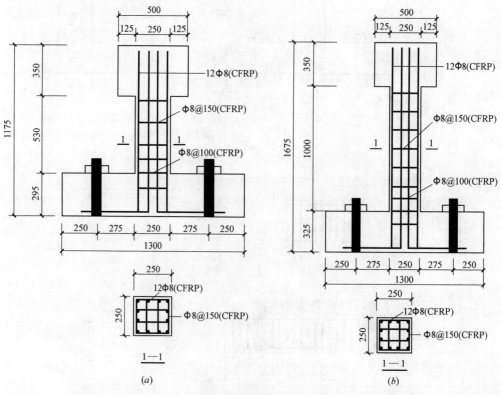

图 3-3 试件配筋图

（a）CFRP 筋短柱配筋图；（b）CFRP 筋长柱配筋图

钢筋混凝土柱配筋如图 3-4 所示。

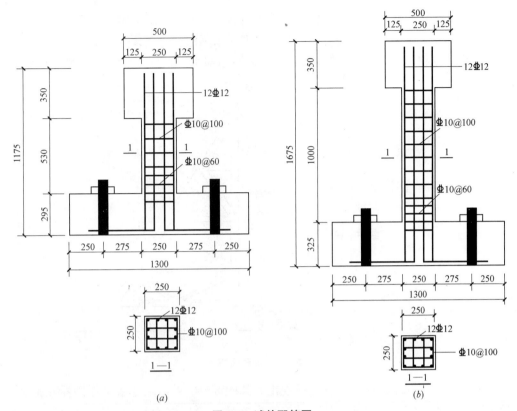

图 3-4 试件配筋图

（a）钢筋短柱配筋图；（b）钢筋长柱配筋图

制作完成的柱试件如图 3-5 所示。

图 3-5 制作完成的柱试件

3.1.2 加载与量测方案

3.1.2.1 加载装置

试验采用 PLU-1000kN 电液伺服多通道拟动力加载系统进行加载。试件加载时呈倒

T 形，试件底座预留孔洞，通过地锚螺栓将试件固定在地梁上，底座两端增设钢制台座，并通过拉杆固定，以保证试件在试验过程中不产生水平滑移。柱顶为自由端，并由两块钢板通过拉杆"抱住"，水平作动器连接钢板，进而施加水平低周反复荷载。竖向荷载通过滚动支座，由竖向作动器传递给试件。图 3-6 为加载装置示意图。

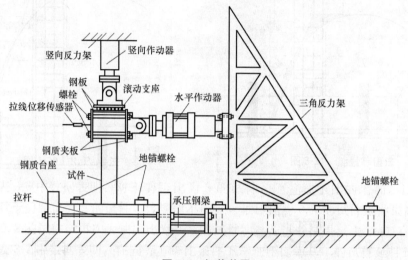

图 3-6　加载装置

为了方便描述，对试件做如下编号规定：如图 3-7 所示，规定水平作动器左推为正，右拉为负，当水平作动器推试件时，受拉侧为 A 面，受压侧为 C 面，沿逆时针方向分别为 B 面、D 面。

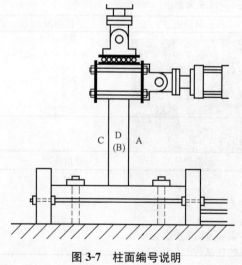

图 3-7　柱面编号说明

3.1.2.2　加载制度

本次试验为拟静力加载试验。拟静力加载试验又称为低周反复加载试验，指对构件施加多次往复循环荷载的静力试验。通过试验可以得到构件的滞回曲线，进一步分析可以得到构件骨架曲线、耗能能力、初始刚度、刚度退化等，从而对构件的抗震性能进行评价。

试件安装就位后，竖向荷载按照试验轴压比分 6 级加载完成，前 4 级每级施加总竖向荷载的 20%，后两级按每级 10% 加载。加载过程中，每加完一级持荷 2min，竖向荷载加载完成后，持荷 10min。此时安装水平作动器，保证水平作动器不会在施加竖向荷载时预先受到水平力，从而达到消除试验误差的目的。

施加水平位移前，对试件进行预加载。预加载位移不应超过预计开裂位移的 30%，分三级加载完成，并分两级卸载。预加载目的是检查试件是否安装到位，各个仪器是否能正常工作、各个仪表是否能正常读数。

水平荷载按照如下加载方式（没特别说明，括号外数值为长柱位移，括号内为短柱位移）：试件开裂前，试件初始施加水平位移为 1mm（0.5mm），后按照 0.5mm 每级加载至 3mm（2mm），每级循环 1 次；待水平裂缝出现且完全发展后，按 3mm（2mm）级差进行加载，每级循环 3 次；在水平荷载一直增加的条件下，混凝土出现压碎现象后，改为 5mm（3mm）级差进行加载。当水平荷载下降到峰值荷载的 85％或者试件破坏严重导致无法继续加载时，停止试验。加载制度如图 3-8 所示。

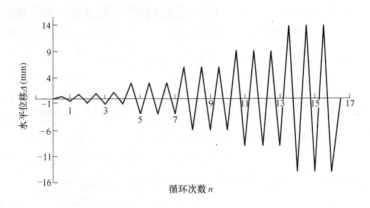

图 3-8　循环加载制度

3.1.2.3　量测方案

纵筋应变片布置：为监测试验中受压侧与受拉侧纵筋工作状况，在距柱底 100mm 处，于拉压侧的每一根纵筋上布置一片 Bx120-3AA 型电阻应变片，并编号。

箍筋应变片布置：为监测试验中箍筋的工作状况，从下往上数，分别在第 2 层、第.3 层、第 4 层箍筋布置 Bx120-3AA 型电阻应变片，并编号。

纵筋和箍筋上的应变片布置如图 3-9 所示。

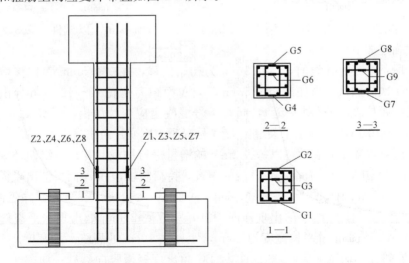

图 3-9　纵筋和箍筋应变片设置

混凝土应变片布置：为监测试验中混凝土是否开裂，以及试验初期混凝土的应变值。在混凝土柱拉压两侧距柱底 100mm 处，平行于柱身方向各布置两片 80AA 混凝土应变片，并编号，如图 3-10 所示。

数显百分表与拉线位移传感器布置：为分析弯曲变形、剪切变形和滑移变形变化规律，观测试件有无水平滑动、沉降，以及测量柱顶水平位移。在距柱底 150mm 处安装 3 个数显百分表，用以测量该区域内平均曲率和总变形（包括弯曲变形和剪切变形）；在柱底和底座端部安装数显百分表，用于测量试件竖向沉降和翘曲；在试件底座侧面布置数显位移百分表，用于测量试件水平滑移；在柱顶侧面加载中心布置拉线位移传感器，用以测量柱顶水平位移。如图 3-11 所示。

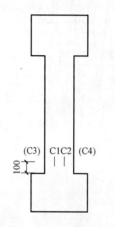

图 3-10　混凝土应变片布置

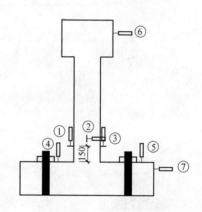

图 3-11　位移计的布置

3.1.3　试验结果分析

3.1.3.1　试验现象与受力过程

由于试件的轴压比和剪跨比不同，因此破坏现象有所不同。以试件 0.2-3 为例，其受力工作过程描述如下。

第一阶段：混凝土开裂前，以 0.5mm 为初始位移，并以 0.5mm 为位移增加量进行每级循环为 1 次的加载。当加载至 1.5mm 时，A 面距离柱底 10～12.5cm 处出现一条水平裂缝（后称距柱底 10cm 处裂缝），同时 1 号混凝土应变片溢出；同级反向加载时，C 面距柱底 7.5～10cm 处出现水平裂缝，3、4 号混凝土应变片溢出。

第二阶段：混凝土开裂后，以每级 2mm 的增量进行加载，并且每级循环 3 次。在加载到 4mm 的过程中，听见有混凝土开裂的声音，持荷阶段，柱 A 面根部出现横向水平裂缝，距柱底 23cm 处同样出现水平裂缝，同时 A 面 10cm 处水平裂缝贯通并延伸至 B 面；加载到 -4mm 时，柱 C 面根部出现横向裂缝，距柱底 22mm 处出现水平裂缝。加载至 6mm 时，柱 A 面根部裂缝平均宽度为 2mm，距柱底 10cm 处裂缝平均宽度 1.14mm，距柱底 23cm 处裂缝平均宽度为 0.08mm，柱 BC 角出现轻微竖向裂缝；加载至 -6mm 时，柱 C 面现象与 A 面相同，3 条裂缝分别贯通且延伸至 B、D 面，DA 角出现竖向裂缝。加载至 8mm 时，BC 角出现明显压碎现象，B 面出现 "x" 形裂缝；加载至 -8mm 时，A 面混凝土有受压起皮现象，AD 角出现竖向裂缝。加载至 10mm 时，有明显混凝土压碎声音，BC 角混凝土剥落，DC 角出现竖向裂缝；加载至−10mm 时，AD 角出现竖向裂缝；在循环加载过程中，出现类似 CFRP 筋断裂的声音。

第三阶段：混凝土出现压碎后，增大位移至 3mm 每级，并循环 3 次。加载至 13mm 加载过程中，持续出现类似 CFRP 筋断裂的声音，混凝土脱落严重；加载至−13mm 现象类似；在循环加载时，水平荷载下降至最大值 85%，停止加载。

各试件的裂缝开展图如图 3-12 所示，其中，图（d）和图（h）为钢筋混凝土柱的裂缝开展图。

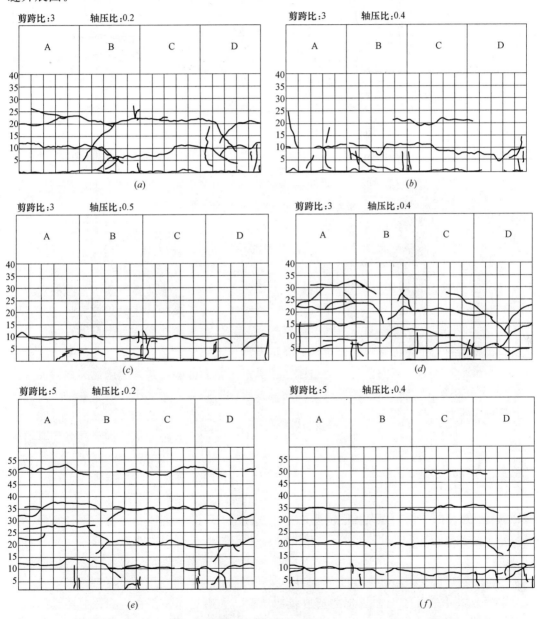

图 3-12　各试件裂缝开展图（一）

（a）试件 0.2-3；（b）试件 0.4-3；（c）试件 0.5-3；（d）试件 G0.4-3；
（e）试件 0.2-5；（f）试件 0.4-5

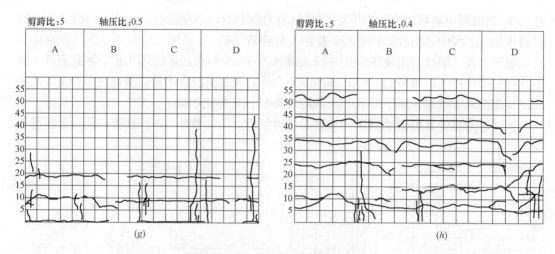

图 3-12 各试件裂缝开展图（二）

（g）试件 0.5-5；（h）试件 G0.4-5

各试件均在柱根部因混凝土压碎剥落而发生破坏，各试件的破坏情况如图 3-13 所示。

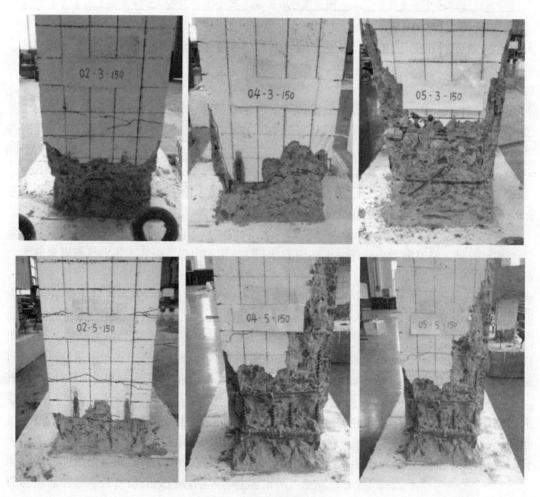

图 3-13 试件破坏情况（一）

图 3-13 试件破坏情况（二）

通过对试件受力工作过程的观察、比较和分析，可以得到以下结论：

（1）CFRP筋混凝土柱与钢筋混凝土柱在低周反复荷载作用下的破坏形式相同，均在柱根部发生混凝土压碎剥落破坏。剪跨比和轴压比越大，试件受力破坏区域的发展高度就越大。

（2）CFRP筋混凝土柱首次出现裂缝的位置在距柱底10cm处（约1/2柱宽），而不是弯矩最大的柱底。这是因为试件底座对柱底部有约束作用，这一点CFRP筋混凝土柱与钢筋混凝土柱相似。

（3）高轴压比CFRP筋混凝土柱的裂缝相对集中于柱底部，轴压比较小的CFRP筋混凝土柱的裂缝分布相对分散。如表3-2所示，轴压比越大或者剪跨比越大，初始裂缝出现越晚，这是因为轴压比越大，竖向压应力就越大，从而延缓了混凝土开裂；而剪跨比越大，混凝土柱因弯矩造成的水平位移就越大，因此延迟了水平裂缝的出现。轴压比越大，竖向裂缝出现越早，原因是轴压比越大，竖向应力与弯矩造成的竖向应力叠加就越大，从而使竖向裂缝越早出现。轴压比越大，构件极限位移越小，破坏越迅速。

								表 3-2
试件裂缝统计表								
试验组号	0.2-3	0.4-3	0.5-3	0.2-5	0.4-5	0.5-5	G0.4-3	G0.4-5
首次出现水平裂缝位移(mm)	1.5	1.5	2	3	3	4.5	1.5	3
首次出现水平裂缝位移角	1/470	1/470	1/353	1/392	1/392	1/261	1/470	1/392
首次出现竖向裂缝位移(mm)	4	4	2	6	6	5	6	12
首次出现竖向裂缝位移角	1/176	1/176	1/353	1/196	1/196	1/235	1/117	1/98
停止加载位移(mm)	13	10.5	10	25	23	14	30	38
停止加载位移角	1/54	1/67	1/70	1/47	1/51	1/83	1/24	1/31

（4）相比之下，钢筋混凝土柱的裂缝比CFRP筋混凝土柱的裂缝多，原因是钢筋试件进入屈服阶段后，试件加载位移大于CFRP筋试件。CFRP筋试件与钢筋试件的开裂位移相同，可见构件的开裂主要由混凝土控制。钢筋试件的竖向裂缝晚于CFRP筋试件出现，原因是钢筋试件的配箍率较大，其受到的约束作用比CFRP筋试件强。钢筋试件破坏阶段的位移大于CFRP筋试件，原因是钢筋为弹塑性材料，变形能力较好，而CFRP筋为线弹性材料，没有屈服阶段、塑性阶段，因此钢筋试件的水平位移更大。

3.1.3.2 CFRP 筋应变

1. 纵筋应变

试件 B、D 两面的每根纵筋上均粘结了应变片（见图 3-9）。将试件达到每级循环峰值荷载时的应变数值在应变-位移坐标下连成曲线，即成为应变-位移曲线，如图 3-14 所示。

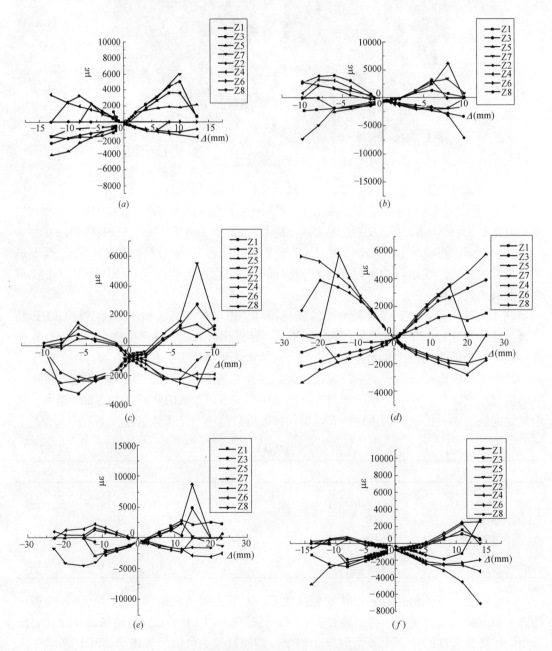

图 3-14 试件的纵筋应变-位移曲线（一）

（a）试件 0.2-3 纵筋应变-位移曲线；（b）试件 0.4-3 纵筋应变-位移曲线；（c）试件 0.5-3 纵筋应变-位移曲线；（d）试件 0.2-5 纵筋应变-位移曲线；（e）试件 0.4-5 纵筋应变-位移曲线；（f）试件 0.5-5 纵筋应变-位移曲线

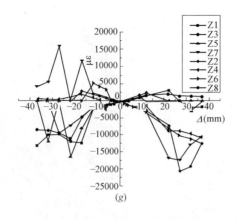

图 3-14 试件的纵筋应变-位移曲线（二）

（*g*）试件 G0.4-5 纵筋应变-位移曲线

通过分析各个试件的纵筋应变-位移曲线，可以得到以下结论：

（1）纵筋应变在水平位移为 0 时，均处于负值。原因是在进行水平加载以前，先进行了竖向加载，使得 CFRP 筋预先产生了 $-100\sim-800\mu\varepsilon$ 不等的微应变，大轴压比的试件，筋材应变负值更大。总体上，正、反两侧纵筋应变关于纵轴对称。

（2）在循环加载以前，即试件开裂以前，CFRP 筋应变随位移改变呈线性增长，表现出了 CFRP 筋线弹性的性质，各侧面纵筋应变值大体相同。

（3）在循环加载前期与中期，CFRP 筋应变仍然处于线性状态。然而同侧纵筋应变存在差异，原因在于：1）试验中，不能保证水平作动器与竖向作动器完全对中，使得试件加载存在轻微的偏心；2）混凝土柱的破坏不完全对称，造成应力分布存在差别；3）绑扎好的筋放入木模时存在摆放误差，导致加载时受力不完全对称。

（4）在加载末期，出现 CFRP 筋应变突变现象，判断为 CFRP 筋破坏。通过对比可得：1）在峰值荷载位移之前，纵筋都能保持正常工作；2）水平荷载峰值都对应于拉应变突变位移或者是拉应变突变位移的后一级位移，CFRP 筋一旦破坏，混凝土柱的承载力立即下降；3）轴压比小的柱，在达到峰值荷载位移时，已经有部分 CFRP 筋破坏，这是因为轴压比小的柱，水平荷载峰值出现较晚，混凝土受压更为严重，导致 CFRP 筋受压破坏。

（5）试验得到 CFRP 筋应变数值并不大，与 CFRP 筋材料性能测试结果比较，相差甚远。通过分析认为：一方面 CFRP 筋在混凝土柱中，并不是单一的受拉、压荷载，而是承受轴力、弯矩、剪力共同作用，导致 CFRP 筋受力情况复杂。前文也提到 CFRP 筋是各向异性材料，其抗拉能力较强，但是抗剪能力比较弱，因此在复杂受力状态下，CFRP 筋不能充分发挥抗拉强度；另一方面在不断加载过程中，随着混凝土脱落，CFRP 筋暴露在外，失去了混凝土保护的 CFRP 筋极易发生受压失稳破坏，如图 3-15 所示，CFRP 筋失稳破坏后则不再发挥作用。

（6）对比图 3-14（*e*）、（*f*），可以见得，在循环加载之前，钢筋与 CFRP 筋应变相差不多，在循环加载中，尤其是加载后期，钢筋应变明显高于 CFRP 筋应变。这是因为加载后期钢筋屈服产生塑性变形，而 CFRP 筋为线弹性材料，是没有屈服阶段的，不发生塑性变形，因此钢筋应变大于 CFRP 筋应变。

图 3-15 纵筋破坏图

2. 箍筋应变

试件箍筋上粘结应变片的位置以及编号见图 3-9，箍筋应变-位移曲线如图 3-16 所示。

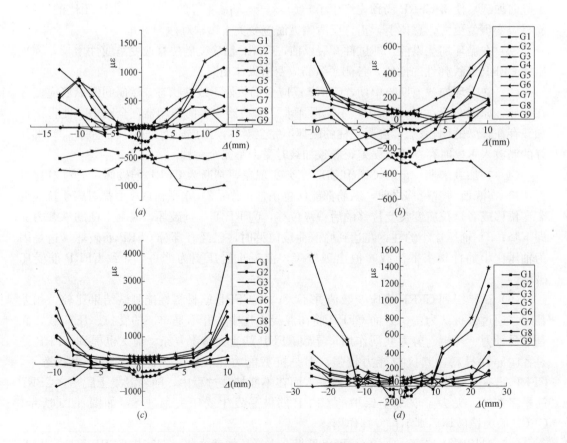

图 3-16 试件的箍筋应变-位移曲线（一）

（a）试件 0.2-3 箍筋应变-位移曲线；（b）试件 0.4-3 箍筋应变-位移曲线；
（c）试件 0.5-3 箍筋应变-位移曲线；（d）试件 0.2-5 箍筋应变-位移曲线

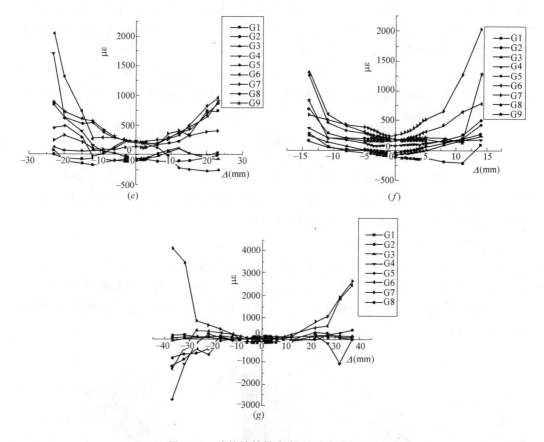

图 3-16 试件的箍筋应变-位移曲线（二）

（*e*）试件 0.4-5 箍筋应变-位移曲线；（*f*）试件 0.5-5 箍筋应变-位移曲线；（*g*）试件 G0.4-5 箍筋应变-位移曲线

通过分析各个试件的箍筋应变-位移曲线，可以得到以下结论：

（1）箍筋应变整体呈现碗状。在加载初期，箍筋的应变增长缓慢，因为此时水平荷载较小，混凝土还没有受到较大破坏，混凝土与 CFRP 箍筋共同提供抗剪能力。随着水平荷载逐渐加大，混凝土开始发生破坏，此时箍筋起主要抗剪作用，因此箍筋应变快速增加。在整个加载过程中，没有出现 CFRP 箍筋应变突变的情况，CFRP 箍筋应变大多都在 $2000\mu\varepsilon$ 以内，因此认为试件直到加载停止，没有发生 CFRP 箍筋破坏。

（2）图 3-16（*a*）、（*b*）中，G1、G2、G3 大部分应变处于负值，图 3-16（*c*）～（*f*）也能看到 G1、G2、G3 大部分处于负值。这是因为在浇筑混凝土柱时，0.2-3、0.4-3 第二层的箍筋偏离了设计部位，被浇到了混凝土底座中，当施加竖向荷载时，不仅没有起到保护核心混凝土的作用，反而被大量混凝土挤压，因此该处应变为负值。

（3）在相同剪跨比情况下，轴压比越高，箍筋应变越大。原因是在同一水平位移情况下，相同剪跨比，不同轴压比的柱水平荷载不一样，大轴压比柱的水平荷载大于小轴压比柱，因此大轴压比柱的箍筋应变大于小轴压比柱的箍筋应变。

（4）在相同轴压比情况下，剪跨比越小，箍筋应变值越大，其应变-位移图形中，应变的变化率也越大。剪跨比为 3 的 CFRP 筋试件的应变-位移曲线拐点主要在 1.5～2mm之间，剪跨比为 5 的 CFRP 筋试件的应力-应变曲线拐点主要出现在 3～6mm 之间。结合试验现象分析，认为小剪跨比的试件，水平荷载大，箍筋应变大，并且裂缝出现得相对较早，部分混凝土较早退出抗剪工作，增加了箍筋的受力，此外，小剪跨比试件水平荷载增加比大剪跨比试件荷载增加快，因此箍筋应变变化率也大。

（5）对比图 3-16（e）、（g），在相同的水平位移情况下，CFRP 箍筋应变大于钢箍应变。原因是 CFRP 筋试件的配箍率比钢筋试件的配箍率低，每根 CFRP 箍筋所提供的剪力大于每根钢箍提供的剪力。

3.1.3.3 滞回曲线

滞回曲线是低周反复荷载试验中，试验荷载与位移的连线，能反映构件在低周反复荷载作用下的诸多特性，例如刚度、承载力、延性以及耗能等，是衡量构件抗震性能和确定恢复力模型的重要依据。图 3-17 即为构件滞回曲线。

通过对比，可以得到以下结论：

（1）加载初期，在试件开裂前，滞回曲线几乎呈直线往复。滞回曲线在零点以下并且靠近零点处出现明显的拐点，当加载过拐点以后，滞回曲线斜率恢复至拐点之前的斜率。通过分析，认为是由于水平作动球头连接处存在空行程，从而导致在反向加载过程初期，荷载变化出现拐点。

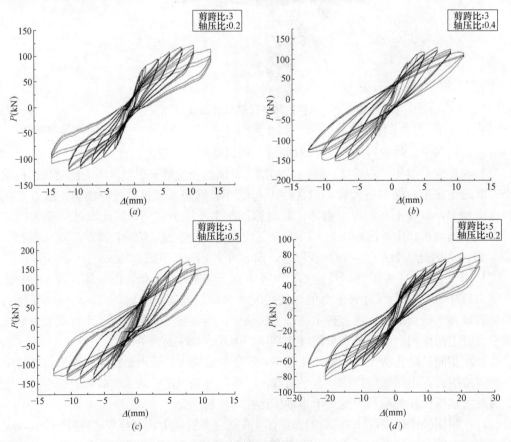

图 3-17　试件的滞回曲线（一）

（a）试件 0.2-3 滞回曲线；（b）试件 0.4-3 滞回曲线；（c）试件 0.5-3 滞回曲线；（d）试件 0.2-5 滞回曲线

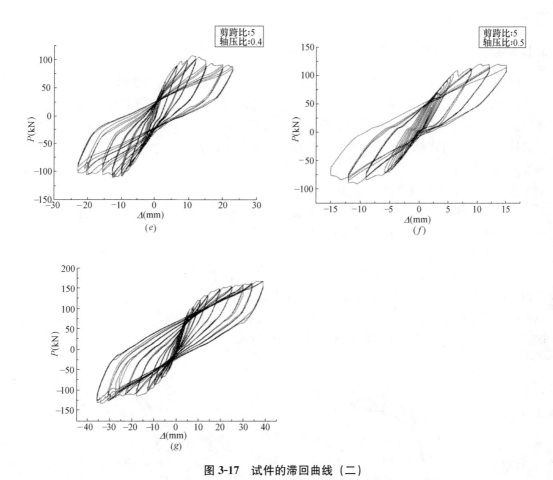

图 3-17　试件的滞回曲线（二）

（*e*）试件 0.4-5 滞回曲线；（*f*）试件 0.5-5 滞回曲线；（*g*）试件 G0.4-5 滞回曲线

（2）随着水平位移不断增加，卸载时，非弹性应变增大，反复加载过程中，水平荷载峰值开始小于第一次循环加载到相同位移时的峰值荷载。水平荷载增加速率也逐渐降低。当试件底部混凝土开始压碎后，刚度退化的速率不断增大，CFRP 筋与混凝土之间出现一定的滑移，整个滞回曲线有"捏缩"现象。

（3）对比相同剪跨比、不同轴压比的 CFRP 筋混凝土柱，可得：1）轴压比越大，加载的最大水平位移越小，因为在相同位移下，轴压比越高的试件，混凝土破坏越严重，水平荷载下降越快，因此轴压比越高的柱，荷载越早下降到极限荷载的 85％（本试验拟定的破坏荷载）；2）轴压比越大，滞回环形状越饱满；3）轴压比越大，在循环加载后期，滞回环会出现不稳定的波浪状，通过分析，认为波浪状主要是因为轴压比高，加载过程中，更容易出现混凝土破坏的现象，混凝土一旦在加载过程中破坏，势必影响整个柱的刚度，从而使滞回曲线出现波浪状。

（4）对比相同轴压比、不同剪跨比的 CFRP 筋混凝土柱，可得：剪跨比越大，滞回环越饱满，"捏拢"现象越不明显，水平位移越大，然而水平承载力越小。

（5）对比相同情况下，钢筋混凝土柱与 CFRP 筋混凝土柱的滞回曲线，可得：钢筋混凝土柱水平承载力高，水平极限位移大，滞回环更加饱满，与 CFRP 筋混凝土柱相比，

"捏缩"现象不明显。

3.1.3.4　荷载-位移骨架曲线

在低周反复荷载作用下，骨架曲线是滞回曲线峰值点的连线。骨架曲线形状与该试件一次性单调加载的曲线大体上类似，不过由于循环加载，混凝土在循环过程中有损坏，导致其极限荷载略低于单次加载极限荷载。构件的骨架曲线是研究构件非弹性地震反应的重要依据之一，它直观地表示了每次循环加载达到的水平力最大值的轨迹，揭示了构件在低周反复荷载作用下的力学特性。

从图 3-18 骨架曲线的比较可以得出：

（1）骨架曲线分为三个阶段：1）弹性段，该阶段荷载-位移呈明显的线性关系；2）强化段，该阶段荷载仍然随位移的增长而增加，不过增长的速率小于弹性阶段；3）强度退化段，该阶段承载力开始退化，直至最大荷载的 85%，结束加载。

（2）图 3-18（a）、（b）对比了相同剪跨比情况下，不同轴压比柱的骨架曲线，从图中可以看出，在弹性段，各柱荷载-位移增长速率相差不多，但是当到达强化段时，轴压比高的柱，其极限荷载也较大，详见表 3-3。轴压比越大，越快达到水平极限荷载。从强度退化阶段可以看出，轴压比越小，水平极限位移越大。

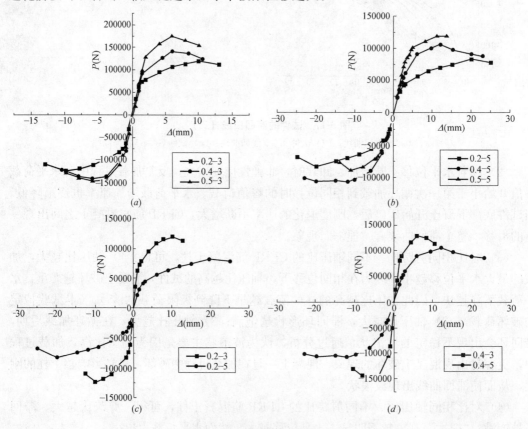

图 3-18　试件的骨架曲线对比（一）

（a）剪跨比为 3 的 CFRP 筋柱骨架曲线对比；（b）剪跨比为 5 的 CFRP 筋柱骨架曲线对比；

（c）轴压比为 0.2 的 CFRP 筋柱骨架曲线对比；（d）轴压比为 0.4 的 CFRP 筋柱骨架曲线对比

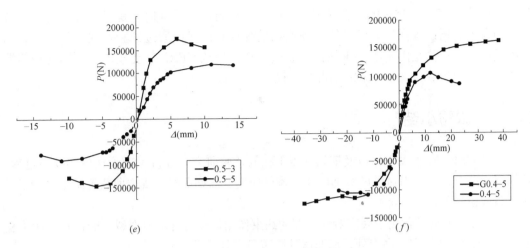

图3-18 试件的骨架曲线对比（二）

（e）轴压比为0.5的CFRP筋柱骨架曲线对比；（f）钢筋混凝土柱与CFRP筋混凝土柱骨架曲线对比

轴压比对试件极限承载能力的影响   表3-3

试验组号	轴压比 n	剪跨比 λ	平均极限承载力(kN)	提升增幅
0.2-3	0.2	3	122	—
0.4-3	0.4	3	140.8	15.4%
0.5-3	0.5	3	160.9	31.9%
0.2-5	0.2	5	82.9	—
0.4-5	0.4	5	106.8	28.8%
0.5-5	0.5	5	104.7	26.3%

注：提升幅度是指相同剪跨比下，相比轴压比为0.2的柱，不同轴压比柱的水平承载力提升的幅度。

（3）图3-18（c）、（d）、（e）对比了相同轴压比情况下，不同剪跨比柱的骨架曲线。从图中可以看出，在弹性段，各柱的荷载-位移增长速率相差很大，剪跨比越大，其增长速率越慢，体现在骨架曲线上为曲线斜率越小。通过分析，认为剪跨比直接影响柱的刚度，剪跨比越大，刚度越小；在强化段，长柱水平荷载增长速度比短柱慢，极限水平荷载比短柱小；在强度退化阶段，长柱水平荷载下降比短柱慢，并且极限位移比短柱大，详见表3-4。从表3-4可以看出，CFRP筋混凝土柱转角位移在1/83～1/47之间。

剪跨比对试件极限位移的影响   表3-4

试验组号	轴压比 n	剪跨比 λ	平均极限位移(mm)	转角位移
0.2-3	0.2	3	13	1/54
0.2-5	0.2	5	25	1/47
0.4-3	0.4	3	10.5	1/67
0.4-5	0.4	5	23	1/51
0.5-3	0.5	3	10	1/71
0.5-5	0.5	5	14	1/83

（4）图3-18（f）对比了钢筋混凝土柱与CFRP筋混凝土柱的骨架曲线。在弹性段，骨架曲线增长速率相差不多，即两者刚度差不多；在强化段，钢筋混凝土柱的水平荷载明显高于CFRP筋混凝土柱的水平荷载；在强度退化段，CFRP筋混凝土柱出现明显下降段，钢筋混凝土柱虽然混凝土破坏严重，负向加载出现下降段，但是水平荷载下降尚未超

过极限荷载的 85%。这是因为在对钢筋混凝土柱进行配筋设计时，是以 CFRP 筋的抗拉强度为参考，通过等强度原则计算得到钢筋的配筋量。然而通过试验发现，在 CFRP 筋混凝土柱中，往往是由于混凝土保护层脱落，从而导致 CFRP 筋受压破坏，因此钢筋混凝土柱的极限承载力大于 CFRP 筋混凝土柱。

3.1.4 试验小结

通过 CFRP 筋混凝土柱以及钢筋混凝土柱的试验研究，分析了试验现象和受力过程，绘制了裂缝开展图。对试件的纵筋应变、箍筋应变、滞回曲线、骨架曲线等结果进行了分析，得到以下结论：

（1）CFRP 筋试件由于底座对柱根部的约束作用，使得首次出现裂缝的位置在距离柱底约 10cm（1/2 柱宽）高度处，而非试件弯矩最大处。

轴压比越大，CFRP 筋试件裂缝出现越晚，裂缝越集中于试件根部，破坏越迅速。钢筋试件裂缝比 CFRP 筋试件裂缝更多。

（2）开始循环加载前，CFRP 纵筋应变处于负值；开始循环加载后，直到 CFRP 纵筋破坏之前，CFRP 纵筋应变呈线性增长。在加载末期，CFRP 纵筋应变会出现突变，可判断为 CFRP 纵筋破坏。在整个加载过程中，CFRP 纵筋受拉、压、剪复杂应力影响，使其不能充分发挥较高的抗拉能力。

（3）在整个加载过程中，CFRP 箍筋的应变-位移曲线呈碗状，与钢箍的应变-位移曲线形状相似。加载初期由于混凝土的约束作用，箍筋应变增长缓慢。轴压比越高或剪跨比越小，水平荷载越大，因此箍筋应变越大。

（4）CFRP 筋试件与钢筋试件的滞回曲线有相似之处，两者在加载初期，滞回环几乎呈直线，随着位移的不断增加，滞回曲线出现刚度退化现象。两者不同之处在于，CFRP 筋试件的峰值荷载小于钢筋试件的峰值荷载，当达到峰值荷载之后，CFRP 筋试件承载力迅速下降，而钢筋试件承载力几乎没有变化，CFRP 筋试件滞回环不及钢筋试件饱满。

轴压比对 CFRP 筋试件抗震性能的影响如下：轴压比越大，其单个滞回环越饱满，峰值荷载越大，但是加载位移越小；轴压比越小，滞回环相对越狭窄，峰值荷载越小，但是加载位移越大。

剪跨比对 CFRP 筋试件抗震性能的影响如下：剪跨比越大，单个滞回环面积越大，滞回环越饱满，捏拢现象越不明显，水平位移越大，但极限水平荷载越小。

（5）CFRP 筋试件骨架曲线分为弹性段、强化段、强度退化段。

对于相同剪跨比、不同轴压比的 CFRP 筋试件：弹性段，刚度相差不大；强化段，轴压比越大，极限水平荷载越大；强度退化段，轴压比越大，水平位移越小。

对于相同轴压比、不同剪跨比的 CFRP 筋试件：弹性段，剪跨比越小，其刚度越大；强化段，剪跨比越小，其极限水平荷载越大；强度退化段，剪跨比越小，极限位移越小。

对比 CFRP 筋试件与钢筋试件，两者在加载初期刚度相差不大，钢筋试件水平极限荷载大于 CFRP 筋试件，当达到水平极限荷载之后，CFRP 筋试件水平荷载迅速下降，钢筋试件承载力变化不明显。

（6）根据等强度代换理论将 CFRP 筋混凝土柱换算成钢筋混凝土柱，试验研究结果表明，该钢筋混凝土柱水平极限荷载与极限位移均大于 CFRP 筋混凝土柱。

3.2 全 CFRP 筋混凝土柱抗震性能指标分析

3.2.1 延性

延性是反映结构或构件塑性变形能力的一项指标。衡量结构或构件的整体延性一般采用位移延性指标，见式（3-1）。

$$\mu_\Delta = \Delta_u / \Delta_y \tag{3-1}$$

式中，μ_Δ 是延性系数，Δ_u 是构件的极限侧向位移，Δ_y 是构件屈服位移。

极限位移 Δ_u 的取法一般有以下几种：1）试件极限荷载所对应的侧向位移；2）试件骨架曲线上荷载下降到极限荷载的 80％或者 85％所对应的侧向位移；3）试件滞回曲线上的不稳定点所对应的侧向位移。

对于屈服位移 Δ_y，钢筋混凝土结构可以从钢筋的应变或从 $P\text{-}\Delta$ 曲线上确定。而 CFRP 筋与钢筋的材料性能相差很大，CFRP 筋为线弹性的材料，没有屈服段和塑性变形，因此 CFRP 筋混凝土柱没有明显的屈服位移 Δ_y。对于没有明显屈服点的骨架曲线，为找到名义屈服点，通常采用下列方法：

（1）通用屈服弯矩法。具体作法如图 3-19 所示，过原点作弹性理论值 OA 线与极限荷载切线相交于 A 点，过 A 点作垂线交骨架曲线于 B 点，连接 OB 并延长该线，与极限荷载切线相交于 C 点，再过 C 点做垂线与骨架曲线相交于 D 点，D 点即为该骨架曲线的屈服点。

（2）几何作图法（R. Park 法）。具体作法如图 3-20 所示，在骨架曲线上找到 $0.6P_u$（P_u 为试件极限承载力）对应的点，记为 A，连接 OA 并延长交极限荷载的切线于点 B，过 B 做垂线，交骨架曲线于 C 点，C 点即为骨架曲线的屈服点。

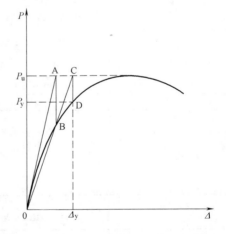

图 3-19 通用弯矩屈服法

（3）能量等值法。具体作法如图 3-21 所示，在骨架曲线上找到一点 A，连接 OA 交极限荷载的切线于点 B，使 OAO 面积与 ABCA 面积相等，再过 B 点作垂线，垂线交骨架曲线于点 D，D 点即为骨架曲线的屈服点。

由表 3-5～表 3-7 可得：

（1）表 3-5 中数据表明：在相同剪跨比条件下，轴压比越大，构件延性越差，这与实际情况相符。在相同轴压比情况下，剪跨比越大，构件延性也是越差，然而试验结果（表3-3）却表明，同等轴压比情况下，剪跨比越大，柱的极限位移转角越大，构件延性越好，这与采用通用屈服弯矩法得到的延性结论相悖。

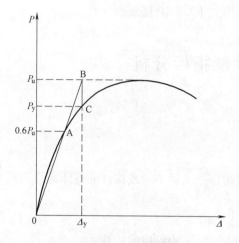

图 3-20　R. Park 法　　　　　　　　图 3-21　能量等值法

（2）表 3-6 中数据表明：对于剪跨比为 3 的试件，随着轴压比的增加，试件延性减小。然而对于剪跨比为 5 的试件，该规律不成立，轴压比为 0.4 的试件延性最高，其次为轴压比为 0.2 的试件，再次为轴压比为 0.5 的试件，这与试验结果（表 3-4）存在出入。

（3）表 3-7 中数据表明：在同等剪跨比条件下，轴压比为 0.4 的试件延性最高，其次为轴压比为 0.2 的试件，再次为轴压比为 0.5 的试件，显然也不符合实际情况。

（4）综上所述，以上三种方法求得的延性系数都不能准确地反映本次试验 6 根柱的塑性变形能力。

通用屈服弯矩法得到位移延性系数　　　　　　　　　　表 3-5

试验组号	屈服位移(mm)	最大位移(mm)	延性系数
0.2-3	2.81	13	4.63
0.4-3	2.73	10.5	3.85
0.5-3	3.37	10	2.97
0.2-5	6.24	25	4.01
0.4-5	6.28	23	3.66
0.5-5	5.38	14	2.60

R. Park 法得到位移延性系数　　　　　　　　　　表 3-6

试验组号	屈服位移(mm)	最大位移(mm)	延性系数
0.2-3	2.44	13	5.34
0.4-3	2.21	10.5	4.76
0.5-3	2.55	10	3.92
0.2-5	7.41	25	3.37
0.4-5	5.28	23	4.36
0.5-5	4.57	14	3.06

能量等值法得到位移延性系数　　　　　　　　　　表 3-7

试验组号	屈服位移(mm)	最大位移(mm)	延性系数
0.2-3	4.40	13	2.96
0.4-3	3.16	10.5	3.36
0.5-3	3.16	10	3.2
0.2-5	10.44	25	2.39
0.4-5	6.72	23	3.42
0.5-5	5.83	14	2.40

3.2.2 刚度退化

结构或构件抵抗变形的能力称为刚度。在反复荷载作用下，随着水平位移的不断增加，试件变形随之增大，裂缝宽度加大，不断有混凝土退出工作，试件刚度退化明显，刚度退化对于研究结构或构件抗震性能有重要的意义。

为了比较各试件的刚度退化，首先定义每级循环的位移刚度：

$$K_i = \frac{K_i^+ + K_i^-}{2} \tag{3-2}$$

式中，$K_i^+ = \sum_{j=1}^{3} F_{ij,\max}^+ / \sum_{j=1}^{3} \Delta_{ij}^+$，$K_i^- = \sum_{j=1}^{3} F_{ij,\max}^- / \sum_{j=1}^{3} \Delta_{ij}^-$，$K_i^+$、$K_i^-$ 为正、反荷载作用下第 i 级位移的平均割线刚度；$F_{ij,\max}$ 与 Δ_{ij} 分别为第 i 级位移的水平荷载及对应的位移。

试件刚度与位移的关系曲线如图 3-22 所示，由图 3-22 可见：

（1）图 3-22（a）、（b）比较了相同剪跨比、不同轴压比的 CFRP 筋混凝土柱的刚度

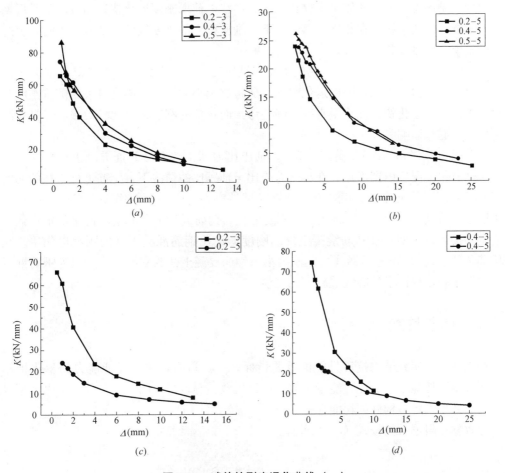

图 3-22　试件的刚度退化曲线（一）

（a）剪跨比为 3 的 CFRP 筋柱刚度退化曲线；（b）剪跨比为 5 的 CFRP 筋柱刚度退化曲线；
（c）轴压比为 0.2 的 CFRP 筋柱刚度退化曲线；（d）轴压比为 0.4 的 CFRP 筋柱刚度退化曲线

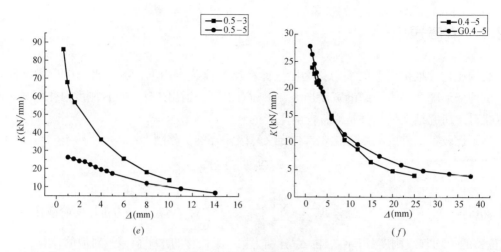

图 3-22   试件的刚度退化曲线（二）

(*e*) 轴压比为 0.5 的 CFRP 筋柱刚度退化曲线；(*f*) 钢筋混凝土柱与 CFRP 筋混凝土柱刚度退化曲线

退化曲线。刚度退化曲线整体呈现反比例函数形状，前期刚度退化快，曲线较陡，后期刚度退化变慢，曲线平缓。在相同位移条件下，轴压比大的刚度较大，加载结束时，剪跨比为 3 的三个试件刚度相差不大。

（2）图 3-22 (*c*)、(*d*)、(*e*) 比较了相同轴压比、不同剪跨比的 CFRP 筋混凝土柱的刚度退化曲线。由图可见，刚度退化前期，剪跨比越小的柱，其刚度越大。随着刚度开始退化，短柱刚度退化快，几乎呈直线下降趋势，而长柱的刚度退化比较缓慢。可见剪跨比对试件刚度退化影响大。

（3）图 3-22 (*f*) 比较了剪跨比为 5、轴压比为 0.4 的 CFRP 筋混凝土柱与钢筋混凝土柱刚度退化情况。由图可见，在相同剪跨比与轴压比的情况下，钢筋混凝土柱的初始刚度与 CFRP 筋混凝土柱刚度相差不大（钢筋试件略大，因为配筋率高于 CFRP 筋试件）。在刚度退化前期，CFRP 筋混凝土柱的刚度退化与钢筋混凝土柱的刚度退化基本一致，两者刚度很接近；后期 CFRP 筋混凝土柱的刚度退化比钢筋混凝土柱的刚度退化快，在相同位移条件下，CFRP 筋混凝土柱的刚度小于钢筋混凝土柱的刚度，这是因为钢筋混凝土柱的配箍率高，保证了核心区混凝土的完整。

3.2.3   耗能性能

耗能性能是研究结构抗震性能的重要指标之一。目前，评价耗能能力的量化指标较多，例如累计耗能、耗能比、能量系数、功比指数、等效黏滞阻尼系数等。本书采用等效黏滞阻尼系数来评价构件的耗能性能。

等效黏滞阻尼系数按式（3-3）计算：

$$h_e = \frac{1}{2\pi} \cdot \frac{S_{ABCDEA}}{S_{\triangle OBM} + S_{\triangle ODM}} \tag{3-3}$$

式中：S_{ABCDEA} 为一个加卸载过程滞回环所围成的面积，$S_{\triangle OBM}$、$S_{\triangle ODM}$ 为各自三角形围成的面积，如图 3-23 所示。

通过公式（3-3）计算得到各试件在不同位移下的等效黏滞阻尼系数，绘成等效黏滞阻尼系数与位移关系曲线，如图 3-24 所示，由图可见：

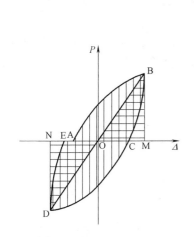

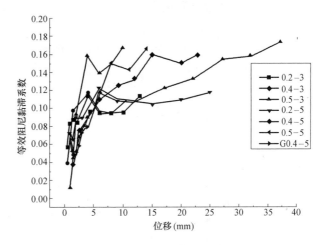

图 3-23　等效黏滞阻尼系数计算图　　　图 3-24　等效黏滞阻尼系数图

（1）随着水平位移的增加，CFRP 筋混凝土柱的等效黏滞阻尼系数随之增大，不过在试件进行循环加载之后，等效黏滞阻尼系数增加不明显。到加载后期，等效黏滞阻尼系数稍有上升，这是因为试件混凝土压碎破坏后，形成了塑性铰，耗散部分能量。

（2）对比试件 0.4-5 与 G0.4-5，不难看出，CFRP 筋混凝土柱与钢筋混凝土柱在相同位移情况下，CFRP 筋混凝土柱的等效黏滞阻尼系数略大。然而当 CFRP 筋混凝土柱达到极限位移之后，钢筋混凝土柱的等效黏滞阻尼系数仍然继续上升，其值超过 CFRP 筋混凝土柱，且还有继续上升的趋势。

通过分析认为：钢筋混凝土柱与 CFRP 筋混凝土柱的抗震耗能方式是不同的。CFRP 筋混凝土柱是通过提供较高的承载能力储备来耗散能量，在较小的水平位移情况下即达到较大的等效黏滞阻尼系数。钢筋混凝土柱是通过塑性变形、塑性铰和较大的水平位移来耗散能量，随着位移的不断增大，构件的等效黏滞阻尼系数随之增加。

（3）对比相同剪跨比、不同轴压比的试件，不难看出，在相同位移条件下，轴压比越大，其等效黏滞阻尼系数越大。

3.2.4　改进综合性能指标

通过对比钢筋混凝土柱与 CFRP 筋混凝土柱在低周反复荷载作用下的荷载-位移曲线，不难看出，钢筋混凝土柱抗震是通过产生塑性铰来耗散能量，而 CFRP 筋混凝土柱抗震则是通过较高的承载力储备来耗散能量。

延性系数定义为极限位移与屈服位移的比值，实际上反映的是构件的位移储备。对于钢筋混凝土柱来说，由于水平位移大，荷载增量在塑性阶段增加幅度并不大（近似认为 $P_u = P_y$），荷载-位移曲线可简化成图 3-25（a）。因此，引入延性概念来反映钢筋混凝土柱的抗震是非常合适的。也就是说，3.2.1 节中所采用的各种延性求解方法均是将混凝土柱的骨架曲线简化为图 3-25（a）的形式。然而，相比之下，CFRP 筋混凝土柱的水平位移并不大，且 CFRP 筋与钢筋的材料性能也有着本质的区别，因此，CFRP 筋混凝土柱的骨架曲线形式不能简化为图 3-25 (a) 的形式。考虑到 CFRP 筋混凝土柱的抗震工作特性，其荷载-位移曲线可简化为图 3-25 (b)。显然，对 CFRP 筋混凝土柱，引入延性这一概念来反映其抗震性能是不合适的。

钢筋混凝土柱引入延性是为了反映其位移储备，而 CFRP 筋混凝土柱不仅需要引入位移储备，同时还要引入荷载储备，这样才能全面反映出 CFRP 筋混凝土的抗震性能。

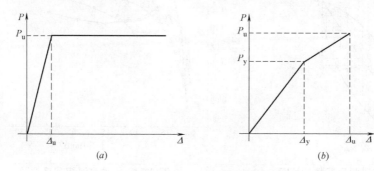

图 3-25　荷载-位移简化图
(a) 钢筋混凝土柱荷载-位移简化图；(b) CFRP 筋混凝土柱荷载-位移简化图

Mufti 等人在研究 FRP 筋混凝土梁与钢筋混凝土梁时，提出了变形性的概念，见式 (3-4)。

$$J = S_J \cdot D_J \tag{3-4}$$

式中：S_J 是承载力系数，即极限弯矩 M_u 与受压区边缘纤维应变 $\varepsilon_c = 0.001$ 时的弯矩 M_c 的比值；D_J 是变形系数，即极限曲率 Φ_u 与受压区边缘纤维应变 $\varepsilon_c = 0.001$ 时的曲率 Φ_c 的比值。

其中，S_J 反映了承载力储备，D_J 反映了变形储备，两者相乘即得到综合性能系数 J，这一系数综合考虑了变形与承载力的储备。

相关研究表明，综合性能系数 J 作为安全储备评价的依据较为合理，加拿大公路桥梁设计规范（CHBDC）即采用了这一指标。

龚永智通过改进该方法，提出适用于 CFRP 筋混凝土柱的综合性能指标，见式 (3-5)。

$$J = S_J \cdot D_J \tag{3-5}$$

式中：S_J 是承载力系数，即极限广义力 F_u（弯矩或剪力）与受压区边缘纤维压应变 $\varepsilon_c = 0.001$ 时的广义力 F_c 的比值；D_J 是变形系数，即极限广义变形（水平位移、曲率或转角）Δ_u 与受压区边缘应变 $\varepsilon_c = 0.001$ 时的广义变形 Δ_c 的比值。

但是在采用该方法进行计算时，寻找混凝土受压区边缘纤维应变 $\varepsilon_c = 0.001$ 很困难，并且不同轴压比对该应变影响非常大，因此考虑采用新的方法确定综合性能指标的参考点。

在计算钢筋混凝土柱的延性时，其参考点为屈服点，这样即能将复杂的骨架曲线简化为图 3-25 (a) 的形式。在选取 CFRP 筋混凝土柱综合性能指标的参考点时，可沿用钢筋混凝土柱的做法，即选择 CFRP 筋混凝土柱骨架曲线上弹性段到强化段的拐点作为综合性能指标的参考点，得到改进后的综合性能指标，见式 (3-6)。

$$J = S_J \cdot D_J \tag{3-6}$$

式中：S_J 是承载力系数，即极限广义力 F_u（弯矩或剪力）与骨架曲线上刚度拐点对应的广义力 F_y 的比值；D_J 是变形系数，即极限广义变形（水平位移、曲率或转角）Δ_u 与骨架曲线上刚度拐点对应的广义位移 Δ_y 的比值。

全 CFRP 筋混凝土柱改进后的综合性能指标如表 3-8 所示。该方法同时考虑了位移储备和承载力储备，比较全面地描述了 CFRP 筋混凝土柱的抗震性能。由表 3-8 可见，变形系数在 3.11～10 之间，承载力系数在 1.24～1.96 之间，综合性能指标在 3.87～19.6 之间；在相同剪跨比条件下，轴压比越小，综合性能指标越大，在相同轴压比条件下，剪跨比越大，综合性能指标越大，但试件 0.5-5 例外，有待进一步研究论证。

改进综合性能指标　　　　　　　　　　　　　　　表 3-8

试验组号	$F_y(N)$	$F_u(N)$	S_J	$\Delta_y(mm)$	$\Delta_u(mm)$	D_J	J
0.2-3	74000	114500	1.55	1.5	13	8.67	13.41
0.4-3	92450	130550	141	1.5	10.5	7	9.88
0.5-3	120000	160900	1.34	2	10	5	6.70
0.2-5	42300	82900	1.96	2.5	25	10	19.60
0.4-5	62150	106850	1.72	3	23	7.67	13.18
0.5-5	84250	104700	1.24	4.5	14	3.11	3.87

3.2.5 抗震性能指标分析小结

通过试验所得数据分析了 CFRP 筋混凝土柱的延性、刚度退化、耗能性能，并通过已有的综合性能指标法提出了改进后的综合性能指标，分析对比了 CFRP 筋混凝土柱的综合性能，得到以下主要结论：

（1）采用弯矩屈服法、作图法和能量等值法等三种方法求解了构件的延性系数，并与试验得到的延性系数进行了对比，结果表明，传统的延性系数不适用于评价 CFRP 筋混凝土柱的抗震性能。

（2）通过对 CFRP 筋混凝土柱的刚度退化曲线进行分析，可见在加载初期，试件刚度较大，且刚度退化明显，加载末期，刚度较小，退化缓慢。轴压比越大或者是剪跨比越小，试件初始刚度越大，但加载初期退化越明显。

通过对比 CFRP 筋混凝土柱与钢筋混凝土柱的刚度退化曲线，可见在加载初期，试件刚度差别不大，刚度退化速率基本相同，而在加载末期，CFRP 筋混凝土柱刚度退化快，且率先破坏，结束加载。

（3）运用等效黏滞阻尼系数考察了 CFRP 筋混凝土柱的耗能性能，并与钢筋混凝土柱的耗能性能进行了对比，结果表明，影响 CFRP 筋混凝土柱耗能性能的主要因素为 CFRP 筋自身的材料特性。由于 CFRP 筋与钢筋的材料性能差异明显，导致 CFRP 筋混凝土柱和钢筋混凝土柱的抗震耗能方式有很大区别，相比之下，虽然轴压比、剪跨比也会对 CFRP 筋混凝土柱的耗能性能产生影响，但不如前者明显。

（4）运用改进综合性能指标法对 CFRP 筋混凝土柱的承载力和位移进行了综合考察，该方法较好地反映轴压比和剪跨比对 CFRP 筋混凝土柱抗震性能的影响，结果表明，轴压比越小或剪跨比越大，综合性能指标越大，构件抗震性能越好。

3.3 全 CFRP 筋混凝土柱骨架曲线有限元分析

利用有限元分析软件 ABAQUS 模拟不同工况下的 CFRP 筋混凝土柱拟静力试验，并将数值模拟结果与试验进行对比分析，验证数值模拟的合理性和可行性，为后续不同参数的 CFRP 筋混凝土柱研究提供可靠的依据。

通用有限元软件 ABAQUS 计算功能强大，从线性分析到复杂的非线性分析都能够很好的处理，且操作界面却非常友好。与此同时，其自带的单元库以及各种类型的材料模型库，能满足大部分工程中的材料弹塑性和损伤行为。

单元类型和材料本构模型的选取见 8.2、8.3 节内容。

3.3.1 有限元模型建立与求解

3.3.1.1 有限元模型的选择

ABAQUS 软件中，混凝土配筋方式分为：整体式、分离式、组合式。其中，整体式是将筋材单元弥散分布于混凝土单元中，这种方式的优点是非线性处理易收敛，缺点是与实际筋材布置差别较大，后处理中无法观察筋材应力、应变。组合式是将筋材视作杆单元，这种方式需要保证杆单元节点与混凝土单元节点位置一致，该方法的优点是与实际情况相符，缺点是较难收敛。分离式是将筋材和混凝土分别视作不同单元进行网格划分，这种方法既接近实际，又容易收敛，本书采用分离式模型，如图 3-26 所示。

3.3.1.2 荷载施加与模型网格划分

1. 荷载施加

在荷载施加时，竖向荷载按轴压比的不同，在 STEP-1 里以均布荷载方式加载到柱头上；水平位移则以建立多个 STEP 的方式按照试验采用的位移控制加载。为防止加载面局部受力破坏，在柱头绑定一个刚度足够大的刚体，在该刚体耦合点上进行水平位移的施加，如图 3-27 所示。由于试验中水平位移加载点位于柱顶端中部，而 ABAQUS 加载点为图 3-27 所示的耦合点，所以在进行模拟加载时，需对荷载按式（3-7）进行处理。

$$\Delta = \frac{l_a}{l_b} \Delta_s \tag{3-7}$$

式中：Δ 为数值模拟输入的水平位移，l_a 为柱根部到耦合点的距离，l_b 为柱根部到实际加载点的距离，Δ_s 为实际加载位移。

2. 模型网格划分

本模型属于规则的几何形状，通过参考相关研究文献并通过多次模拟验证，将混凝土网格尺寸划分为 50mm，筋材网格尺寸划分为 30mm 时，能够得到较好的模拟结果。网格划分情况如图 3-28 所示。

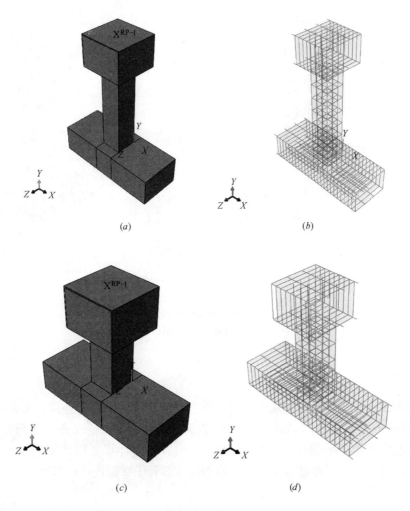

图 3-26 有限元模型

（*a*）长柱混凝土模型；（*b*）长柱配筋模型；（*c*）短柱混凝土模型；（*d*）短柱配筋模型

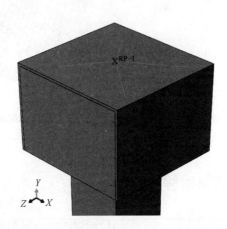

图 3-27 柱端耦合点

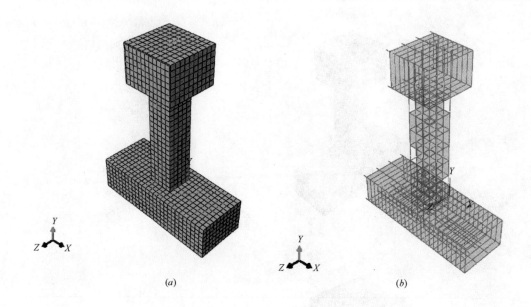

图 3-28　单元网格划分图

（a）混凝土网格划分；（b）钢筋网格划分

3.3.1.3　求解方式

在 ABAQUS 的 Job 功能模块中提交分析。对于非线性问题的处理，考虑作用在单元上的外部荷载 P 与节点力 I，如图 3-29、图 3-30 所示。保证每个节点上的合力为零（$P-I=0$），即该单元处于平衡状态。ABAQUS/Standard 中计算非线性问题采用的是 Newton-Raohson 算法。荷载通过增量步进行施加，经过若干次迭代进行求解。

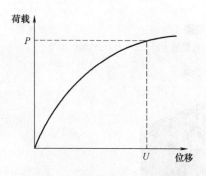

图 3-29　非线性荷载 P-位移 U 曲线

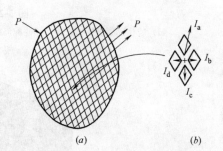

图 3-30　作用在单元上的外荷载与内力

（a）外部荷载；（b）节点上的内力

3.3.2　有限元分析结果检验

根据所建立的有限元分析模型，在 ABAQUS 中对不同剪跨比、不同轴压比的 6 根 CFRP 筋混凝土柱进行了模拟加载，模拟结果与试验结果的对比如下。

3.3.2.1 骨架曲线

骨架曲线对比情况如图 3-31 所示。

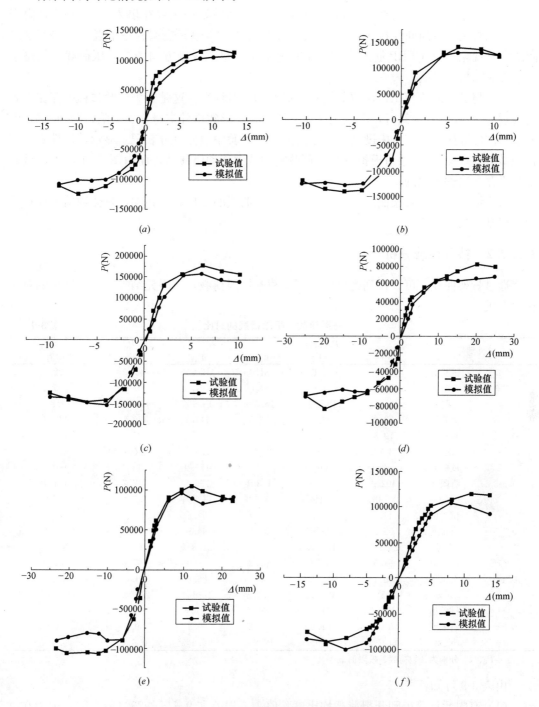

图 3-31 有限元与试验骨架曲线对比图

(*a*) 0.2-3 骨架曲线对比；(*b*) 0.4-3 骨架曲线对比；(*c*) 0.5-3 骨架曲线对比；

(*d*) 0.2-5 骨架曲线对比；(*e*) 0.4-5 骨架曲线对比；(*f*) 0.5-5 骨架曲线对比

由图 3-31 可见：

（1）模拟曲线与试验曲线都划分为弹性段、强化段与强度退化段。模拟曲线与试验曲线基本吻合，尤其是弹性阶段，两者吻合更好。而从强化阶段开始，模拟曲线与试验曲线开始出现偏差，主要原因在于：1）CDP 模型与实际模型仍然存在出入，如在 CDP 模型中假定混凝土为各向同性材料；2）为便于计算收敛，有限元模型忽略了混凝土与筋材之间的滑移现象；3）CFRP 筋的本构模型只考虑了筋材顺纤维方向的拉、压荷载，忽略了剪应力对筋材的影响。

（2）与试验曲线相比，模拟曲线具有更好的反对称性。这是因为试验过程中存在不确定因素：1）在试件浇筑时，混凝土振捣不够密实，导致试件本身存在缺陷；2）有限元模型中，试件底座的所有自由度均受到了约束，而试验中数显百分表记录显示，试件底座存在细微滑移现象；3）数值模拟的竖向荷载随加载面移动而移动，而由图 3-31 可见，试验中是不存在这种现象的。

对比结果表明，骨架曲线的模拟曲线与试验曲线的变化趋势相同，具体数值虽存在差异，但基本接近。

3.3.2.2 特征荷载分析

通过骨架曲线，可以得到构件的开裂荷载和极限荷载，有限元结果与试验结果的对比见表 3-9。

开裂荷载与极限荷载的对比 表 3-9

试件编号		P_c(kN)			P_u(kN)		
		正向	反向	均值	正向	反向	均值
	试验值	80.3	81.6	81.0	120.5	123.5	122.2
0.2-3	有限元	64.3	71.0	67.6	107.3	103.0	105.2
	误差	19.9%	13.0%	16.5%	10.9%	16.6%	13.8%
	试验值	92.2	92.7	92.5	141.1	140.5	140.8
0.4-3	有限元	70.3	70.4	70.4	130.1	128.5	129.3
	误差	23.7%	24.1%	23.9%	7.8%	8.5%	8.2%
	试验值	130	110	120	175.9	145.9	160.9
0.5-3	有限元	102.9	103.3	103.1	155.8	147.7	151.7
	误差	20.8%	6.1%	14.1%	11.4%	1.2%	5.7%
	试验值	44.6	43.7	44.2	82.5	83.3	82.9
0.2-5	有限元	35.6	38.9	37.3	64.5	64.3	64.4
	误差	20.1%	11.0%	15.6%	21.8%	22.8%	22.3%
	试验值	61.3	63.0	62.2	105.9	107.8	106.9
0.4-5	有限元	56.1	56.1	56.1	88.8	81.0	84.9
	误差	8.5%	10.9%	9.7%	16.1%	24.9%	20.5%
	试验值	102.5	71.2	86.9	119.4	90.0	104.7
0.5-5	有限元	90.5	91.1	90.8	99.7	89.5	94.6
	误差	11.7%	28.0%	19.9%	16.5%	0.6%	9.6%

注：P_c、P_u 分别为开裂荷载、极限荷载。

由表 3-9 可知：

（1）有限元计算得到开裂荷载均比试验值小，误差在 9.7%～23.1% 之间。因为在试验过程中，只有当裂缝形成并发展到混凝土表面才能为肉眼所观察，而内部裂缝是无法观察到的。相比之下，在有限元分析中，当混凝土单元积分点上的主拉应力超过混凝土的抗拉强度时，即判断为构件开裂，而此时内部开裂尚未传导至混凝土表面。

（2）有限元计算得到的极限承载力普遍小于试验值，误差在 6.3％～22.3％之间。综合考虑模拟骨架曲线与试验骨架曲线的整体趋势，以及承载力误差范围，有限元模型能够较好地模拟试验结果，数值分析具有一定的参考价值。

3.3.2.3　破坏形态对比

在 ABAQUS 分析中，等效塑性应变（即 PEEQ）描述的是试件在整个变形过程中的塑性应变绝对值之和，若分析中该值大于 0，则表示材料屈服。图 3-32 为试验破坏形态与数值模拟等效塑性应变云纹图的对比。

通过对比，可以得到：6 个模型的塑性应变分布与试验中所观察到的破坏情况大体一致，模拟得到的塑性应变累计越大的部位，该处的混凝土越容易发生破坏。可以大致看出，同等剪跨比条件下，轴压比越大，混凝土的破坏位置越靠近柱中部位；同等轴压比条件下，剪跨比越大，混凝土破坏区域的延伸高度越大。

3.3.3　抗震性能参数分析

为研究其他有关因素对 CFRP 筋混凝土柱在低周反复荷载作用下的受力性能的影响，以试件 0.2-3 的有限元模拟结果为参照，选取配箍率、配筋率、混凝土强度等因素进行参数分析。

1. 配箍率

试件 0.2-3 的加密区箍筋间距为 100mm，非加密区箍筋间距为 150mm（下文称 0.2-3-150）。为研究配箍率对试件受力性能的影响，将箍筋间距取不同的值进行参数分析。通过减小箍筋间距可以提高试件抗剪能力，同时增强对核心混凝土的约束。在保持其他参数不变的条件下，分别对加密区箍筋间距为 50mm，非加密区为 100mm（下文称 0.2-3-100）的 CFRP 筋混凝土柱，以及加密区箍筋间距为 75mm，非加密区为 125mm（下文称 0.2-3-125）的 CFRP 筋混凝土柱进行参数分析。所得到的骨架曲线如图 3-33 所示。

从骨架曲线对比图可以看出，随着配箍率的增加，试件在弹性阶段的刚度几乎没有区别；在非弹性阶段，同等水平位移条件下，配箍率越大，试件的水平极限荷载就越大。

2. 配筋率

试件 0.2-3 中 CFRP 纵筋的直径为 8mm（下文称 Z8）。为研究配筋率对试件受力性能的影响，将 CFRP 纵筋直径取不同的值进行参数分析。在保持其他参数不变的条件下，分别对配置直径 12mm 的 CFRP 纵筋（下文称 Z12）和直径 16mm 的 CFRP 纵筋（下文称 Z16）的混凝土柱进行参数分析。所得到的骨架曲线如图 3-34 所示。

从骨架曲线对比图可以看出，随着配筋率的增加，试件在弹性阶段的刚度随之增加；在非弹性阶段，同等水平位移条件下，纵筋直径越大，试件的水平极限荷载就越大。

3. 混凝土强度

试件 0.2-3 的设计混凝土强度等级为 C30，实测混凝土轴心抗压强度为 31.5MPa。为研究混凝土强度对试件受力性能的影响，将混凝土强度取不同的值进行参数分析。改变混凝土强度，依次取混凝土轴心抗压强度为 35.5MPa、38.5MPa。在保持轴压比不变的情况下，提高混凝土强度，相应的竖向轴力也会提高。在保持模拟程序中其他参数不变的情况下，得到的骨架曲线如图 3-35 所示。

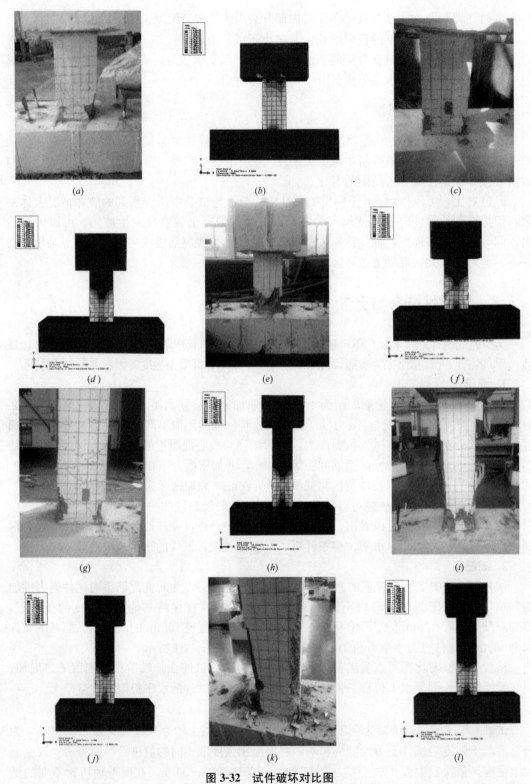

图 3-32　试件破坏对比图

(*a*) 0.2-3 破坏形态；(*b*) 0.2-3 等效塑性应变云纹图；(*c*) 0.4-3 破坏形态；(*d*) 0.4-3 等效塑性应变云纹图；
(*e*) 0.5-3 破坏形态；(*f*) 0.5-3 等效塑性应变云纹图；(*g*) 0.2-5 破坏形态；(*h*) 0.2-5 等效塑性应变云纹图；
(*i*) 0.4-5 破坏形态；(*j*) 0.4-5 等效塑性应变云纹图 (*k*) 0.5-5 破坏形态；(*l*) 0.5-5 等效塑性应变云纹图

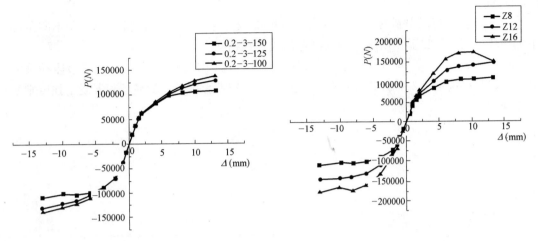

图 3-33 不同配箍率骨架曲线对比　　图 3-34 不同配筋率骨架曲线对比

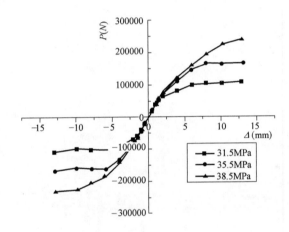

图 3-35 不同混凝土强度骨架曲线对比

从骨架曲线对比图可以看出，随着混凝土强度的增加，试件在弹性阶段的刚度几乎没有区别；在非弹性阶段，同等水平位移条件下，混凝土强度越高，试件的水平极限荷载就越大。

3.3.4 有限元分析小结

利用通用有限元软件 ABAQUS 对 6 根 CFRP 筋混凝土柱进行了低周反复荷载作用下的拟静力试验。CFRP 筋混凝土柱采用了分离式模型，混凝土本构模型采用了损伤塑性模型，CFRP 筋采用了 Truss 单元，对其材料性能做了简单的定义。模拟结果与试验结果的对比表明：

（1）有限元模拟得到的骨架曲线与试验所得骨架曲线的趋势大体一致，尤其是弹性阶段，两者吻合程度较高。

（2）有限元计算得到开裂荷载和极限荷载均比试验值小，误差范围分别在 9.7％～

23.1%和 6.3%～22.3%之间。

（3）有限元模拟得到的等效塑性应变云图能较好地反映 CFRP 筋混凝土在不同条件下的破坏形式，与试验中所观察到的破坏形式大致相同。

（4）随着配箍率、配筋率或混凝土强度的提高，CFRP 筋混凝土柱的水平极限荷载随之增大，其中配筋率对构件在弹性阶段的刚度有着较大影响，而配箍率和混凝土强度则基本无影响。

4 全CFRP筋高韧性水泥基
复合材料柱的抗震性能

4.1 复合纤维筋高韧性水泥基复合材料构件研究现状

4.1.1 高韧性水泥基复合材料及其受力性能

纤维混凝土（Fiber Reinforced Concrete，简称FRC），以及更广义上的纤维增强水泥基复合材料（Fiber Reinforced Cementitious Composites，简称FRCC），都是将纤维掺入到水泥砂浆或者混凝土里，通过搅拌使得纤维均匀分散而形成的一种水泥基复合材料。针对普通混凝土的脆性缺陷和开裂问题，研究人员最早于20世纪初开始尝试往混凝土里面掺入钢纤维。美国研究人员Romualdi和Batson在对钢纤维混凝土增强作用和阻裂机理深入研究的基础上，于1963年提出了纤维间距理论，很大程度上促进了纤维增强混凝土的研究和开发。随着研究的开展与深入，聚丙烯纤维、聚乙烯醇纤维和CFRP等多个种类的纤维都被作为增强材料掺入混凝土中，纤维混凝土的研究领域得以不断扩大，在提高材料韧性、抗冲击性与耐久性等方面做出了极大的贡献。

通常情况下，普通纤维混凝土的纤维含量较少（小于1％），在一定程度上提高了材料弯曲韧性与耐久性，但其极限抗拉强度和极限拉应变的提高幅度不大，在单轴受拉的过程中仍然表现出明显的应变软化现象，裂缝一经出现后便迅速发展、扩宽，导致试件承载力急剧下降。为了达到更好的增韧效果，研究人员开始研制大纤维掺量（大于5％）的高性能纤维增强混凝土，该种材料在轴心抗拉过程中可展现出较为明显的准应变硬化特性。大掺量的纤维使得材料具备高韧性和高抗拉强度，其裂缝宽度一般能控制在几百个微米的范围，但同时也由于纤维掺量过高，导致需要经过特殊的搅拌技术和施工工艺才能成型。

20世纪90年代初，美国密歇根大学Victor C. Li教授和麻省理工学院的Leung C K Y教授在水泥基里面掺入单丝短纤维，采用基于微观力学的性能驱动设计方法对材料微观结构进行调整，开始了高韧性水泥基复合材料的研究，并以纤维桥联法作为研究的理论基础，提出了稳态开裂准则和初始开裂应力准则作为材料获得准应变硬化特性的两个设计准则。高韧性水泥基复合材料最初被命名为Engineered Cementitious Composite，简称ECC，即经过设计的水泥基复合材料。ECC具有优异的韧性，在轴心抗拉过程中也能生成多条对结构无害的细密裂缝，呈现出明显的应变硬化特性。Li最初是使用PE纤维作为增韧材料，随后开始引入更为经济的PVA纤维，并针对PVA纤维在受力拔出时表现出的滑移-硬化效应对其表面进行油剂处理，取得了良好的成效。

1. 抗压性能

Li 进行了高韧性水泥基复合材料圆柱体试件轴心抗压试验研究，并与同等强度等级的普通混凝土进行对比，发现两者破坏模式存在较大差异，高韧性水泥基复合材料试件不会出现混凝土破坏时的表面剥落现象，脆性特征减小，荷载下降段相对平缓；Li 根据试验现象和结果，基于脆性材料在压力荷载下因裂缝扩展而导致破坏的经典模型，提出了适用于纤维增强水泥及材料的简易细观力学模型。Fischer 等分别用 PE 纤维和 PVA 纤维备制了高韧性水泥基复合材料并进行了单轴抗压试验研究，同时还对普通混凝土进行了对比试验；试验发现，复合材料的弹性模量较低，而峰值压应变较高，两种纤维制成的复合材料峰值压应变均为 0.5% 左右；与混凝土相比，复合材料的应力-应变曲线下降段较为平缓；而相比较两种复合材料而言，使用 PVA 纤维的增韧效果比 PE 纤维更加明显。邓明科等通过高韧性水泥基复合材料立方体试件抗压强度正交试验，研究了水胶比、纤维掺量、粉煤灰掺量和砂胶比对复合材料抗压强度以及强度尺寸效应的影响，试验结果表明，水胶比和纤维掺量是影响复合材料抗压强度和尺寸效应的主要因素；同时还发现，试件在2 次受压加载时其第 2 次抗压强度与第 1 次抗压强度接近，表明高韧性水泥基复合材料的耐损伤能力明显优于普通混凝土。

2. 抗拉性能

通常认为，轴心抗拉试验是考察水泥基复合材料是否拥有稳定的应变硬化特性最直接有效的手段。Li 通过大量试验发现，在直接拉伸试验中，纤维掺量为 2.0%（体积掺量）的高韧性水泥基复合材料的裂缝能够以稳态开裂模式拓展，破坏时于试件表面可见大量分布较为均匀的细密裂缝；Li 通过试验证明，高韧性水泥基复合材料在受拉作用下呈现出明显的准应变硬化特性，并给出了材料的典型拉应力-应变曲线。Takashirna 等通过直接拉伸试验对高韧性水泥基复合材料的基体刚度进行了研究，经试验发现，复合材料基体刚度随着水灰比（W/C）的减小或灰浆与水泥比值（pulp/C）的减小而增大，但基体刚度过高会导致材料无法满足初始开裂应力准则，因此要求 W/C 以及 pulp/C 不得太小。Kamile 等利用数字图像技术，研究了试件开裂后的裂缝宽度和材料内部纤维的分散情况对高韧性水泥基复合材料极限拉应变的影响，发现初始裂缝开裂强度和裂缝最大宽度的平方根与材料极限拉应变成反比。徐世烺团队通过调整配比实现了材料的应变硬化行为，并通过矩形平板试件进行了高韧性水泥基复合材料的直接拉伸试验研究，试验表明材料的极限拉应变高达 3.6%，极限抗拉强度为 4.5~6.0MPa，所有裂缝宽度可以控制在 $100\mu m$ 以内；同时电镜扫描观测发现，在材料的破坏截面，部分纤维被拔离基体，部分纤维则直接断裂，而发生拔出破坏模式的纤维更有利于提高材料的韧性。张君等使用 PVA 纤维备制了多种不同配合比的高韧性水泥基复合材料，并进行了矩形直板试件的直接拉伸试验，结果表明，试件的应力-应变曲线可分为弹性段、应变硬化段以及软化下降段三个阶段；所有试件在破坏过程中都表现出多缝开裂模式和应变硬化行为，极限拉应变远大于传统混凝土，最高达到 1.7%，裂缝宽度不超过 $90\mu m$。

3. 抗弯性能

Maalej 等研究发现，水泥基复合材料的抗弯强度与抗拉开裂强度的比值随材料脆性比率 B 的减小而增大；当 B 接近无限大时（如混凝土等脆性材料），材料的抗弯强度基本上等于开裂强度，当 B 趋近于零时（理想弹塑性材料），材料的抗弯强度约为开裂强度的

3 倍;试验表明,高韧性水泥基复合材料的抗弯强度约为开裂强度的 5 倍。徐世烺等利用 400mm×100mm×15mm 的薄板试件和 400mm×100mm×100mm 的梁式试件进行了高韧性水泥基复合材料的四点弯曲试验,薄板试验中测得抗弯强度为 14.2MPa,开裂强度为 2.8MPa,并且发现试件中部大致均匀分布着大量细微裂缝;梁式试验中,测得试件抗弯强度为 13.1MPa,并且发现试件的跨中最大挠度远大于普通纤维混凝土;两种试验均表明材料具有优异的韧性和变形能力,同时能有效地控制裂缝的局部发展。李建强等通过试验研究发现,高韧性水泥基复合材料的纤维掺量存在一个临界掺量;对一种纤维而言,在小于其临界掺量范围内,抗弯强度随着纤维掺量的增加而提高,当超过临界掺量后,抗弯强度随纤维掺量的增加而减小。

4. 抗剪性能

Li 进行了高韧性水泥基复合材料、钢纤维混凝土、素混凝土和腹筋配筋率 0.75% 的混凝土这四类剪切梁试验,通过对比分析发现,在这四种剪切梁中高韧性水泥基复合材料具有最好的剪切应变能力,抗剪强度达 5.09MPa,远大于钢纤维混凝土和素混凝土,与带腹筋的混凝土梁相差不大。Shimizu 等通过剪切梁试验分析了纤维掺量对材料剪切性能的影响情况,研究结果表明,材料的剪切强度随着纤维掺量的增大而增大;同时还发现在极限剪切荷载作用下,材料剪切开裂面内的平均剪切应变也受纤维掺量的影响。杨忠等对钢筋高韧性水泥基复合材料梁和普通钢筋混凝土梁进行了四点弯曲试验,分析了配箍率和剪跨比对材料抗剪性能的影响。试验结果表明,与混凝土梁相比,复合材料梁具有更好的抗剪性能,配箍率的提高或剪跨比增大,有利于提高材料的抗剪延性;同时,基于修正压力场理论提出了一种钢筋高韧性水泥基复合材料梁在弯剪作用下的分析模型。

4.1.2　高韧性水泥基复合材料混凝土构件的受力性能

Kanda 对钢筋高韧性水泥基复合材料短跨梁进行了低周往复荷载试验,试验发现,试件表现出显著的多缝开裂模式,试件在屈服之后仍能承受一定的循环荷载,表现出优异的能量耗散能力。

Fischer 等对钢筋高韧性水泥基复合材料柱进行了拟静力试验研究,经研究发现,即使柱中没有配置横向箍筋,试件也能满足抗剪能力的要求,并且表现出更高的位移延性系数,滞回曲线更为饱满,表明其抗震性能优于钢筋混凝土柱。

Fukuyama 和 Suadat 提出了将高韧性水泥基复合材料短柱作为结构抗震阻尼器的想法,通过材料优异的韧性和受力特点来减小整体结构的变形,从而降低地震对结构的损伤。试验结果证明该方案合理可行,并且已经在日本东京和横滨得到了实际工程应用。

我国对纤维混凝土的研究始于 20 世纪 70 年代中期,在众多高等院校与科研单位的努力下已取得大量的研究成果,并取得了良好的工程应用效果。

徐世烺等以南水北调工程为背景,对高韧性水泥基复合材料在水工混凝土结构,大跨度结构或结构变形关键部位,以及钢筋混凝土结构保护层中的应用开展了深入的研究,建立了配筋高韧性水泥基复合材料受弯构件计算理论,提出了具有防裂抗震和优异耐久性能的高性能复合结构。

邓明科系统、全面开展了高韧性混凝土材料及构件的基本性能研究,将高韧性混凝土用于短柱、剪力墙连梁、底部塑性铰区、转换大梁、梁柱节点等结构关键部位，并在高韧性混凝土加固砌体结构方面取得了重要研究成果，在房屋加固改造领域得到推广应用。

苏骏等通过拟静力试验，研究了高韧性水泥基复合材料梁柱节点在高轴压比工况下的裂缝特征、承载能力和滞回曲线，结果表明：试验中试件呈多缝开裂形态，核心区箍筋间距的减小对提高节点的抗剪承载力和剪切延性不明显，高轴压比下 ECC 节点具有较强的耗能能力和抗震性能。

路建华等用高韧性水泥基复合材料代替梁柱节点核心区的混凝土，通过拟静力试验对节点的滞回曲线、刚度退化特征和耗能性能等进行了分析与评估。研究表明：即使在节点区体积配箍率减少一半且梁端箍筋间距增大 50% 的情况下，使用高韧性水泥基复合材料的试件刚度退化曲线仍然不会出现骤降，甚至能够优于配箍率更高的普通混凝土试件，总的能量耗散高于普通混凝土试件。

张旭对 3 根钢筋 PVA 纤维增强水泥基复合材料柱进行了拟静力试验，以箍筋间距为主要参数研究高轴压比下试件的抗震性能。研究结果表明，复合材料柱刚度退化较为缓慢，破坏模式均为弯曲破坏，没有出现类似钢筋混凝土柱的劈裂与剥落现象，表现出更好的抗震性能；箍筋间距的加密能够提高试件的抗震延性。

刘文林通过低周往复荷载试验研究了钢筋 PVA 纤维增强水泥基复合材料柱延性和耗能性能，研究发现，在高轴压比下，试件主要表现为延性破坏，具有优异的塑性变形能力，与钢筋混凝土柱相比耗能性能明显提高。

4.1.3 复合纤维筋高韧性水泥基复合材料混凝土构件的受力性能

Li 等对 GFRP 筋增强筋高韧性水泥基复合材料梁和 GFRP 筋高强混凝土梁分别进行了抗弯试验，经试验发现，在配筋构造相同的情况下，复合材料梁在延性、抗剪承载力和损伤容许度方面都比高强混凝土梁更加优越。

Fischer 等经试验发现，FRP 筋高韧性水泥基复合材料弯曲构件在往复荷载的作用下，会呈现出一种非弹性弯曲响应，构件残余变形较低，最终破坏形态为逐渐受压破坏。

郑瀚等使用全 GFRP 配筋形式对高韧性水泥基复合材料梁和混凝土梁的抗弯性能进行了试验研究，同时设置了钢筋混凝土梁对照组。研究表明，复合材料梁试件的承载力和延性都胜过混凝土梁；由于 GFRP 筋是线弹性材料，因此 GFRP 筋混凝土梁呈脆性破坏，但 GFRP 筋复合材料梁仍显示出塑性破坏的特征，这一点类似于钢筋混凝土梁。

赵永生等以养护龄期、纤维掺量和纵筋配筋率为主要参数，进行了 GFRP 筋高韧性水泥基复合材料柱的轴压试验研究。结果表明：与传统混凝土柱不同，复合材料柱在破坏时不会出现材料压碎的情况，破坏特征为试件表面可见大量的细微裂缝；随着 GFRP 筋配筋率的增加，试件的承载力有所提高，但延性略有降低；养护龄期的增加有利于试件承载力的提高，但对试件的延性会产生负面影响；而纤维掺量对试件的力学性能无明显影响。

俞家欢等对 5 根 GFRP 筋 PP 纤维增强水泥基复合材料梁和 1 根 GFRP 筋混凝土梁进行了拟静力试验研究。试验结果表明，复合材料梁达到屈服时的位移较大，为混凝土梁的 3 倍左右，耗能能力约为混凝土梁的 2.9 倍。

4.2　高韧性水泥基复合材料试配试验

　　从材料组分上来看，与普通纤维混凝土类似，高韧性水泥基复合材料通常由水泥加之粉煤灰、硅灰等其他掺合料或小粒径的细骨料作为基体，以纤维作为增韧材料，再加以减水剂等外加剂与水混合搅拌形成；区别在于，为了使材料拥有优异的韧性和良好的工作性，高韧性水泥基复合材料内仅含有细骨料，如精细石英砂，粒径通常不超过 2mm，不含粗骨料，并且纤维掺量通常不超过 2.5%。

　　从材料设计上来看，高韧性水泥基复合材料最初是由 Li 从细观力学性能出发，以纤维桥联法作为理论基础对材料微观结构进行系统地设计、调整和优化，使得材料拥有准应变硬化特性。稳态开裂准则和初始开裂应力准则是保证材料具有准应变硬化特性的两个设计准则，要求纤维必须具有足够的桥联应力，能够在开裂时有效地联结开裂处的基体，耗散大量能量，抑制裂缝的局部发展；同时要求材料的基体强度不得过高，因为基体的开裂强度若远大于纤维的桥联应力，则材料一旦开裂，纤维也容易被拉断，无法及时阻止裂缝的局部发展，影响增韧效果。

　　本次研究旨在使用高韧性水泥基复合材料代替普通混凝土，浇筑 CFRP 筋高韧性水泥基复合材料柱，研究其抗震性能，在实际工程中，强度作为材料的基本属性之一必须得到保证，因此本书首先从高韧性水泥基复合材料的配合比着手，综合考虑材料的抗压强度和抗拉韧性，通过调整配合比，保证材料具有稳定的强度和良好的韧性。

4.2.1　原材料及制备方法

　　在 Li 提出的经典配合比中，原材料包括水泥、粉煤灰、精细砂、水、单丝短纤维。由于不含粗骨料，水胶比过大会严重降低材料的强度，但水胶比过小也会降低材料的流动性，不利于纤维的分散。为了在降低水胶比的同时保证水泥基基体的流动性能，防止在搅拌过程中出现纤维结团现象，本次试验采取加入减水剂的方法以减少水的用量。

　　就目前研究现状来看，用于配制高韧性水泥基复合材料的单丝短纤维以聚乙烯醇（PVA）纤维和聚乙烯（PE）纤维为主。PE 纤维价格远高于 PVA 纤维，从成本方面考虑采用 PVA 纤维。然而 PVA 纤维本身属于亲水性材料，与材料基体之间的粘结作用除了摩擦力以外还存在较强的化学粘结作用，在复合材料基体发生破坏时，纤维的破坏模式多为纤维被拔断，为脆性破坏，因此需要对 PVA 纤维进行特殊处理，适当降低纤维与水泥基基体之间的粘结作用。Redon. C 等将 PVA 纤维表面涂覆适当剂量的特殊油剂，通过研究发现，

图 4-1　PVA 纤维

经表面处理过的 PVA 纤维的破坏模式为拔出破坏,在纤维从水泥基基体中逐渐拔出的过程中能耗散大量能量,有利于实现材料的高韧性。

制备高韧性水泥基复合材料所选用的原材料、掺料和外加剂为:42.5 级普通硅酸盐水泥,Ⅰ级粉煤灰,精细石英砂,自来水,聚羧酸高效减水剂,PVA 纤维。

PVA 纤维采用可乐丽 RECS 15×12 型,如图 4-1 所示。该纤维表面进行过特殊处理,较为适合作为增韧材料使用,其材料参数见表 4-1。

PVA 纤维材料参数 表 4-1

长度 (mm)	直径 (μm)	抗拉强度 (MPa)	弹性模量 (GPa)	伸长率 (%)	密度 (kg/m³)
12	40	1600	40	6	1300

制作高韧性水泥基复合材料使用强制式混凝土搅拌机,采用纤维后掺法,即先将水泥、粉煤灰、砂等干料放入搅拌机干拌,待粉料充分混合之后加入水和减水剂湿拌,待拌合物流态达到要求之后再加入纤维,在掺入纤维的过程中注意缓慢加入,避免因大量纤维突然掺入基体而导致纤维结团现象,加入纤维后搅拌至纤维分散均匀。在保证纤维分散均匀的前提下,每组的干拌、湿拌以及掺入纤维后的搅拌时间均保持基本一致。

4.2.2 正交试验设计

混凝土配合比试验有多种设计方法,包括序贯试验、均匀试验、正交试验等,本书采取正交试验方法来进行高韧性水泥基复合材料的试配。正交试验设计是建立在数理统计原理基础上,通过标准化的正交表格来选择试验样本,利用科学的统计分析方法对试验结果进行分析,得到影响因素的主次顺序和各因素对指标的影响程度,能够通过代表性较强的少数试验次数来确定最优或较优的影响因素组合形式。正交试验设计发展的时间比较长,在诸多研究领域中已得到广泛应用,实践证明正交试验设计是解决多因素多水平试验问题的有效方法。

本书以纤维掺量(体积掺量)2.0% 为不变量,将水胶比、粉煤灰掺量和砂胶比这三个因素作为变量因素,每个因素考虑三个水平变量,以此考察各因素对材料强度和韧性的影响情况,如表 4-2 所示。水胶比的三个水平变量取为水与胶凝材料的质量比 $m_{w/B}$ 为 0.20、0.23 和 0.26,分别用 A_1、A_2 和 A_3 来表示;粉煤灰掺量的三个水平变量取为粉煤灰与水泥的质量比 $m_{FA/C}$ 等于 1.2、1.5 和 1.8,分别用 B_1、B_2 和 B_3 来表示;砂胶比的三个水平变量取为砂与胶凝材料的质量比 $m_{S/B}$ 等于 0.30、0.36 和 0.42,分别用 C_1、C_2 和 C_3 来表示。

各因素水平变化 表 4-2

水平变量	因素		
	A/水胶比	B/粉煤灰掺量	C/砂胶比
1	0.20	1.2	0.30
2	0.23	1.5	0.36
3	0.26	1.8	0.42

本次正交试验设计为三因素三水平正交试验，考察指标为立方体试块抗压强度试验值，采用 $L_9(3^4)$ 正交表，共 9 组配合比，如表 4-3 所示。利用正交表对试验结果进行极差分析和方差分析，极差分析可以较为直观地反映各因素影响的主次顺序，方差分析的主要目的是区分出因试验误差所引起的数据变化，从而克服极差法不够精确的缺点。

正交设计 表 4-3

试验号	因素			
	水胶比	粉煤灰掺量	砂胶比	空列
1	1	1	1	1
2	1	2	2	2
3	1	3	3	3
4	2	1	2	3
5	2	2	3	1
6	2	3	1	2
7	3	1	3	2
8	3	2	1	3
9	3	3	2	1

4.2.3 高韧性水泥基复合材料抗压试验

1. 试验方法

抗压强度是混凝土基本力学性能指标之一，但高韧性水泥基复合材料骨料组分与普通混凝土存在较大差异，对于其抗压性能试验，目前尚没有专门的标准和规范，国内外研究人员设计的试验方法也都不尽相同。Li、Fischer 和李艳分别用不同尺寸的圆柱体试件进行了高韧性水泥基复合材料抗压试验；胡春红等参照《水泥胶砂强度检验方法》将 $40\text{mm}\times40\text{mm}\times160\text{mm}$ 的高韧性水泥基复合材料棱柱体试件折断后取一半进行抗压试验；邓明科等分别参照《建筑砂浆基本性能试验方法》和《普通混凝土力学性能试验方法标准》采用边长为 70.7mm 和 100mm 的立方体试件进行了高韧性水泥基复合材料抗压试验。

本书高韧性水泥基复合材料抗压试验参考《普通混凝土力学性能试验方法标准》GB/T 50081—2002 中的相关规定，试件尺寸选用 $100\text{mm}\times100\text{mm}\times100\text{mm}$ 的立方体试块。本次试验共 9 组配合比，每组配合比制作 3 个试件，共 27 个试件，考虑到粉煤灰掺量较大，养护龄期定为 56d。采用 100T 电液伺服万能试验机进行单轴受压试验，试验方法和强度取值方法按照《普通混凝土力学性能试验方法标准》中的相关规定进行操作，测得每组配合比的抗压强度试验值。

2. 试验结果分析

在普通混凝土立方体试块单轴抗压试验中，破坏时试件呈现上、下两面基本完好而中间细的锥形破坏，如图 4-2 所示。由于混凝土的脆性特征，荷载在

图 4-2 普通混凝土受压破坏形式

到达极限荷载后迅速降低，破坏前无明显征兆，破坏时带有明显的崩裂声，破坏后试件四侧往往伴随着严重的剥落现象。

在本次试验中，高韧性水泥基复合材料的受压破坏模式与普通混凝土有明显区别，所有试件破坏时均无崩裂现象产生，破坏后没有出现类似于普通混凝土的剥落现象和锥形破坏面。经观察发现，所有试件在加载过程中的破坏模式均表现为：随着荷载增加，试件中部附近出现竖向裂缝，随着荷载持续增加，裂缝向端部斜向发展并逐步产生新的细微裂缝；当荷载加至接近极限荷载时，裂缝迅速发展，裂缝宽度也开始增加，试件的横向变形开始增大；最终部分裂缝贯通整个截面，承载力开始下降，试件破坏。试验现象表明，纤维的桥联作用明显降低了材料的脆性特性，卸载后发现试件均有较为明显的压缩变形，但都能保持良好的完整性。各组试件破坏形态见图 4-3。

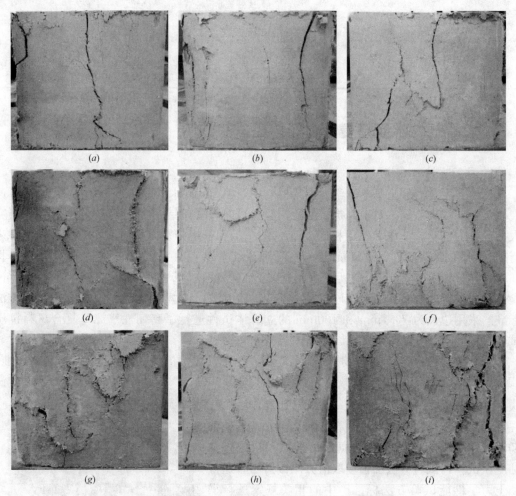

图 4-3　试件受压破坏形式（$a \sim i$ 分别对应 1～9 号配合比）

各组配合比试件的立方体试块抗压强度测试值见表 4-4。

3. 正交分析

（1）极差分析

极差分析法是正交试验的分析手段之一，能够快速直观地反映出各影响因素的主次顺序。根据各因素极差 R 的大小，可以衡量该因素对考察指标的影响程度，极差大的因素，表明该因素的水平变化对试验指标影响大，为重要因素；极差小的因素，往往是次要因素。以 A 因素（水胶比）为例说明极差的计算方法。

抗压试验结果 表 4-4

试验号	实测抗压强度数据（MPa）			抗压强度取值（MPa）
1	56.6	49.8	54.9	53.8
2	50.5	56.6	58.2	55.1
3	52.8	49.1	47.0	49.6
4	40.5	45.0	48.1	44.5
5	46.7	44.2	47.4	46.1
6	42.2	41.0	39.3	40.8
7	32.8	36.6	35.7	35.0
8	33.6	34.2	31.9	33.2
9	26.6	30.6	28.8	28.7

分别计算出水胶比各水平对应的立方体试件抗压强度试验值之和 K_1、K_2、K_3 与平均抗压强度 k_1、k_2、k_3：

$$K_1=53.8+55.1+49.6=158.5, k_1=K_1/3=52.8;$$
$$K_2=44.5+46.1+40.8=131.4, k_2=K_2/3=43.8;$$
$$K_3=35.0+33.2+28.7=96.9, k_3=K_3/3=32.3;$$

极差 R 即为 K_1、K_2、K_3 或 k_1、k_2、k_3 中的极大值与极小值之差，本次极差 R 取 K 值的极差，即：

$$R=(K_i)_{max}-(K_j)_{min}=158.5-96.9=61.6$$

其余各因素的极差计算方法与 A 因素相同。本次试验的极差分析结果见表 4-5。

极差分析 表 4-5

试验号	因素				强度（MPa）
	水胶比	粉煤灰掺量	砂胶比	空列	
1	1	1	1	1	53.8
2	1	2	2	2	55.1
3	1	3	3	3	49.6
4	2	1	2	3	44.5
5	2	2	3	1	46.1
6	2	3	1	2	40.8
7	3	1	3	2	35.0
8	3	2	1	3	33.2
9	3	3	2	1	28.7
K_1	158.5	133.3	127.8	128.6	$\Sigma=386.8$
K_2	131.4	134.4	128.3	130.9	
K_3	96.9	119.1	130.7	127.3	
k_1	52.8	44.4	42.6	42.9	
k_2	43.8	44.8	42.8	43.6	
k_3	32.3	39.7	43.6	42.4	
R	61.6	15.3	2.9	3.6	

由表 4-5 可以看出，对于高韧性水泥基复合材料立方体试块抗压强度，在本次试验所考虑的三个因素中，极差值 R 从大到小依次为：水胶比＞粉煤灰掺量＞砂胶比，分别为 61.6、

15.3 和 2.9。由此表明，水胶比对材料抗压强度的影响最大，其次是粉煤灰掺量，而砂胶比的极差值仅为 2.9，远小于其他两个因素，表明砂胶比对材料抗压强度的影响最小。

为进一步分析各因素水平变化对材料抗压强度的影响，以各因素的水平变化为横坐标，各因素水平对应的平均抗压强度值 k_i 为纵坐标，画出各因素的水平与抗压强度之间的关系图，如图 4-4 所示。

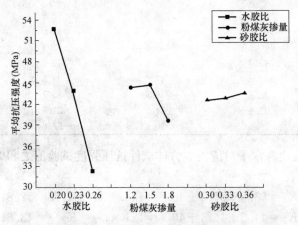

图 4-4　各因素对抗压强度的影响

根据极差计算结果和图 4-4 的分析，可得以下结论：

1）水胶比是影响高韧性水泥基复合材料抗压强度最主要的因素。水胶比过大时，材料内部孔隙增大，会直接导致抗压强度降低。但需注意的是，当水胶比过小时，可能会导致纤维难以分散，易出现结团现象，严重影响材料的韧性，同时拌合物也难以振捣密实，一定程度上会对材料抗压强度造成不利影响。因此，本次试验在配制高韧性水泥基复合材料的过程中掺入了高效减水剂，对水泥可以起到分散、润滑的作用，且不与水泥发生化学反应，用水量得以控制，使得在减少用水量的同时也保证了拌合物具有足够的流动性。试验结果表明，在保证拌合物流动性和纤维均匀分散的前提下，水胶比越低，高韧性水泥基复合材料的抗压强度越高。

2）粉煤灰的掺入对材料抗压强度也具有一定程度的影响。本次试验中，粉煤灰与水泥的质量比在 1.2～1.8 的范围内，材料抗压强度随粉煤灰掺量的增大呈先增大后减小的趋势。粉煤灰由大量细微的球状玻璃体组成，粒度细，对水的吸附力小，可以起到改善拌合物流动性的作用。同时粉煤灰还具有其特有的火山灰效应，即粉煤灰的活性成分与水泥水化物和水所产生的化学反应，反应的产物往往填充于拌合物的孔隙中，降低了材料内部结构的孔隙率，改善了材料的密实性。但另一方面，粉煤灰的活性效应要滞后于水泥的水化反应，在水化早期会对材料的强度造成一定负面影响。

3）从极差分析的结果来看，砂胶比对材料抗压强度的影响最小。试验数据表明，砂胶比从 0.30 增加到 0.36，抗压强度尽在很小的范围内变化。

（2）方差分析

在极差分析中，得到了本次试验的三个变量因素对强度值影响的主次顺序和影响规律。然而，试验过程中可能出现试验误差，而极差法无法衡量本次试验的精度，同时也无法定量地给出一个指标来考察这三个因素对强度值的影响是否显著。为达以上目的，对试验结果进行方差分析。方差分析结果见表4-6。

方差分析 表 4-6

方差来源	平方和	自由度	均方	F	临界值
A	$S_A=635.4689$	2	317.7344	286.82	$F_{0.01}(2,2)=99.0$
B	$S_B=48.5489$	2	24.2744	21.91	
C	$S_C=1.6022$	2	0.8011	0.72	$F_{0.05}(2,2)=19.0$
误差	$S_e=2.2156$	2	1.1078		
总和	$S_T=687.8356$	8			$F_{0.10}(2,2)=9.0$

由各因素的方差值和自由度可以计算出对应的均方值，然后查表可得 F 值，通过比较各因素的 F 值与给定显著性水平下的临界值，即可分析各因素对材料抗压强度影响的显著性。由方差分析可知：本次试验的试验误差为 $\sqrt{1.1078}=1.05$MPa，误差较小，试验精度较高；在显著性水平 $\alpha=0.01$ 的情况下，水胶比的 F 值为 286.82，大于临界值 $F_{0.01}(2,2)=99.0$，说明水胶比对材料抗压强度的影响特别显著；对照显著性水平 $\alpha=0.01$ 和显著性水平 $\alpha=0.05$，粉煤灰掺量的 F 值 $F_{0.05}(2,2)=19.0<21.91<F_{0.01}(2,2)=99.0$，表明粉煤灰掺量对抗压强度的影响显著；而在显著性水平 $\alpha=0.10$ 的情况下，砂胶比的 F 值小于临界值 $F_{0.10}(2,2)=9.0$，表明就本次正交试验结果而言，砂胶比对材料抗压强度的影响并不显著。同时，从表4-6中也可以看出，根据均方值的大小判断，各因素对材料抗压强度影响的主次顺序为水胶比＞粉煤灰掺量＞砂胶比，该结论与极差分析的结果一致。

4. 抗压试验小结

（1）通过调整配合比，测得了9组不同配比的高韧性水泥基复合材料立方体试块抗压强度试验值，强度取值在28.7～55.1MPa之间。

（2）试验过程中经观察发现，高韧性水泥基复合材料的破坏模式与普通混凝土有较大差异，脆性特征明显减小；试件在破坏过程中，纤维的桥联作用可以约束裂缝的发展，使得裂缝在延伸的过程中出现分叉，避免裂缝局部迅速发展至贯通试件整个截面，并在附近生成新的细微裂缝，在此过程中消耗大量能量，提高材料韧性；相对于普通混凝土，试件的横向变形较大，但破坏后整体性良好，无明显剥落现象，不会形成类似于普通混凝土的锥形破坏面。

（3）针对本次试验所考察的三个变量因素而言，对材料抗压强度影响的主次顺序为：水胶比＞粉煤灰掺量＞砂胶比。其中，通过方差分析可知，水胶比对材料抗压强度的影响非常显著；粉煤灰掺量对材料抗压强度的影响也较大；而砂胶比对抗压强度无明显影响，可将其作为次要因素来考虑。

（4）在保证拌合物具有足够的流动性和纤维分散均匀的前提下，水胶比越小，材料的抗压强度越高；当粉煤灰掺量从1.2逐步增加到1.8时，抗压强度呈先增大后减小的趋势，表明粉煤灰存在最佳掺量；当砂胶比在0.30～0.36的范围内变化时，抗压强度仅出现小幅度的变化，规律不明显。

（5）通过本次正交试验可知，以抗压强度为指标，高韧性水泥基复合材料的最佳配合比为 $A_1B_2C_2$，即水胶比为0.20，粉煤灰与水泥的质量比为1.5，砂胶比为0.33；其中砂胶比对材料抗压强度的影响较小，可视实际情况做适量调整。

4.2.4　高性能水泥基复合材料抗拉试验

1. 试验方法

优异的韧性是高韧性水泥基复合材料与普通混凝土的主要区别之一。当高韧性水泥基复合材料在发生受拉破坏时，纤维的桥联作用能够抑制裂缝的局部发展，在耗能的过程中也将一部分能量向开裂区附近扩散，逐步产生多条无害的细密裂缝，使得材料的应力不会骤降，反而随着应变的增大而逐渐上升，表现出准应变硬化特性，从而使材料拥有了良好的韧性。目前，通常使用直接拉伸试验方法来考察水泥基复合材料是否具有稳定的应变硬化特性，但直接拉伸试验方法较为复杂，至今仍然没有普遍认同的试验方案。对于高韧性水泥基复合材料的直接拉伸试验，国内外研究人员采用得较多的方式为利用哑铃型试件或矩形直板试件进行外夹式直接拉伸试验。

混凝土外夹式直接拉伸试验能够直观、有效地测出试件的极限抗拉强度和极限拉应变等参数，其关键步骤是保证试件两端所受拉力位于中心轴上，避免偏心。不少研究人员在试验中为了做到"轴心受拉"而采取了相应措施，但仍然很难做到完全避免偏心。与混凝土不同的是，高韧性水泥复合材料良好的变形能力使得试件对试验初始的轻微偏心有较好的自适应能力，所以可以认为轻微的偏心仅会对试件开裂点的位置造成一定影响，而对试验最终所测的抗拉强度、极限拉应变等参数的影响较小。

综上考虑，本次高韧性水泥基复合材料单轴抗拉试验采用外夹式直接拉伸试验方式。试件形式本书采用易于操作的矩形薄板试件，厚度取 15mm，宽 50mm，长 350mm。为了防止试件端部因试验机夹具的夹持力作用而过早地发生局部破坏，在试件两端各 100mm 范围内用环氧树脂粘贴钢板以减小夹具可能造成的应力集中，留下中间 150mm 的部分作为变形监测区，如图 4-5 所示。

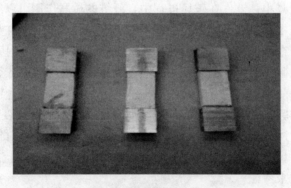

图 4-5　拉伸试验试件

试验在万能试验机上进行，加载制度采用位移控制模式，速度恒定为 0.0025mm/s；在试件两面 150mm 变形监测区内分别使用引伸计采集应变数据。拉伸试验装置如图 4-6 所示。

2. 试验结果分析

本次试验中经观察发现，1～3 号配合比的试件多缝开裂模式不明显，试件上仅出现少数几条裂缝，极限拉应变也较其他试验组的偏小，但极限抗拉强度均相对较高。而 4～

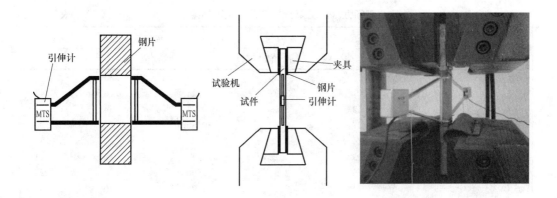

图 4-6 拉伸试验装置

9 号配合比的受拉破坏模式与普通混凝土有明显区别，试件的破坏过程大致可分为三个阶段：弹性阶段、多条细密裂缝发展阶段和破坏阶段。从加载开始到裂缝首次出现，此期间应力与应变的关系近似于线弹性关系。当第一条或几条细微裂缝出现之后，裂缝宽度不会迅速地局部发展，取而代之的是在原有裂缝附近不断产生新的细微裂缝，随着试件变形不断增加，越来越多的裂缝开始生成，但裂缝宽度均不会有明显的局部发展，在此期间，试件的应力-应变曲线在裂缝不断生成的过程中会出现抖动，总体呈锯齿状逐渐上升。进入破坏阶段后，随着变形不断增加，试件上不再产生新裂缝，裂缝宽度开始扩展，最终以某条裂缝完全贯穿直至试件破坏。

通过对比发现，同一水胶比的试件破坏形态类似，裂缝开展情况相差不大。所有试件的裂缝开展图大致可分为三类，分别与本次试验的三种水胶比相对应，如图 4-7 所示。水胶比越大，生成的裂缝数量越多，分布越均匀，试件的破坏也更显延性。

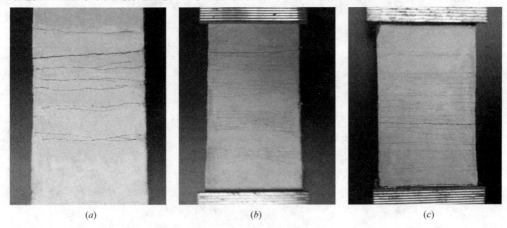

(a) (b) (c)

图 4-7 试件拉伸破坏形式
(a) $m_{W/B}=0.20$；(b) $m_{W/B}=0.23$；(c) $m_{W/B}=0.26$

各组配合比试件的抗拉强度测试值见表 4-7。

各组配合比试件的受拉拉应力-应变曲线如图 4-8 所示。

3. 正交分析

（1）极差分析

高韧性水泥基复合材料抗拉试验结果 表 4-7

配合比	极限抗拉强度（MPa）			极限拉应变（%）		
	实测值		平均值	实测值		平均值
$A_1B_1C_1$	3.81	3.88	3.85	0.30	0.35	0.33
$A_1B_2C_2$	3.92	4.01	3.97	0.44	0.46	0.45
$A_1B_3C_3$	3.64	3.53	3.59	0.57	0.54	0.56
$A_2B_1C_2$	3.33	3.27	3.30	0.80	0.76	0.78
$A_2B_2C_3$	3.32	3.24	3.28	0.87	0.83	0.85
$A_2B_3C_1$	3.20	3.09	3.15	1.12	1.16	1.14
$A_3B_1C_3$	3.02	2.96	2.99	0.90	0.93	0.92
$A_3B_2C_1$	2.68	2.74	2.71	1.35	1.40	1.38
$A_3B_3C_2$	2.51	2.43	2.47	1.59	1.63	1.61

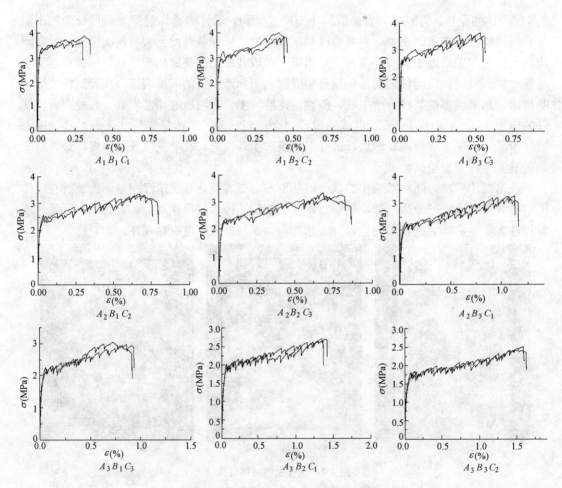

图 4-8 各组配合比的拉应力-应变曲线

从试验结果可以看出，所有试件的极限抗拉强度在 2.43～4.01MPa 的范围内，与普通混凝土接近，同时本书关注点为材料的韧性，因此，仅针对材料的极限拉应变进行正交分析。以实测的极限拉应变平均值为考察指标，试验极差计算方法与 4.2.3 节中一致。本次试验的极差分析结果见表 4-8。

极差分析 表 4-8

试验号	因素				极限拉应变（%）
	水胶比	粉煤灰掺量	砂胶比	空列	
1	1	1	1	1	0.33
2	1	2	2	2	0.45
3	1	3	3	3	0.56
4	2	1	2	3	0.78
5	2	2	3	1	0.85
6	2	3	1	2	1.14
7	3	1	3	2	0.92
8	3	2	1	3	1.38
9	3	3	2	1	1.61
K_1	1.34	2.03	2.85	2.79	$\Sigma = 8.02$
K_2	2.77	2.68	2.84	2.51	
K_3	3.91	3.31	2.33	2.72	
k_1	0.45	0.68	0.95	0.93	
k_2	0.92	0.89	0.95	0.84	
k_3	1.30	1.10	0.78	0.91	
R	2.57	1.28	0.52	0.28	

从表 4-8 中可以看出，对于材料极限拉应变，在本次试验所考虑的三个因素中，极差从大到小依次为：水胶比＞粉煤灰掺量＞砂胶比，分别为 2.57、1.28 和 0.52，因此，水胶比对材料极限拉应变的影响最大，其次是粉煤灰掺量，砂胶比的影响最小。

为进一步分析各因素水平变化对材料极限拉应变的影响，以各因素的水平变化为横坐标，各因素水平对应的平均极限拉应变值 k_i 为纵坐标，画出各因素的水平与极限拉应变之间的关系图，如图 4-9 所示。

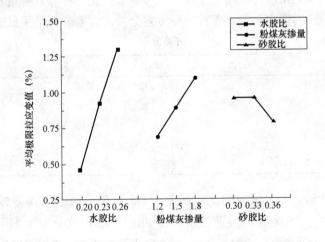

图 4-9 各因素对极限拉应变的影响

根据极差计算结果和图 4-9 的分析，可得以下结论：

1）水胶比是影响高韧性水泥基复合材料极限拉应变最主要的因素，在 0.20～0.26 的范围内，水胶比增大，极限拉应变也随之增大。究其原因，本书考虑到高韧性水泥基复合材料不含粗骨料，为保证材料的强度而采用了较小的水胶比，另一方面配合减水剂的掺入来保证材料拌合物具有足够的流动性，当水胶比适当增加时，会在一定程度上增大拌合物的流动性，有利于纤维在复合材料内分散更加均匀，使得增韧效果更加明显；另一方面，当水胶比过小时，材料强度增大，可能会引起基体断裂韧度过高，继而导致基体的初始开裂强度过高，以至于无法满足初始开裂应力准则，不利于纤维桥联作用的发挥，影响多缝开裂模式的形成。

2）试验结果表明，材料的极限拉应变随粉煤灰掺量的增加而增大，粉煤灰的掺入量对材料韧性具有较大影响。材料实现应变硬化行为的关键是纤维与基体之间具有适当的粘结强度和粘结环境，而纤维的表面性质和基体的结构成分是决定两者之间粘结强度和粘结环境的主要因素。PVA 纤维属于亲水性纤维，与基体之间的粘结力较强，但如果粘结力大过了纤维本身的抗拉强度，则会导致开裂过程中纤维被轻易拉断，不利于实现增韧效果。本书所使用的一级粉煤灰由大量纳米级别的球状颗粒组成，这些细颗粒能够附着到纤维表面形成一层薄膜，在一定程度上能够减小纤维与基体之间的粘结力与摩擦力。同时，粉煤灰与水泥水化物和水所产生的化学反应能够改善纤维与材料基体之间的界面性质。另一方面，粉煤灰的烧失量很低，需水量低，对水的吸附力小，具有良好的减水作用，并且其球状颗粒还能起到一定的润滑作用。因此，粉煤灰的掺入使材料的有效水胶比增大，改善了拌合物的流动性。

3）从本次极差分析结果来看，砂胶比对材料极限拉应变的影响相对较小。砂胶比从 0.30 增加到 0.33 和 0.36，极限拉应变总体上呈减小趋势，当砂胶比从 0.30 变为 0.33 时，极限拉应变变化幅度不大，但增大到 0.36 后，极限拉应变表现出较为明显的下降趋势，表明砂胶比不宜过大。

（2）方差分析

为衡量本次试验的精度，并用一个标准来考察水胶比、粉煤灰掺量和砂胶比这三个因素对材料极限拉应变的影响是否显著，进行方差分析。方差分析结果见表 4-9。

方差分析

表 4-9

方差来源	平方和	自由度	均方	F	临界值
A	$S_A = 1.1055$	2	0.5527	78.10	$F_{0.01}(2,2) = 99.0$
B	$S_B = 0.2731$	2	0.1365	19.29	
C	$S_C = 0.0590$	2	0.0295	4.16	$F_{0.05}(2,2) = 19.0$
误差	$S_e = 0.0142$	2	0.0071		
总和	$S_T = 1.4518$	8			$F_{0.10}(2,2) = 9.0$

由方差分析可知：本次试验的试验误差为 $\sqrt{0.0071} = 0.08$，误差较小，试验精度较高；对照显著性水平 $\alpha = 0.01$ 和显著性水平 $\alpha = 0.05$，临界值分别为 $F_{0.01}(2,2) = 99.0$ 和 $F_{0.05}(2,2) = 19.0$，而水胶比和粉煤灰掺量的 F 值分别为 78.10 和 19.29，均在两个临界值之间，表明水胶比和粉煤灰掺量对材料极限拉应变的影响程度均为"显著"；而在显著性水平 $\alpha = 0.10$ 的情况下，砂胶比的 F 值等于 4.16，小于临界值 $F_{0.10}(2,2) = 9.0$，表明就本次正交试验结果而言，砂胶比对材料抗压强度的影响并不显著。同时，从表 4-9 中也可以看出，根据均方值的大小判断，各因素对材料抗压强度影响的主次顺序为水胶比＞粉煤灰掺量＞砂胶比，该结论与极差分析的结果一致。

4. 抗拉试验小结

(1) 通过直接拉伸试验，测得了 9 组不同配合比高韧性水泥基复合材料的极限抗拉强度和极限拉应变，抗拉强度与普通混凝土相差不大，但极限拉应变远大于混凝土，最小为 0.33%，最大为 1.61%。日本土木工程学会颁发的《具有多缝开裂特征的高性能纤维增强水泥基复合材料设计与施工建议》中要求，只有材料的拉应变能力稳定大于 0.5%，才能称之具有稳定的应变硬化特性。通过本次试验证明，通过调整配合比能够使高韧性水泥基复合材料达到增韧目的。

(2) 试验过程中经观察发现，在水胶比为 0.23 和 0.26 时，高韧性水泥基复合材料的破坏模式与普通混凝土有明显差异，在受拉过程中，试件上成区域地生成多条细微裂缝，出现裂缝后应力仍然能随应变的增加而缓慢增大，表现出较为明显的应变-硬化特性，极限拉应变远大于普通混凝土，表明该材料具有优异的韧性。

(3) 针对本次试验所考察的三个变量因素而言，对材料极限拉应变影响的主次顺序为：水胶比＞粉煤灰掺量＞砂胶比。其中，通过方差分析可知，水胶比和粉煤灰掺量两个因素对极限拉应变均有显著影响；而砂胶比在 0.30～0.36 的范围内变化时，对极限拉应变的影响并不显著。

(4) 当水胶比在 0.20～0.26 范围内变化时，材料的极限拉应变随着水胶比的增大而增大；粉煤灰的掺入有利于材料实现应变硬化特性，粉煤灰掺量越大，极限拉应变越大；当砂胶比从 0.30 增加到 0.33 和 0.36 的过程中，极限拉应变总体上呈下降趋势，表明为了保证材料的韧性，砂胶比不宜过大。

(5) 通过本次正交试验可知，在本书选定的参数范围内，以极限拉应变为指标，高韧性水泥基复合材料的最佳配合比为 $A_3B_3C_1$，即以纤维掺量为 2.0% 为前提，水胶比为 0.26，粉煤灰与水泥的质量比为 1.8，砂胶比为 0.30。

4.2.5 最优配合比

通过前文的直接拉伸试验结果与分析可知，水胶比和粉煤灰掺量均对材料极限拉应变影响较大，且极限拉应变随着二者的增大而增大，而砂胶比对材料极限拉应变的影响较小，但不宜过大；同时第 6、8、9 号配合比的极限拉应变均大于 1%，远大于普通混凝土。因此可以认为，从材料韧性方面考虑，$A_2B_3C_1$、$A_3B_2C_1$、$A_3B_3C_2$、$A_3B_2C_2$、$A_2B_3C_2$ 和 $A_3B_3C_1$ 这六种配合比较为适合用于备制高韧性水泥基复合材料。需要指出的是，$A_3B_2C_2$、$A_2B_3C_2$ 和 $A_3B_3C_1$ 这三个配合比没有出现在前文的正交试验中，但通过之前的分析已经证明当砂胶比在 0.30 和 0.33 之间变化时，对材料的极限拉应变影响很小，因此，无需再额外进行试验来验证其极限拉应变。另一方面，根据抗压试验的结果来看，配合比为 $A_3B_3C_2$ 的高韧性水泥基复合材料立方体试块抗压强度试验值仅为 28.7MPa，从实际工程应用考虑偏低；同时，正交分析结果表明，砂胶比的改变对试件抗压强度的影响可以忽略不计，因此可以认为，当水胶比为 0.26，粉煤灰掺量为 1.8 时，材料强度普遍偏低。综上所述，综合考虑材料的韧性和强度，配合比选用 $A_2B_3C_1$、$A_3B_2C_1$、$A_3B_2C_2$ 和 $A_2B_3C_2$ 较为合适。

需要注意的是，前文的抗压强度试验所测得的抗压强度是 100mm×100mm×100mm

非标准立方体试块抗压强度，并不能等同于轴心抗压强度。在《普通混凝土力学性能试验方法标准》中针对普通混凝土有指定公式进行非标准立方体试块抗压强度与轴心抗压强度之间的换算，但高韧性水泥基复合材料的骨料组分与普通混凝土有较大差异，受压破坏模式也明显不同，因此，不宜直接套用标准里的公式来计算高韧性水泥基复合材料轴心抗压强度。为此，有必要进行 150mm×150mm×300mm 的标准棱柱体试件抗压试验，以得到材料的轴心抗压强度，如图 4-10 所示。由于前文已提到，砂胶比对材料强度的影响很小，可忽略不计，因此，只需针对 $A_2B_3C_1$ 和 $A_3B_2C_1$ 两组配合比进行轴心抗压强度试验。

图 4-10　标准棱柱体试件

参考《普通混凝土力学性能试验方法标准》GB/T 50081—2002 规定的取值方法，每三个试件的试验值确定一个强度值，两组配合比每组各制作九个试件，测得三个有效强度值，见表 4-10。

表 4-10

轴心抗压强度实测值

配合比	实测抗压强度数据（MPa）			抗压强度取值（MPa）
	33.9	31.0	32.6	32.5
$A_2B_3C_1$	29.2	33.1	31.4	31.2
	32.8	28.5	30.4	30.6
	25.7	24.8	23.9	24.8
$A_3B_2C_1$	26.6	21.3	26.0	26.0
	23.3	25.2	27.6	25.4

试验结果表明，配合比为 $A_2B_3C_1$ 的试件的轴心抗压强度在 30.6～32.5MPa 之间，而实测的配合比为 $A_3B_2C_1$ 的试件轴心抗压强度值在 24.8～26.0MPa 之间，不足 30MPa。因此，综合考虑材料的轴心抗压强度和韧性，本次浇筑 CFRP 筋高韧性水泥基复合材料柱采用 $A_2B_3C_1$ 的配合比，即纤维掺量 2.0%，水胶比 0.23，粉煤灰掺量 1.8，砂胶比 0.30。

4.2.6　材料试配试验小结

本章简要介绍了高韧性水泥基复合材料的材料性能、原材料和制作方法，为了找到合适的配合比进行了材料试验并进行正交分析。通过试验，得到以下结论：

（1）通过调整配合比，得到了不同强度的高韧性水泥基复合材料。试验中发现，所有试件的破坏模式均与普通混凝土有明显区别，脆性特征减小，试件破坏后仍能保持良好的完整性。

（2）在纤维掺量为 2.0% 的前提下，水胶比是影响材料抗压强度最主要的因素，其次是粉煤灰掺量，而砂胶比在 0.30、0.33 和 0.36 之间变化时对抗压强度的影响很小，可忽略不计。

（3）给出了各变量因素对材料抗压强度的影响规律。在保证纤维分散均匀的前提下，水胶比越低，抗压强度越高；当粉煤灰掺量从 1.2 增加到 1.5 和 1.8 时，抗压强度呈先增大后减小的趋势，表明粉煤灰存在最佳掺量；当砂胶比在 0.30～0.36 的范围内变化时，抗压强度变化程度很小，规律不明显。

（4）通过直接拉伸试验，测得了不同配合比试件的极限抗拉强度和极限拉应变。试验结果表明，在水胶比为 0.23 和 0.26 时，高韧性水泥基复合材料在受拉破坏过程中呈多缝开裂模式，能展现出明显的应变硬化特性，极限拉应变远大于普通混凝土。

（5）在纤维掺量为 2.0% 的前提下，水胶比和粉煤灰掺量对材料极限拉应变的影响均比较大，其中水胶比是最主要因素，砂胶比的影响最小。

（6）给出了各变量因素对材料韧性的影响规律。材料的极限拉应变随着水胶比的增大或粉煤灰掺量的增大而增大；当砂胶比从 0.30 增加到 0.33 和 0.36 的过程中，极限拉应变总体上呈下降趋势，表明砂胶比不宜过大。

（7）综合考虑材料的韧性和强度，筛选出了用于浇筑 CFRP 筋高韧性水泥基复合材料柱的试验配合比，并测得了其轴心抗压强度。

4.3 全 CFRP 筋高韧性水泥基复合材料柱拟静力加载试验

由于 CFRP 筋是一种线弹性的材料，在承受静荷载作用时，CFRP 筋混凝土柱具有良好的力学性能，但当遭遇周期性荷载或动荷载作用时，破坏显脆性，导致 CFRP 筋混凝土柱的抗震性能较差，这一定程度上限制了 CFRP 材料的工程应用。高韧性水泥基复合材料具有良好的韧性，在遭遇周期性荷载时可以表现出很好的耗能能力，能够显著地提高结构的抗震性能。既有研究表明，复合纤维筋与高韧性水泥基复合材料之间具有良好的粘结性能，二者能够有效地共同工作。因此，将两者结合起来，让其优势互补，有望在发挥 CFRP 筋特性的同时，也保证结构的抗震性能。所以，研究 CFRP 筋高韧性水泥基复合材料柱的抗震性能，具有深远的理论价值和工程应用意义。

4.3.1 试件设计

4.3.1.1 设计参数

本次试验制作了 6 根全 CFRP 筋高韧性水泥基复合材料柱，具体设计参数如表 4-11 所示。

试件的设计参数 表 4-11

试件编号	计算长度 (mm)	截面尺寸 (mm²)	轴压比 n	剪跨比 λ	纵筋布置	纵筋配筋率 ρ(%)	箍筋布置	体积配箍率 ρᵥ(%)
0.2-3	705	250×250	0.2	3	12φ8	0.96	φ8@150	1.42
0.4-3	705	250×250	0.4	3	12φ8	0.96	φ8@150	1.42
0.5-3	705	250×250	0.5	3	12φ8	0.96	φ8@150	1.42
0.2-5	1175	250×250	0.2	5	12φ8	0.96	φ8@150	1.42
0.4-5	1175	250×250	0.4	5	12φ8	0.96	φ8@150	1.42
0.5-5	1175	250×250	0.5	5	12φ8	0.96	φ8@150	1.42

4.3.1.2 试件尺寸

本次试验设计制作了两种高度的试验柱，对应的剪跨比分别为3和5，下文中若无特别指出，"短柱"即指剪跨比为3的试件，"长柱"即指剪跨比为5的试件。短柱柱身长度为530mm，长柱柱身长度为1000mm，所有试件柱身截面均为250mm×250mm的矩形截面。试验柱为倒"T"形柱，柱头截面增大，以便安装水平作动器。外观尺寸详情如图4-11所示。

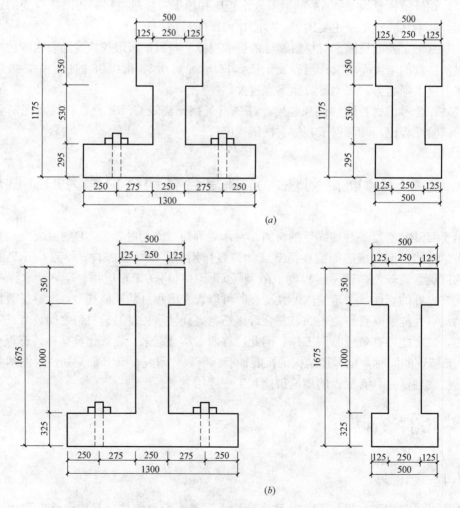

图 4-11　试件外观尺寸

(a) 短柱外观尺寸；(b) 长柱外观尺寸

4.3.1.3　试件配筋与制作

柱身的纵筋及箍筋全部采用直径为 8mm 的 CFRP 筋，保护层厚度取 15mm。纵筋的布置方式为对称布置，共 12 根。所有纵筋均设计成"L"形，弯起部分长 400mm，深入底座两侧，作为锚固措施。箍筋的布置方式为 $\phi 8@150$ 的井字形复合箍，其中柱底加密区的箍筋间距取 100mm。配筋详图如图 4-12 所示。

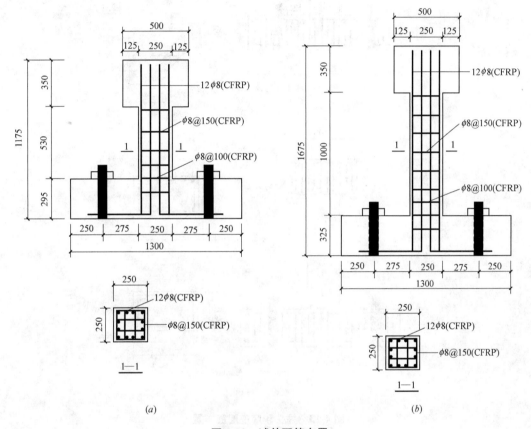

图 4-12　试件配筋布置

（a）短柱配筋布置；（b）长柱配筋布置

试验过程中，试件通过底座和柱头与试验机相连，为了提高试验精度，应尽量减小非试验段底座和柱头的变形，要求二者具有足够的刚度。因此，在底座和柱头分别对称布置 $8 \oplus 25$ 的纵筋和 $\phi 8@50$ 的箍筋，保护层厚度取 30mm。底座和柱头的配筋详情见图 4-13。

制作完成的试件如图 4-14 所示。

4.3.2　加载与量测方案

4.3.2.1　加载装置

试验在 PLU-1000kN 电液伺服多通道拟动力试验机上进行。首先用激光水平仪保证

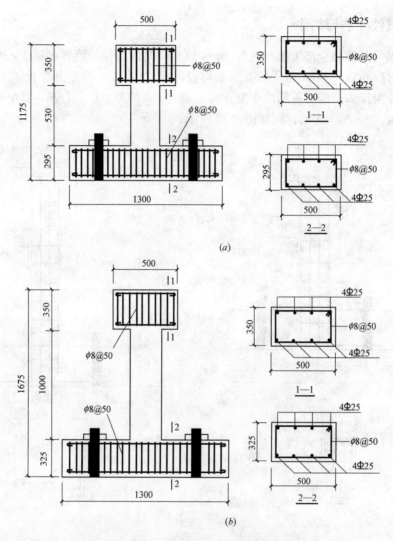

图 4-13 柱头和底座配筋布置

（a）短柱柱头和底座配筋布置；（b）长柱柱头和底座配筋布置

图 4-14 制作完成的柱试件

试件竖向与水平均与试验机对中，位置固定后在
试件底座两头分别用刚性台座抱牢，台座与反力
架之间用拉杆连接固定，并在台座与反力架之间
放置钢梁，钢梁与反力架之间的空隙用钢板和楔
形钢块塞实，以减小试验过程中因底座滑移而造
成的试验误差，然后用锚地螺栓通过预留通道将
试件固定在实验室地梁内。在施加竖向荷载的过
程中，为了保证柱头不产生弯矩，在柱顶端添加
两块钢板，钢板之间装置滚轴，滚轴表面涂抹润
滑剂，减小摩擦，保证柱头为自由端，如图4-15
所示。水平作用时，用两块钢板通过拉杆将柱头
抱牢，然后连接钢板与水平作动器，以此进行水
平作用。整个试验装置如图4-16所示。

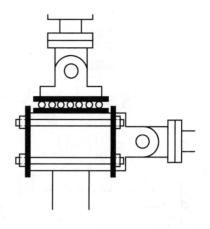

图 4-15　荷载施加装置

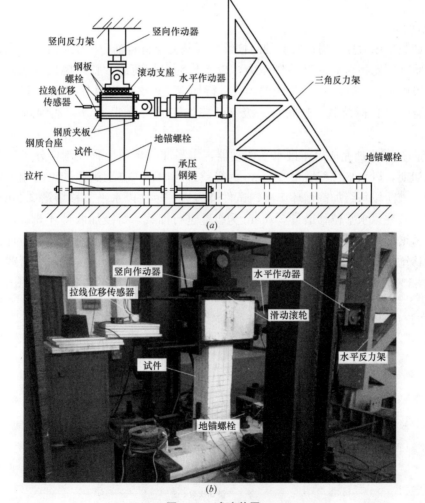

图 4-16　试验装置

(a) 试验装置示意图；(b) 试验装置实物图

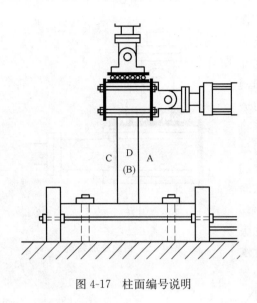

图 4-17　柱面编号说明

为了方便描述，作如下规定：当水平作动器向外伸出时（即图 4-17 中显示为左推），定义为正向加载，荷载为正；当水平作动器向内收缩时（即图 4-17 中显示为右拉），定义为反向加载，荷载为负。试件正向加载时受拉面定义为 A 面，反向加载受拉面定义为 C 面，然后沿逆时针方向定义 B、D 面，如图 4-17 所示。

4.3.2.2　加载制度

本次试验加载制度分为竖向加载和水平加载。为保证试件在低周反复试验加载前不受水平力影响，在连接水平作动器之前，必须先进行竖向加载。

1. 竖向荷载

竖向加载采用力控，通过实测的高韧性水泥基复合材料轴心抗压强度，可以计算出试件预定试验轴压比相对应的试验轴压力，以此作为目标荷载。整个竖向加载过程分为 6 级，前 4 级以目标荷载的 20％为级差逐级进行加载，后 2 级以目标荷载的 10％为级差逐级加载直至达到目标荷载，其间每一级荷载施加完成后持荷 2min，达到目标荷载后持荷 10min。

2. 竖向荷载施加完成后连接水平作动器，水平加载采用位移控制，分为三个阶段进行：加载初期，以水平位移增量 0.5mm 为级差进行加载，直至试件受拉两侧出现第一条横向裂缝，该阶段每级加载循环 1 次；试件开裂后，短柱以水平位移增量 2.0mm 为级差进行加载，长柱以水平位移增量 3.0mm 为级差进行加载，每级加载循环 3 次；发现当水平荷载不再增加后，进入第三阶段，短柱以水平位移增量 3.0mm 为级差进行加载，长柱以水平位移增量 5.0mm 为级差进行加载，每级加载循环 3 次。当发现水平荷载下降至峰值荷载的 85％或者试件破坏严重后，停止加载，试验结束。水平加载制度如图 4-18 所示。

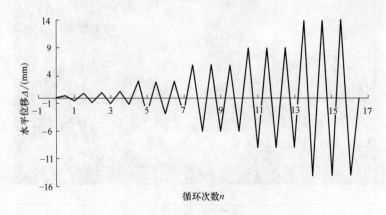

图 4-18　水平方向加载制度

4.3.2.3 量测方案

为了监测 CFRP 筋在试验过程中的受力状况，分别在纵筋和箍筋上粘贴电阻应变片，具体布置如下：

纵筋：在试件 A、C 两面的每根纵筋上距柱底 100mm 处布置应变片，编号 Z1～Z8，如图 4-19 所示。

箍筋：对位于距柱底 0mm、100mm、200mm 的这三层箍筋粘贴应变片，每层粘贴 3 片，编号 G1～G9，如图 4-19 所示。

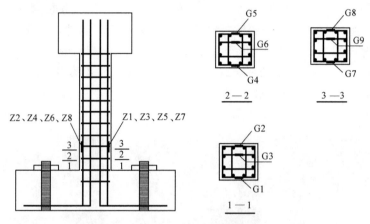

图 4-19　CFRP 筋应变片的布置

为了更好地观测高韧性水泥基复合材料的开裂情况，在试件 A、B 两面沿竖向各对称布置两片应变片，如图 4-20 所示。

在柱头中部连接拉线位移传感器，记录柱顶端水平位移，同时，多通道拟动力加载系统能够全程记录柱头的荷载-位移曲线。此外，在试件底座端部布置百分表，以观测试件有无水平滑移。在整个试验过程中发现，布置在试件底座处的百分表度数最大值不超过 1.2mm，因此可以认为试件的水平滑移很小，对试验的影响可以忽略不计。

4.3.3　试验结果分析

4.3.3.1　试验现象与受力过程

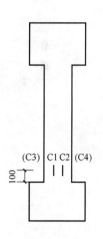

图 4-20　试件表面应变片布置

试验中发现，不同轴压比和剪跨比的试件破坏过程存在一定差异。以试件 0.2-3 为例，其受力工作过程描述如下。

第一阶段：加载开始后，以 0.5mm 为位移增量进行加载，正负循环一次。当加载至水平位移 $\Delta=-2mm$ 时，试件 C 面出现第一条水平荷载，裂缝位置在距柱底 9cm 左右的试件中部，荷载裂缝宽度小于 0.1mm。加载至水平位移为 $\Delta=2.5mm$ 时，A 面距离柱底 9.5cm 左右的位置出现水平裂缝，裂缝宽度同样小于 0.1mm。

第二阶段：开裂之后，以 2.0mm 为位移增量进行加载，正负循环三次。在水平位移

Δ 从 2.5mm 增加到 8.5mm 的三级循环加载过程中，试件 A、C 两面均有数条水平新裂缝出现，主要分布在距柱底 5~20cm 范围内。加载至 Δ＝±12.5mm 之后，A、C 两面部分裂缝延伸至 B、D 两面边缘，同时听到一声"噼啪"声，疑似 CFRP 筋断裂。

第三阶段：在水平位移增加至 −12.5mm 后发现水平峰值荷载开始降低，于是此后进入第三阶段，开始以 3mm 为位移增量进行加载，正负循环三次。在加载至 Δ＝±15.5mm 的过程中，B、D 两面出现斜裂缝，同时 C 面底部边角处出现竖向裂缝；此外，在该级循环加载过程中听到数次类似于 CFRP 筋断裂的声音。加载至 Δ＝18.5mm 的过程中，BA 角和 DA 角的斜裂缝与由 A 面发展而来的横向裂缝形成"X"形的裂缝区，C 面竖向裂缝与横向裂缝形成"井"字形裂缝区，同时听到两声 CFRP 筋断裂声；加载至 Δ＝−18.5mm 的过程中，B、D 两面的横向裂缝均由两侧向中间延伸，有贯通趋势；A 面中下部出现两条竖向裂缝，并迅速发展至边角处。加载至 Δ＝21.5mm 时，A 面横向主裂缝发展至近 2.5mm；反向加载至 Δ＝−21.5mm 时，C 面横向主裂缝发展至近 2mm；在循环至 Δ＝−21.5mm 第二次时，水平荷载下降至最大值的 85%，停止试验。

各试件的破坏情况如图 4-21 所示。

图 4-21 试件破坏情况

（a）试件 0.2-3；（b）试件 0.5-3；（c）试件 0.2-5；（d）试件 0.4-5；（e）试件 0.5-5

试件 0.2-3 和 0.2-5 均没有出现复合材料压坏现象，表明 0.2 的轴压比对裂缝发展的抑制作用不明显，其破坏是由水平裂缝扩展过快而引起。从滞回曲线也可以看出，在最后一级循环加载过程中，轴压比为 0.2 的试件荷载下降幅度比其他试件更大。

而轴压比为 0.4 和 0.5 的四个试件在加载后期均出现了受压区复合材料起皮的现象，表明受压区复合材料开始逐渐破坏，但试件 0.4-3 和 0.4-5 的材料起皮现象不如试件 0.5-3 和 0.5-5 明显，表明轴压比为 0.4 的试件破坏的主要因素仍然是水平裂缝的扩展。同时还观察到，轴压比为 0.5 的试件除了拉压两侧（A、C 面）的起皮现象较为严重之外，B、D 两面竖向裂缝明显，且因竖向裂缝与水平裂缝连通而造成表面小部分复合材料向外翘起，表明对于轴压比 0.5 的试件，复合材料的压坏和水平裂缝的扩展都是导致试件破坏的主要因素。

试验结果表面，由于高韧性水泥基复合材料具有优异的延性工作性能和裂缝控制能力，在柱根破坏部位呈现出裂缝分散和多裂缝开展的工作特性。CFRP 筋高韧性水泥基复合材料柱与钢筋混凝土柱、CFRP 筋混凝土柱的破坏模式有着很大的区别，前者表现为因裂缝扩展不能继续承载而发生延性破坏，后者表现为因混凝土压碎剥落而发生脆性破坏。可见，即使将线弹性的 CFRP 筋用作高韧性水泥基复合材料柱的增强筋，构件也具有很好的延性，充分发挥了两种复合材料的优势，弥补了复合纤维筋塑性、韧性不足的缺陷，实现了两种复合材料的有机结合，有着极大工程应用价值。

通过对试件试验现象和受力过程的观察、分析，可以得到以下结论：

（1）所有试件在整个试验过程中均产生大量裂缝，没有出现复合材料崩裂和剥落现象，破坏模式均显延性。轴压比和剪跨比越大，柱根裂缝沿截面延伸和扩展越充分，柱根破坏现象越明显。

（2）理论上来讲，弯矩最大处的柱底是最易开裂的地方，但由于底座的约束作用，导致初始裂缝的位置大多位于距柱底 $7 \sim 12$cm 的区域。

（3）CFRP 筋的破坏大多从第二阶段的最后一级加载开始，当纵筋逐渐破坏后，试件水平荷载便不再有明显提升，但荷载不会出现陡降，而是在一级一级的加载过程中缓慢下降。

（4）在剪跨比相同的情况下，轴压比越大，初始横向裂缝出现得越晚但初始竖向裂缝出现得越早，试件的极限水平荷载越大，极限水平位移越大。

（5）在轴压比相同的情况下，剪跨比越大，初始横向裂缝出现得越晚，试件的极限水平荷载越小，极限水平位移越大。

4.3.3.2 CFRP 筋应变

1. 纵筋应变

在水平力每级循环中，当荷载达到峰值时，采集纵筋应变数据。考虑到因应变采集箱精度等造成的试验误差，对每个应变片均进行多次采集，然后取平均值作为应变值。以应变值为纵坐标，对应的试件水平位移为横坐标，组成应力-位移坐标系。将每根纵筋应变片每一级循环的应变值在应力-位移坐标系中连接起来，得到试件纵筋的应力-位移曲线，如图 4-22 所示。

通过各试件纵筋的应变-位移曲线分析可得如下结论：

（1）在施加水平荷载之前，竖向荷载已经施加完毕，因此试件纵筋在水平动作之前已经产生初始压应变，表现为水平位移为 0 时，纵筋应变值均为负值，介于 $-300 \sim -1400$（$\mu\varepsilon$）之间。试件初始竖向荷载越大，纵筋应变负值越大。

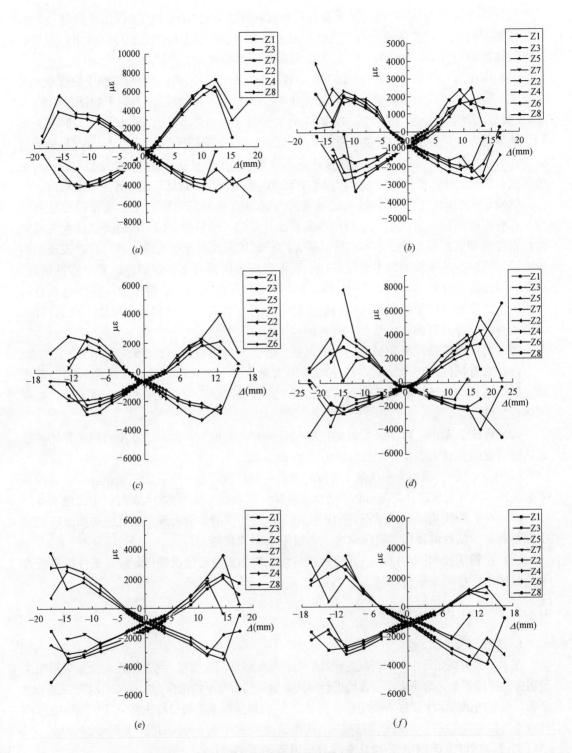

图 4-22　试件的纵筋应变-位移曲线

(*a*) 试件 0.2-3 纵筋应变-位移曲线；(*b*) 试件 0.4-3 纵筋应变-位移曲线；(*c*) 试件 0.5-3
纵筋应变-位移曲线；(*d*) 试件 0.2-5 纵筋应变-位移曲线；(*e*) 试件 0.4-5 纵筋应变-
位移曲线；(*f*) 试件 0.5-5 纵筋应变-位移曲线

（2）在纵筋应变值发生突变之前，随着水平位移的增大，应变大致呈线性增长的趋势。加载前期，即柱身开裂前，各试件同侧的纵筋应变值相差不大；加载中期，各试件同侧的部分纵筋应变值出现差异，究其原因，可能为以下两点：1）在浇筑试件的过程中，木模内已摆放好的 CFRP 筋骨架可能有所移动，导致筋材并不完全位于试件中心，同侧的纵筋受力并不完全对称；2）在连接试件与试验机时，无法保证竖向作动器和水平作动器与试件完全对中，导致试件受力存在微弱的初始偏心。

（3）在加载后期，纵筋应变值发生突变，相应地在试验过程中能听到清脆的"噼啪"声，判断筋材破坏。剪跨比相同的试件，轴压比越小，纵筋破坏点对应的水平位移越大；轴压比相同的试件，剪跨比越大，纵筋破坏点对应的水平位移越大。试验结束后将试件下部的复合材料表面凿除露出筋材，发现所有试件 CFRP 纵筋均已破坏，如图 4-23 所示。

（4）试验过程中，纵筋的应变峰值大多在 4000（$\mu\varepsilon$）左右；远未达到 CFRP 筋材料性能试验中的拉伸极限状态，究其原因应该是：1）拟静力试验过程中，纵筋受力情况复杂，不仅仅是受拉、压荷载作用，同时还有剪切力和弯矩共同作用，而 CFRP 筋抗剪能力和抗压能力远小于抗拉能力，因此易在到达抗拉极限状态之前发生破坏；2）随着裂缝的发展与深入，复合材料与 CFRP 筋之间的粘结力逐渐减弱，甚至于脱离，导致纵筋因失去了握裹力而易发生失稳破坏。

图 4-23　纵筋破坏情况

2. 箍筋应变

同纵筋应变片处理方式一样，绘制出箍筋的应变-位移曲线，如图 4-24 所示。

通过各试件箍筋的应变-位移曲线分析可得如下结论：

（1）所有试件的箍筋应变-位移曲线均呈中间矮，两边高的形状。在水平位移较小的加载早期阶段，箍筋的应变值很小，且增长缓慢，这是因为此时试件受力不大，水平位移较小，复合材料内部结构还未发生较大破坏；到加载后期，随着水平位移和水平荷载逐渐增大，箍筋应变值开始大幅度增大，对应的此时试件也发生较为明显的破坏。除个别箍筋的应变值在加载最后阶段发生突变以外，大多数箍筋应变值均在 3000（$\mu\varepsilon$）以内且无明显突变现象，表明试验过程中箍筋能够全程有效工作，没有发生破坏；试验结束后将试件下部的复合材料表面凿除露出筋材，也证明了 CFRP 箍筋并未发生破坏，如图 4-25 所示。

（2）从应变-位移曲线中可以看到，G1、G2 和 G3 的位置靠下，其应变值也通常为负

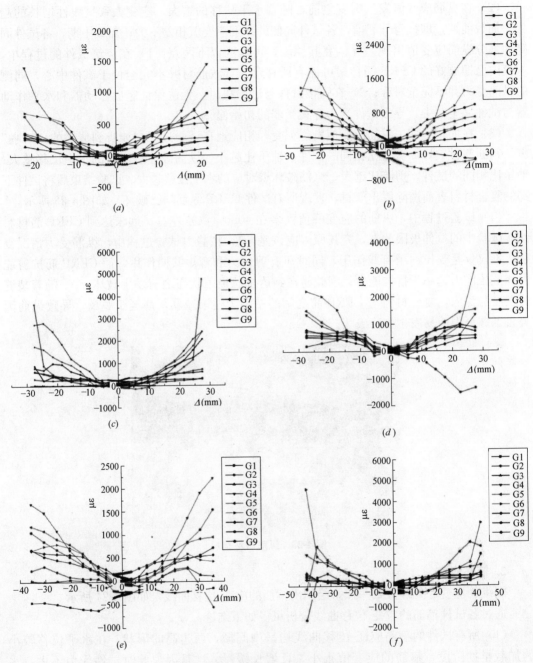

图 4-24 试件的箍筋应变-位移曲线

(a) 试件 0.2-3 箍筋应变-位移曲线；(b) 试件 0.4-3 箍筋应变-位移曲线；

(c) 试件 0.5-3 箍筋应变-位移曲线；(d) 试件 0.2-5 箍筋应变-位移曲线；

(e) 试件 0.4-5 箍筋应变-位移曲线；(f) 试件 0.5-5 箍筋应变-位移曲线

值，究其原因，是因为该层箍筋本应位于柱底处，但在放置筋材骨架和浇筑试件时，有可能将其向底座移动，而在连接试件底座和试验机的过程中，会产生与箍筋轴线方向平行的压力，从而导致应变值为负。在加载后期，G4、G5 和 G6 的应变值通常较大，这是因为该层箍筋位于距柱底 10cm 左右，而在试验中发现，这一区域通常裂缝发展最严重，破坏最明显。

（3）对比各试件的箍筋应变-位移曲线发现，对于剪跨比相同的试件，在加载初期，同一水平位移下各箍筋应变相差不大，但随着水平位移和水平荷载逐渐增大，试件轴压比越大，箍筋的应变值越大（不考虑柱底 G1、G2 和 G3）。究其原因，是因为在试件剪跨比相同时，轴压比越大，加载至同一位移所需的水平荷载也越大。

（4）对于轴压比相同的试件，同一位移下，剪跨比越大，箍筋应变越小。这是因为当试件轴压比相同时，剪跨比越大，加载至同一位移处的水平荷载越小。

图 4-25　箍筋最终仍未破坏

4.3.3.3　滞回曲线

滞回曲线是试件在低周反复荷载用作下的荷载-位移曲线，本次试验为 CFRP 筋高韧性水泥基复合材料柱柱头的水平荷载-水平位移曲线。滞回曲线是试件抗震性能的综合体现，能够反映出试件的刚度退化、承载力变化、延性、耗能性能等特性，滞回环越饱满，表明试件抗震性能越好。6 根 CFRP 筋高韧性水泥基复合材料柱的滞回曲线如图 4-26 所示。

通过对比，可以得到以下结论：

（1）在加载初期，由于 CFRP 筋为线弹性材料，且此时复合材料尚未开裂，因此荷载-位移曲线几乎呈线性关系；此外，注意到曲线在零点附近存在拐点，这是因为试验机的水平作动器的球头连接装置有一定的空隙，形成空行程而造成。

（2）随着水平位移逐渐增大，试件损伤加剧，荷载-位移曲线不再呈线弹性关系，构件刚度开始逐渐降低，但此时荷载仍能随着位移的增加而增大，只是增大的速率不断降低；当位移增加到一定程度，CFRP 纵筋开始逐步破坏，往往从该级或者下一级加载开始，荷载便不再增加，开始缓慢下降。

（3）整个滞回曲线具有捏缩现象，究其原因是多方面的，例如 CFRP 筋与复合材料之间存在相对滑移、材料裂缝在往复加载过程中未及时闭合等问题。通过对比可以看出，相对于轴压比大的试件，小轴压比试件的捏缩现象较为明显，这种差异在加载后期尤为显著。究其原因是因为，加载后期试件在往复动作中裂缝逐渐发展扩宽，在某个水平方向卸载过程中，小轴压比试件的裂缝闭合得较慢，此时刚度较小，直到反向加载到一定程度而使裂缝闭合；相对地，高轴压比下试件由于轴向压力较大，因此裂缝闭合得较快。

（4）在轴压比相同的情况下，同普通钢筋混凝土构件类似，试件的剪跨比越大，极限水平荷载值越小，但极限水平位移越大。

（5）在剪跨比相同的情况下，试件轴压比越大，极限承载力越大，极限水平位移也越大；试件轴压比越大，滞回曲线的形状越饱满，所包围的面积也越大。

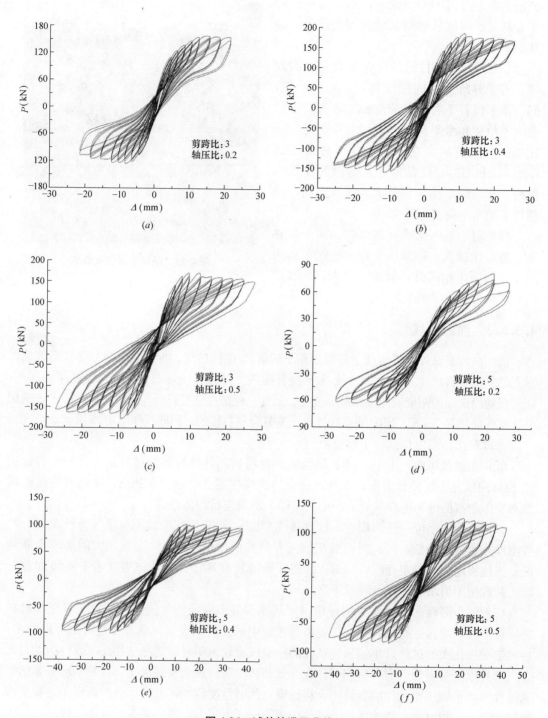

图 4-26 试件的滞回曲线

(a) 试件 0.2-3 滞回曲线；(b) 试件 0.4-3 滞回曲线；(c) 试件 0.5-3 滞回曲线；
(d) 试件 0.2-5 滞回曲线；(e) 试件 0.4-5 滞回曲线；(f) 试件 0.5-5 滞回曲线

4.3.3.4 荷载-位移骨架曲线

骨架曲线是指低周反复荷载试验中每级加载的峰值荷载-峰值位移曲线，能够直观地反映出试件的荷载与位移之间的关系，同时也能反映出试件的延性、刚度退化、承载力变化等力学性能。

图 4-27 展示了整个试验中不同轴压比和剪跨比的试件荷载-位移骨架曲线。

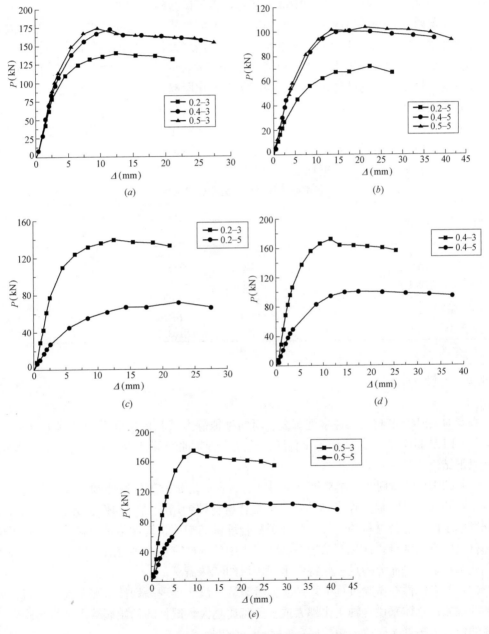

图 4-27 试件骨架曲线对比

(*a*) λ＝3 试件骨架曲线；(*b*) λ＝5 试件骨架曲线；(*c*) *n*＝0.2 试件骨架曲线；

(*d*) *n*＝0.4 试件骨架曲线；(*e*) *n*＝0.5 试件骨架曲线

由图 4-27 分析可知：

（1）根据试验结果分析并参考相关文献发现，将本次试验骨架曲线分为三个阶段：1）线性增长段，该阶段位移较小，试件尚未开裂，荷载-位移曲线基本上呈线性增长关系；2）强化段，随着复合材料裂缝逐渐增加，试件刚度开始逐渐降低，此时纵筋仍然参与工作，荷载仍能随着位移的增加而逐渐增大，但增长速率逐渐变小；3）强度缓慢退化段，纵筋逐步退出工作，此时荷载基本上由高韧性水泥基复合材料完全承担，但荷载不会陡降，而是在数级往复加载的过程中缓慢下降，直至试验停止。

（2）在剪跨比相同的情况下，不同轴压比试件的骨架曲线在线性增长段相差不大，但从强化段开始，同一位移处，轴压比越大，水平荷载越大，试件的极限荷载值也越大；但轴压比为 0.5 的试件与轴压比为 0.4 的试件相差不大，前者的极限荷载仅仅稍大于后者；同时还发现，轴压比大的试件骨架曲线强度缓慢退化段越长，极限位移越大。

（3）在轴压比相同的情况下，剪跨比越大，水平荷载越小，且荷载增长速率越慢，但强度缓慢退化段越长，极限位移越大。这是因为，剪跨比大的试件，其刚度越小；另一方面，达到同一位移转角时，长柱的水平位移要大于短柱。

各试件的骨架曲线具体数据如表 4-12 所示。

各试件的极限承载力和极限位移

表 4-12

试件	轴压比 n	剪跨比 λ	计算长度 l_0	平均极限荷载 $\overline{P}_u$(kN)	极限位移 Δ_u(mm)	极限转角 Δ_u/l_0
0.2-3	0.2	3	705	139.85	21.5	1/33
0.4-3	0.4	3	705	172.45	25.5	1/28
0.5-3	0.5	3	705	174.20	27.5	1/26
0.2-5	0.2	5	1175	71.75	27.5	1/43
0.4-5	0.4	5	1175	100.60	37.5	1/31
0.5-5	0.5	5	1175	103.55	41.5	1/28

4.3.4　试验小结

本章对 CFRP 筋超高韧性水泥基复合材料柱拟静力试验现象和受力过程进行了分析，给出了 CFRP 筋应变-位移曲线、试件滞回曲线、骨架曲线等试验结果并进行了对比分析，得到以下结论：

（1）CFRP 筋高韧性水泥基复合材料柱有着良好的延性工作性能和裂缝控制能力。即使将线弹性的 CFRP 筋用作高韧性水泥基复合材料柱的增强筋，构件也具有很好的延性，充分发挥了两种复合材料的优势，弥补了复合纤维筋塑性、韧性不足的缺陷，实现了两种复合材料的有机结合，这种新结构在实际工程中的推广应用，将会有效解决土木工程界的诸多技术难题，并充分满足一些特殊工程领域的特殊需求。

（2）所有试件在试验过程中均产生大量裂缝，没有出现高韧性水泥基复合材料大面积剥落的现象；总体来说，轴压比越大或者剪跨比越大，试件的初始裂缝出现得越晚，初始裂缝的位置大多处于受拉面距柱底 7~12cm 的区域。

（3）加载开始后，CFRP 纵筋的应变-位移曲线大致呈线性关系，到了加载后期应变值开始发生突变，结合试验现象认为纵筋破坏，退出工作；从实验数据看，纵筋破坏时还未达到 CFRP 筋的材料试验极限值，分析认为是由于试验过程中复杂的受力状态使 CFRP 纵筋在充分发挥其抗拉能力之前提前破坏；总体来看，轴压比越小或者剪跨比越大，纵筋破坏发生得越晚。

（4）加载初期，CFRP 箍筋的应变较小，然后随着水平位移的不断增加而增大，且大多数箍筋在整个试验过程中没有发生明显突变，可以认为箍筋全程参与工作；试验数据表明，同一试件中，位于距柱底 10cm 处的箍筋应变值最大，而该区域也是试件开裂最严重的区域；总体来看，轴压比越大或者剪跨比越小，箍筋应变越大。

（5）从滞回曲线来看，加载初期，试件荷载和位移呈线性往复状态；裂缝出现后，试件刚度开始逐渐降低，荷载增长速度变慢，滞回环的捏缩现象也逐渐明显；当 CFRP 纵筋逐步退出工作之后，荷载开始缓慢下降，刚度持续降低；从滞回曲线可以看出，荷载下降段往往较长且下降得非常缓慢，在多次循环加载中滞回环包围的面积不断增加。通过对比可知，轴压比越大，滞回曲线的捏缩效应越不明显，同时单个滞回环也越饱满。

（6）CFRP 筋高韧性水泥基复合材料柱骨架曲线分为三个阶段：线性增长段，试件荷载-位移曲线基本呈线性关系；强化段，刚度开始逐渐降低，荷载增长速率变小；强度缓慢退化段，荷载到达峰值过后不会陡降，而是呈现较长的一段缓慢下降段。在加载初期，轴压比不同的试件骨架曲线区别不大，但在试件开裂后可以看出，轴压比越大，承载力越大（但轴压比为 0.4 和 0.5 的试件相差不大），极限水平位移也越大；而试件的剪跨比越大，刚度越小，承载力越小，但极限位移越大。

4.4 全 CFRP 筋高韧性水泥基复合材料柱抗震性能指标分析

4.4.1 延性

延性能反映构件在保持一定持荷能力情况下的塑性变形能力，是衡量构件抗震性能的重要参数，常用延性系数来表示，通常分为位移延性系数和曲率延性系数两种形式，其中曲率延性系数通常用于表征截面的延性，而本次研究主要是针对构件整体的延性分析，因此采用位移延性系数，其表达式见式（4-1）。

$$\mu = \Delta_u / \Delta_y \tag{4-1}$$

式中：μ——位移延性系数；

Δ_u——构件的极限位移；

Δ_y——构件的屈服位移。

Δ_u 通常取骨架曲线上荷载降至峰值荷载的 85% 时所对应的位移。本次试验中，部分试件考虑到安全问题等因素，在荷载还未降至峰值荷载 85% 的时候便结束了加载，但通过观察骨架曲线可以看出，此时荷载降低的速率有所提高，且实际上已经接近峰值荷载的 85%，所以，本书取试验结束点所对应的位移为极限位移 Δ_u。

屈服位移 Δ_y 为骨架曲线中屈服点所对应的位移，由于试验中往往很难找到准确的屈服点位置，因此常常用名义屈服点代替。寻找名义屈服点的方法很多，例如拐点法、能量等值法、通用屈服弯矩法和 R. Park 法等。本次试验试件采用全 CFRP 筋配筋，CFRP 筋本身为线弹性材料，没有屈服段，但由于高韧性水泥基复合材料与普通混凝土不同，具有

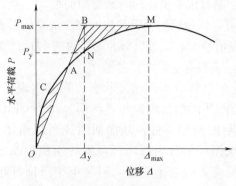

图 4-28 能量等值法

应变硬化的特性，因此当两者共同工作时，试件的骨架曲线也存在拐点，但拐点往往处于一小段位移中，直接选取较为困难，因此，本书采用能量等值法和通用屈服弯矩法来确定名义屈服点，下面对这两种方法作简要介绍。

（1）能量等值法是根据能量等值原理，使折线 OBM 下所围成的面积与试件本身骨架曲线所围成的面积相等，具体操作如图 4-28 所示，过骨架曲线峰值荷载点 M 作水平切线，然后在骨架曲线上找到 A 点，过 OA 的直线与切线交于 B 点，使得 OAC 的面积与 ABM 的面积相等（图中阴影部分），最后过 B 点作垂线交骨架曲线于 N 点，即名义屈服点，对应的位移就是屈服位移 Δ_y。通过能量等值法所确定的屈服位移和求得的位移延性系数如表 4-13 所示。

通过能量等值法得到位移延性系数 表 4-13

试件	屈服位移 Δ_y(mm)	极限位移 Δ_u(mm)	延性系数 μ
0.2-3	6.37	21.5	3.38
0.4-3	6.79	25.5	3.76
0.5-3	6.14	27.5	4.48
0.2-5	10.25	27.5	2.68
0.4-5	9.58	37.5	3.91
0.5-5	9.65	41.5	4.30

表 4-13 中数据表明，由能量等值法计算而来的延性系数看来，在剪跨比相同的条件下，轴压比越大，试件位移延性系数越大，表明其延性越好；当轴压比为 0.4 时，$\lambda=3$ 的试件位移延性系数要小于 $\lambda=5$ 的试件，但当轴压比为 0.2 和 0.5 时，$\lambda=3$ 的试件位移延性系数反而大于 $\lambda=5$ 的试件。

（2）通用屈服弯矩法具体操作如图 4-29 所示，首先过骨架曲线峰值荷载点作水平切线，然后过原点 O 作弹性理论线 OG 与水平切线交于 G 点，过 G 点作垂线交骨架曲线于 H 点，过 OH 的直线交峰值荷载水平切线与 I 点，最后过 I 点作垂线交骨架曲线于 K 点，即名义屈服点，所对应的位移即为屈服位移。采用通用屈服弯矩法所确定的屈服位移和求得的位移延性系数如表 4-14 所示。

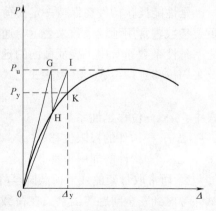

图 4-29 通用弯矩屈服法

通用弯矩屈服法得到位移延性系数			表 4-14
试件	屈服位移 Δ_y(mm)	极限位移 Δ_u(mm)	延性系数 μ
0.2-3	6.28	21.5	3.42
0.4-3	6.66	25.5	3.83
0.5-3	6.21	27.5	4.43
0.2-5	8.68	27.5	3.17
0.4-5	9.42	37.5	3.98
0.5-5	9.22	41.5	4.50

表 4-13 中数据表明，由能量等值法计算而来的延性系数看来，在剪跨比相同的条件下，轴压比越大，试件位移延性系数越大，表明其延性越好；当轴压比为 0.4 时，$\lambda=3$ 的试件位移延性系数要小于 $\lambda=5$ 的试件，但当轴压比为 0.2 和 0.5 时，$\lambda=3$ 的试件位移延性系数反而大于 $\lambda=5$ 的试件。

观察表 4-14 中数据发现，从采用通用屈服弯矩法计算而来的延性系数来看，轴压比对试件延性的影响规律同图 4-13 数据所显示的一致，即轴压比越大，延性越好；但同样的，剪跨比对延性的影响也无明显规律可循，并且与表 4-13 中数据现象有所差异，当轴压比为 0.2 时，试件 0.2-3 的延性系数大于试件 0.2-5，意味着剪跨比越大延性越差，但当轴压比为 0.4 和 0.5 时，结论却与此相反。

综上所述，通过两种方法来计算的位移延性系数均表明，在剪跨比相同的情况下，试件的轴压比越大，其位移延性系数越大；但从延性系数的对比结果来看，该方法不能清楚地反映剪跨比对试件的影响。

对于传统的钢筋混凝土，当剪跨比相同时，轴压比越小，构件的延性是越好的。因此，本次试验所探讨出的轴压比对 CFRP 筋高韧性复合材料柱延性的影响规律与钢筋混凝土柱存在差异，关于这一点，后面会进行详细阐述。

4.4.2 刚度退化

刚度是指结构或构件在受力过程中抵抗变形的能力。在低周反复荷载试验中，试件内部微观结构不断受到损伤，构件的刚度不断减小，抵抗变形的能力逐渐变弱，严重影响其抗震性能，因此探讨构件的刚度退化情况是研究其抗震性能的重要环节。

试验过程中，试件每一级循环加载的位移刚度按下式计算：

$$K_i = \frac{K_i^+ + K_i^-}{2} \tag{4-2}$$

式中，K_i^+ 和 K_i^- 分别代表第 i 级加载中正向加载和反向加载时的平均割线刚度，又有：

$$K_i^+ = \sum_{j=1}^{3} F_{ij,\max}^+ / \sum_{j=1}^{3} \Delta_{ij}^+ \tag{4-3}$$

$$K_i^- = \sum_{j=1}^{3} F_{ij,\max}^- / \sum_{j=1}^{3} \Delta_{ij}^- \tag{4-4}$$

其中，$F_{ij,\max}$ 和 Δ_{ij} 分别代表试件在第 i 级循环加载中第 j 次循环过程中的峰值荷载和对应的水平位移。

以试件的水平位移为横轴，刚度为纵轴，画出刚度退化曲线，如图 4-30 所示。

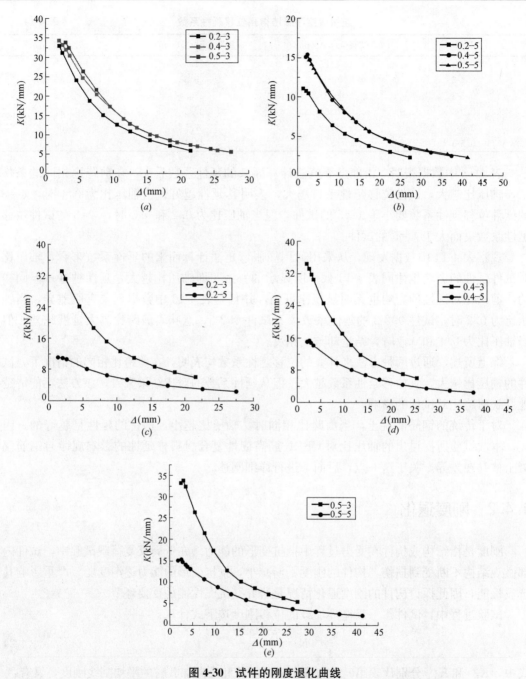

图 4-30 试件的刚度退化曲线

(a) λ＝3 试件刚度退化曲线；(b) λ＝5 试件刚度退化曲线；(c) n＝0.2 试件刚度退化曲线；(d) n＝0.4 试件刚度退化曲线；(e) n＝0.5 试件刚度退化曲线

由图 4-30 不难发现，所有试件的刚度退化曲线均呈反比例函数，在加载前期，刚度退化快，随着位移不断增加，刚度退化的速率逐渐变小，曲线逐渐变得平缓。

在剪跨比相同的情况下，在同一位移处，轴压比大的试件刚度较大，但轴压比 0.4 和轴压比 0.5 的试件差距不明显，曲线大部分重合；在试验结束时，同一剪跨比的试件刚度基本退化到同一等级。

在轴压比相同的情况下，同一位移处，试件剪跨比越小，刚度越大；在加载前期，小剪跨比试件刚度的退化速率明显大于大剪跨比试件。

4.4.3　耗能性能

试件在受反复荷载作用的过程中，会不断地吸收和耗散部分能量，构件的耗能能力是评价其抗震性能的重要指标，耗能能力越好，构件的抗震性能也就越好。目前，对于评价耗能性能的量化指标尚没有统一的标准，常用的有等效黏滞阻尼系数、能量系数、耗能比、功比指数等方法。本书采用等效黏滞阻尼系数法进行试件的耗能能力分析。

自 Jacobson 于 1930 年提出等效黏滞阻尼系数这一概念以来，便常用其来衡量结构和构件的耗能性能。等效黏滞阻尼系数 h_e 按式（4-5）计算：

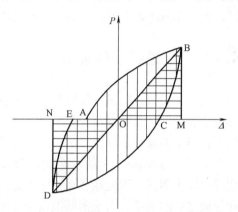

$$h_e = \frac{1}{2\pi} \cdot \frac{S_{ABCDEA}}{S_{\triangle OBM} + S_{\triangle ODM}} \qquad (4\text{-}5)$$

式中：S_{ABCDEA} 为往复加载循环一次形成的滞回环所包围的面积，$S_{\triangle OBM}$、$S_{\triangle ODM}$ 分别为正负加载中三角形 OBM、ODN 的面积，如图 4-31 所示。

图 4-31　等效黏滞阻尼系数计算图

由上式算得每级加载的等效黏滞阻尼系数，与对应的水平位移，得到等效黏滞阻尼系数-位移曲线，如图 4-32 所示。

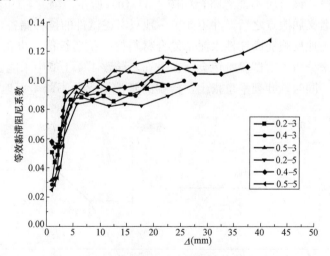

图 4-32　试件各级加载的等效黏滞阻尼系数

由图 4-32 可以看出，对于所有试件，在加载前期，等效黏滞阻尼系数均随着水平位移的增加而大致呈线性增加趋势；随着位移不断增大，等效黏滞阻尼系数-位移曲线出现抖动，但总体上仍呈上升趋势，只是增大速率明显小于加载前期。通过分析认为，CFRP高韧性水泥基复合材料柱在加载前期，水平位移较小，此时构件主要依靠承载力的提高来参与耗能；而随着加载位移的不断增大，CFRP 筋退出工作，此时试件的承载力开始逐渐降低，但仍能保持一定的承载能力，这一阶段主要依靠高韧性水泥基复合材料的塑性变形来参与耗能工作。

总体来看，在同一水平位移处，同剪跨比的试件，轴压比越大，等效黏滞阻尼系数越大；相同轴压比的试件，剪跨比越大，等效黏滞阻尼系数越大。在试验结束前最后一滞回环的等效黏滞阻尼系数分别为 $h_{e,0.2-3}=0.0964$、$h_{e,0.4-3}=0.0994$、$h_{e,0.5-3}=0.1094$、$h_{e,0.2-5}=0.0979$、$h_{e,0.4-5}=0.1093$、$h_{e,0.5-5}=0.1208$，通过比较等效黏滞阻尼系数可知，试件轴压比越大或者剪跨比越大，耗能性能越好。

4.4.4　改进综合性能指标

在 4.4.1 节进行试件延性分析的过程中，是使用位移延性系数来作为评价指标。位移延性系数是针对钢筋混凝土结构或构件提出的，定义为试件的极限位移与屈服位移的比值，相当于考虑的是仅仅是试件的位移储备，在某种程度上将试件的骨架曲线简化为了如图 4-33（a）所示的二折线，在此过程中认为试件的承载能力在屈服之后增长幅度较小，而变形较为明显，因此在名义屈服点之后骨架曲线便简化为一条水平直线，忽略了承载力在屈服之后的贡献。由于钢筋混凝土柱在进入屈服阶段后，荷载增量不大，主要依靠构件的塑性变形来耗能，因此传统的位移延性系数能够很好地衡量钢筋混凝土柱的抗震性能。

然而，本次试验所用的筋材为 CFRP 筋，CFRP 筋是具有高抗拉强度的线弹性材料。试验中发现，虽然整体来看试件的骨架曲线能够表现出类似于钢筋混凝土柱屈服之后产生较大变形的形式，但在骨架曲线中确定的名义屈服点附近筋材还未破坏，此后试件的承载力还有一段强化段，该阶段不能忽略，如图 4-33（b）所示。因此，CFRP 筋高韧性水泥基复合材料柱在名义屈服点之后，并不能单一地只考虑试件的位移储备，传统的位移延性系数并不能很准确地反映筋高韧性水泥基复合材料柱的抗震性能。也正是由于这个原因，用位移延性系数来分析本次试验难免会存在失真，导致 4.4.1 节中未能真实反映剪跨比对试件的影响情况。同时，叶列平也指出，传统的延性概念并不能全面地反映 FRP 筋构件的变形性能。

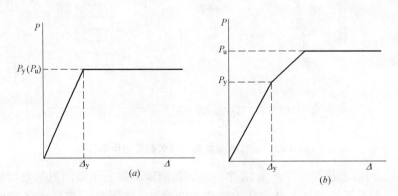

图 4-33　两种不同构件的骨架曲线简化图
（a）钢筋混凝土柱骨架曲线简化图；（b）CFRP 筋高韧性水泥基复合材料柱骨架曲线简化图

Mufti 等人于 1996 年针对 FRP 筋混凝土梁和钢筋混凝土梁首次明确提出了构件变形性的概念，并给出了一套既考虑承载能力储备又考虑变形能力储备的综合性能指标 J。加拿大公路桥梁设计规范采用了这一指标，强调了结构变形性的设计要求。但 Mufti 给出的综合性能指标筋局限于 FRP 筋混凝土梁，无法推广到其他构件。龚永智在进行 CFRP 筋混凝土柱抗震性能的研究过程中，对 Mufti 提出的综合性能指标 J 进行了适当改进，使之能够应用于更广泛的构件类型，其表达式如下：

$$J = S_J \cdot D_J \tag{4-6}$$

$$S_J = F_u / F_c \tag{4-7}$$

$$D_J = \Delta_u / \Delta_c \tag{4-8}$$

式中：S_J——承载力系数，即考虑了构件的承载力安全储备；

　　　D_J——变形系数，即考虑了构件的变形安全储备；

　　　F_u——试件的极限承载力（剪力或弯矩）；

　　　Δ_u——极限变形（水平位移、转角或曲率）；

F_c 和 Δ_c——分别为混凝土柱受压边缘压应变 $\varepsilon_c = 0.001$ 时试件的承载力和变形。

从综合性能指标 J 的定义不难看出，该方法综合考虑了承载力和变形能力对试件安全储备的贡献，相比传统的延性系数能够更为准确、全面地反映本次试件的抗震性能。但需注意的是，该方法是针对 CFRP 筋混凝土柱提出的，无论是 Mufti 还是龚永智，所选取的参考点均为混凝土受压边缘压应变 $\varepsilon_c = 0.001$ 的点。其依据是，由于 CFRP 筋混凝土构件的骨架曲线没有明显的屈服点，因此选取混凝土单轴受压应力应变曲线的拐点为参考点。当混凝土压应变 $\varepsilon_c < 0.001$，混凝土压应力应变曲线基本可视为线弹性关系，当 $\varepsilon_c > 0.001$ 之后，其应力应变曲线呈现出明显的塑性特征，所以将 CFRP 筋混凝土构件的极限状态与 $\varepsilon_c = 0.001$ 对应的状态进行比较，用以表征构件的安全储备。

而本书使用高韧性水泥基复合材料代替了混凝土，该复合材料的力学性能与普通混凝土之间存在较大差异，压应力应变曲线也并不完全相同；同时注意到，虽然使用 FRP 筋材，但 CFRP 筋高韧性水泥基复合材料柱的骨架曲线仍然表现出类似于钢筋混凝土柱屈服之后变形增大并同时保持一定承载力的形式。因此，针对本次试验现象，将 CFRP 筋高韧性水泥基复合材料柱骨架曲线的拐点作为参考点，将调整后的综合性能指标 J' 定义为：

$$J' = S'_J \cdot D'_J \tag{4-9}$$

$$S'_J = F_u / F_y \tag{4-10}$$

$$D'_J = \Delta_u / \Delta_y \tag{4-11}$$

式中：S'_J——调整后的承载力系数；

　　　D'_J——调整后的变形系数；

　　　F_u——试件的极限承载力；

　　　Δ_u——极限变形；

F_y、Δ_y——分别为试件骨架曲线上的拐点所对应的承载力和变形。

在选取试件的变形指标时，由于本书的分析主要是针对构件整体，所以选择水平位移作为变形指标。

通过调整后的综合性能指标法所得到的计算结果如表 4-15 所示。

试件	F_u(kN)	F_y(kN)	S_J	Δ_u(mm)	Δ_y(mm)	D_J	J
0.2-3	139.85	120.18	1.16	21.5	6.28	3.42	3.97
0.4-3	172.45	144.16	1.20	25.5	6.66	3.83	4.58
0.5-3	174.20	150.77	1.16	27.5	6.21	4.43	5.12
0.2-5	71.75	56.45	1.27	27.5	8.68	3.17	4.03
0.4-5	100.60	83.14	1.21	37.5	9.42	3.98	4.82
0.5-5	103.55	86.91	1.19	41.5	9.22	4.50	5.36

　　通过调整后的综合性能分析可知，试件的承载力系数介于 1.16~1.27 之间，变形系数介于 3.17~4.50 之间，综合性能系数在 3.97~5.36 之间，表明 CFRP 高韧性水泥基复合材极柱具有较高的承载力储备和变形储备，同时也表明，在参与耗能的过程中，塑性变形的贡献要大于承载力的贡献，但不能因此而忽略试件承载力的安全储备。通过比较可知，对于轴压比相同的试件，剪跨比越大，综合性能指标越大，表明其抗震性能越好；而对于剪跨比相同的试件，轴压比越大，综合性能指标也越大，抗震性能越好。

4.4.5　抗震受力特点分析

　　CFRP 筋高韧性水泥基复合材料柱的抗震性能分析表明，试件的轴压比越大，变形性能越好，耗能能力越强，表现出更好的抗震性能。而钢筋混凝土柱的抗震性能分析表明，轴压比越大，构件的延性越差，抗震性能越差，这已是公认的结论。下面从材料的受力特点入手，对这一现象进行分析。

　　在进行钢筋混凝土柱抗震性能试验研究的过程中，试件受轴向压力和反复水平力的共同作用，试件截面的受力状况实则相当于大偏心受压状态。当水平荷载逐渐增大到某一值时，试件受拉侧钢筋的应变达到屈服应变 ε_y，钢筋开始屈服，而此时试件受压侧混凝土边缘纤维压应变 ε_c。如果还没达到极限压应变 ε_{cu}，则试件仍能承受一定的水平荷载，并通过塑性变形来参与耗能工作，直到受压侧混凝土边缘纤维达到极限压应变 ε_{cu}，而此时钢筋往往还没有破坏，因此钢筋混凝土柱实则是以混凝土压碎来宣告试件破坏。如果试件的轴压比越大，即轴力越大，从平截面假定可以推断，试件受压边混凝土的压应变也就会越大，在反复受力的过程中当钢筋屈服时，受压边混凝土的压应变 ε_c 与混凝土极限压应变 ε_{cu} 的差距就越小，也就意味着受压边混凝土更加容易被压碎，导致试件在屈服位移之后的塑性变形段越短，因此延性越差。所以，对于钢筋混凝土柱而言，轴压比越大，延性越差，抗震性能越差。

　　而 CFRP 筋是一种线弹性的材料，不存在材料屈服，因此在拟静力试验过程中随着水平位移不断增大，CFRP 纵筋受力呈线性增大趋势。同时又由于此时纵筋处于复杂受力状态不能完全发挥其极限抗拉能力，所以当位移增大到某一程度时，筋材便提前发生破坏，其破坏显脆性，一经破坏便退出工作。CFRP 筋普通混凝土柱的低周反复荷载试验表明，无论设计参数有何不同，CFRP 筋混凝土柱的骨架曲线均可以简化为如图 4-34 所示的形式，并且 CFRP 纵筋的破坏点均发生在试件的极限荷载附近。由于普通混凝土是一种准脆性材料，可以认为其本身并不具备延性，因此当所有 CFRP 纵筋逐步退出工作后，试件的承载力便开始迅速下降，其骨架曲线表现为到达极限承载力之后便出现陡降。

与混凝土不同，高韧性水泥基复合材料具有优异的韧性和良好的变形能力，在拉伸荷载作用下表现出明显的应变硬化特性，材料的开裂行为并不会立即导致材料的破坏。李贺东等人通过矩形薄板试件的抗弯试验发现，试件从开裂到破坏会经历很大的变形，并且在变形期间承载力还能缓慢上升，如图 4-35 所示，试验测得试件峰值荷载所对应的跨中挠度与试件跨度的比值 δ_u/l 高达 1/10。不仅是针对薄板试件，李贺东等还对无配筋的高韧性水泥基复合材料梁进行了抗弯试验，试验发现，高韧性水泥基复合材料梁在弯曲破坏过程中仍呈多缝开裂模式，在荷载持续增大的前提下，试件峰值荷载所对应的 δ_u/l 为 1/60 左右，其荷载-挠度曲线如图 4-36

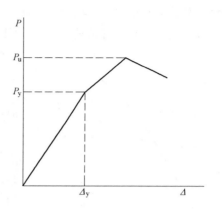

图 4-34 CFRP 筋混凝土柱骨架曲线简化图

所示，而同种强度、相同工况下的素混凝土梁和钢纤维混凝土梁的 δ_u/l 分别为 1/12000 和 1/517。

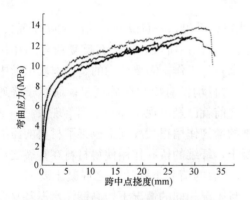

图 4-35 薄板试件抗弯应力-变形曲线

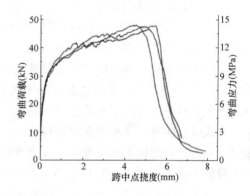

图 4-36 梁式试件抗弯荷载-变形曲线

综上所述，高韧性水泥基复合材料本身便具有较好的延性，其变形能力明显优于普通混凝土以及普通纤维混凝土。由于纤维的桥联作用能够把材料开裂处的能量传至附近的未裂区域，使得构件开裂区的复合材料并未退出工作，仍然能承受一定的拉力，开裂之后构件的承载力不会出现陡降，甚至会逐渐缓慢上升，因此不能忽略高韧性复合材料的抗拉作用。所以，在本次试验中，当 CFRP 纵筋逐步退出工作之后，高韧性水泥基复合材料柱仍然具有相当的延性，试件变形能够继续增加，同时仍具有较高的承载力。

由此可见，CFRP 筋高韧性水泥基复合材料柱在反复荷载作用下的受力过程实际上可以分为两个阶段：第一阶段，CFRP 纵筋尚未破坏，虽然高韧性水泥基复合材料具备良好的抗拉能力，但此时试件受拉区的拉力仍然主要靠 CFRP 纵筋承担；第二阶段，所有 CFRP 纵筋逐步破坏乃至完全退出工作，在此之后试件受拉区拉力由复合材料承担。下面分别针对这两个阶段来分析轴压比的影响。

1. CFRP 纵筋尚未破坏

从骨架曲线上看，纵筋的破坏位置均在试件的峰值荷载点附近，因此可以认为，达到

峰值荷载 P_u 之前的骨架曲线即为纵筋退出工作之前的阶段。通过对比图 4-33（b）和图 4-34 可见，在达到峰值荷载之前，CFRP 筋高韧性水泥基复合材料柱和 CFRP 筋混凝土柱的骨架曲线并无明显区别，均可以简化为图 4-37 的形式。

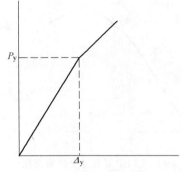

图 4-37　纵筋退出工作之间的骨架曲线简化图

该阶段高韧性水泥基复合材料柱的受力情况与普通混凝土柱类似，均表现为试件在反复荷载作用下，受压区压力主要由水泥基材承担，受拉区拉力主要由纵筋提供。如果假设试件在整个破坏过程都处于该阶段的状态，即 CFRP 纵筋不会破坏而全程参与工作，那么试件的破坏模式必然是因为受压区复合材料压碎而导致承载力下降，若此状态下轴压力越大，则受压区复合材料的压应变就越大，越容易压碎。所以该阶段内，轴压力对 CFRP 筋高韧性水泥基复合材料柱的抗震性能理应是不利因素，轴压比越小试件的变形性能越好，该结论与 CFRP 筋混凝土柱和钢筋混凝土柱一致。

2. CFRP 纵筋退出工作

从试验现象以及 CFRP 纵筋的应变-位移曲线可以看出，一旦纵筋开始出现破坏现象，则在两级循环加载之内，所有纵筋便逐步退出工作。在该阶段，试件在反复荷载的作用下，受压区和受拉区都由高韧性水泥基复合材料来参与工作。需要注意的是，本次试验中所有试件在 CFRP 纵筋破坏之前，受压区的复合材料均没有出现压碎现象；而对于普通混凝土柱，其受压区混凝土通常在纵筋退出工作之前就已经出现压碎甚至剥落现象。

本次试验研究以及相关文献资料表明，纤维的增韧作用很大程度上改善了材料的压缩韧性，复合材料的极限压应变明显大于普通混凝土，纤维的桥联作用使得材料在开裂之后的承载能力优于混凝土，并且在达到峰值压应力之后的荷载下降段较之混凝土要明显平缓，表现出一定的延性。因此，在强度相差不大且工况相同的情况下，高韧性水泥基复合材料的压缩变形能力明显优于普通混凝土，在低周反复荷载试验中，复合材料柱受压区压碎状态所对应的水平位移理应大于混凝土柱。同时，处于受拉状态的高韧性水泥基复合材料在开裂前期并不会退出工作，复合材料本身就具有较好的抗拉能力。因此，当 CFRP 纵筋退出工作后，无纵筋状态的复合材料柱仍然是具有延性的，承载力也不会骤降，即对应于骨架曲线中峰值荷载之后一段较长的强度缓慢下降段。由于所有试件的 CFRP 箍筋均未发生破坏，表明试件内部核心区的复合材料所受的剪切破坏程度较轻，可以认为导致试件最终破坏的因素应该是以下两方面：（1）受压区复合材料被压坏或受拉区主裂缝向内延伸较大而导致试件有效承压面积过小；（2）在反复荷载作用下，试件两侧的水平裂缝不断扩展延伸，最终主裂缝贯通。

在该阶段中，受拉区的拉力全部由复合材料承担，复合材料具有裂缝分散和多裂缝开展的工作特性，在开裂前期，裂缝数量增加而裂缝局部发展很小，但到了后期，仍旧会有一条主裂缝开始逐渐发生局部扩展。此时轴压力的存在，能够抑制裂缝的发展，减缓其向内延伸速度，这就相当于增大了试件的有效承压面积，同时也推迟了试件两侧拉伸裂缝的贯通。因此可以认为，在试件受压区复合材料压坏之前，轴压力对试件的延性是有利的。

而另一方面，轴压力的增大势必也会在一定程度上增加试件受压区复合材料的压应变，但由于复合材料优异的压缩韧性，受压区边缘的材料在达到峰值压应变之后也不会立即破坏，而是在继续加载的过程中由外向内逐渐退出工作，这也与本次试验现象相符合。同时，受压区部分复合材料的破坏只是导致了试件正截面的有效承压面积减小，并不意味着试件的破坏，此后试件的破坏因素仍旧由受压区材料破坏的加剧和受拉主裂缝的扩展共同控制。因此，可以认为，即使部分复合材料被压坏，轴压力仍然具有一定的有利影响。

综上所述，对于CFRP筋高韧性水泥基复合材料柱而言，在CFRP纵筋破坏之前，轴压力对试件的延性是不利的；而当CFRP纵筋退出工作之后，轴压力能够推迟试件的破坏，此时轴压比越大，试件的延性越好。而从骨架曲线来看，试件总体的变形主要体现在峰值荷载之后，即纵筋退出工作之后。所以总体来说，轴压比越大，试件的变形性能越好。

但需要指出的是，若轴压力过大，也有可能导致复合材料过早压坏而减小试件的延性。由于本次试验样本有限，未发现此现象，因此，本书的结论只针对本次试验所选取的轴压比范围，即 $n=0.2\sim0.5$。

4.4.6　抗震性能指标分析小结

从延性、刚度退化、耗能性能和改进综合性能指标等方面，对CFRP筋高韧性水泥基复合材料柱的抗震性能和抗震受力特点进行了分析，得到以下结论：

（1）刚度退化曲线表明，所有试件的刚度均随着水平位移的增大而逐渐变小，在加载前期刚度退化明显较快，加载过程中刚度退化的速率逐渐减小，曲线逐渐变得平缓；试件的轴压比越大或剪跨比越小，刚度越大，加载前期刚度退化也越明显，但轴压比对刚度退化的影响不如剪跨比明显；同一剪跨比的试件，试验结束时刚度基本退化到同一等级。

（2）采用通用屈服弯矩法和能量等值法计算位移延性系数，对CFRP筋高韧性水泥基复合材料柱进行了延性分析，分析结果表明，在 $n=0.2\sim0.5$ 的范围内，轴压比越大，试件的位移延性系数也越大，但位移延性系数并不能准确地反映剪跨比对试件的影响情况。

（3）采用等效黏滞阻尼系数来衡量CFRP筋高韧性水泥基复合材料柱的耗能性能，分析结果表明，在加载前期试件主要靠较高的抗侧向承载力来提供耗能，加载后期主要靠试件的塑性变形来提供耗能，轴压比越大（$n=0.2\sim0.5$）或者剪跨比越大，试件的耗能性能越好。

（4）考虑到CFRP筋高韧性水泥基复合材料柱的受力特性，传统的延性概念无法全面地衡量试件的抗震性能，参考现有的综合性能指标法并作适当调整，综合考虑试件的承载力储备和变形储备，采用改进综合性能指标对CFRP筋高韧性水泥基复合材料柱的抗震性能进行了分析。分析结果表明，CFRP筋高韧性水泥基复合材料柱具有较高的变形储备，同时不能忽视其承载力储备，两者对试件的耗能工作均有贡献；轴压比越大（$n=0.2\sim0.5$）或剪跨比越大，试件的抗震性能越好，这与耗能性能分析结果一致。

（5）CFRP筋高韧性水泥基复合材料柱在反复荷载作用下的受力特点分析表明，在

CFRP 纵筋退出工作前后的两个阶段，轴压比对试件的影响是不同的，但总体来看，轴压比越大，试件的变形性能越好。该结论所考虑的轴压比范围为 $n=0.2\sim0.5$，有待进一步验证。

4.5 不同基体材料全 CFRP 筋柱抗震性能对比分析

为便于展开对比分析，第 3 章 CFRP 筋混凝土柱与本章 CFRP 筋高韧性水泥基复合材料柱的设计参数、试件尺寸、增强筋配置、CFRP 筋品种与强度、加载装置与加载制度等均保持一致，混凝土与高韧性水泥基复合材料的轴心抗压强度亦相差不大。两者的主要区别就在于基体材料不同，分别为混凝土和高韧性水泥基复合材料。为描述方便，下文中将 CFRP 筋混凝土柱编号为 C-0.2-5、C-0.4-5 和 C-0.5-5。

4.5.1 受力工作特点

试验发现，CFRP 筋混凝土柱在反复荷载作用下的水平裂缝数量较少，开裂位移与复合材料柱相差不大，但裂缝一经出现便会开始逐渐局部发展，不具有复合材料柱的裂缝分散现象；混凝土柱的 CFRP 纵筋在试验过程中也会逐渐退出工作，但在 CFRP 筋破坏之前试件已经发生混凝土压碎现象；相对于复合材料柱，混凝土柱的 CFRP 纵筋破坏点发生得早，这是由于部分混凝土被压碎而失去了对纵筋的保护作用；试件 C-0.2-5、C-0.4-5 和 C-0.5-5 的最终破坏形式如图 4-38 所示。

试件C-0.2-5　　　　　　　试件C-0.4-5　　　　　　　试件C-0.5-5

图 4-38　CFRP 筋混凝土柱破坏形式

从图 4-38 可以看出，CFRP 筋混凝土柱均有混凝土大面积剥落现象，导致筋材外露，破坏严重。而由图 4-39 所示 CFRP 筋高韧性水泥基复合材料柱的破坏形式可见，所有试件在整个试验过程中均没有出现复合材料大面积剥落的现象，仅表现为试验后期部分保护层略微起皮。通过试验现象的对比表明，使用高韧性水泥基复合材料代替普通混凝土，能够改善构件的破坏情况，明显提高构件的耐损伤能力。

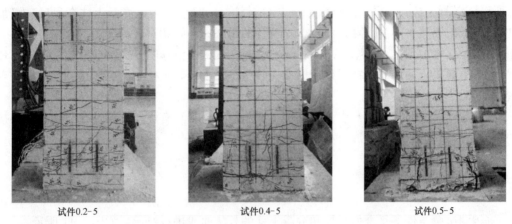

试件0.2-5　　　　　试件0.4-5　　　　　试件0.5-5

图 4-39　CFRP 筋高韧性水泥基复合材料柱破坏形式

4.5.2　滞回曲线

将相同试验条件下复合材料柱和混凝土柱的滞回曲线进行对比，如图 4-40 所示。

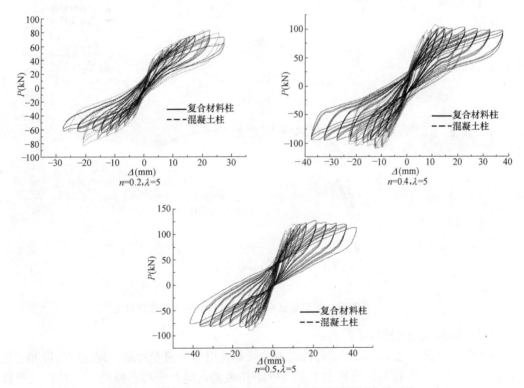

图 4-40　混凝土柱与高韧性水泥基复合材料柱滞回曲线对比

通过滞回曲线的对比可以看出：

在轴压比为 0.2 的情况下，两者的滞回曲线相差不大，复合材料柱的极限位移略大于混凝土柱，但由于试件 C-0.2-5 的混凝土强度和 CFRP 筋强度均稍大于本次试验试件 0.2-

5，所以该混凝土柱的极限荷载略大于复合材料柱；同时注意到，混凝土柱在最后一级加载中，承载力突然大幅度下降，而复合材料柱的承载力下降相对较为缓慢。

当轴压比增加到 0.4 和 0.5 之后，复合材料柱的极限位移明显大于混凝土柱，滞回环数量远多于混凝土柱，复合材料柱滞回曲线几乎将整个混凝土柱滞回曲线包围起来，前者所包围的面积远大于后者。

对比滞回曲线的卸载段，由于高韧性水泥基复合材料具有优异的韧性，当加载位移接近时，复合材料柱的残余变形要小于混凝土柱，表明其损伤容许度较高。

4.5.3 骨架曲线

将相同试验条件下复合材料柱和混凝土柱的骨架曲线进行对比，如图 4-41 所示。

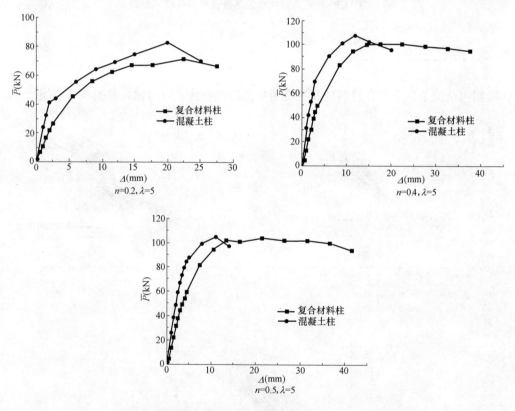

图 4-41 混凝土柱与高韧性水泥基复合材料柱骨架曲线对比

通过骨架曲线的对比可以看出：

在达到峰值荷载之前，两种试件的骨架曲线都可以分为两个阶段：线性增长段和强化段，加载前期，荷载-位移曲线基本上呈线性增长关系，随着位移不断增大，试件的塑性变形也逐渐增加，刚度逐渐退化，荷载增长速率逐渐减小。不同的是，在达到峰值荷载之后，混凝土柱的承载力骤然下降，而复合材料柱在峰值荷载之后仍能保持一定的承载能力，能够继续承受数级反复荷载，在此过程中承力呈缓慢下降状态。与混凝土柱相比，复合材料柱的破坏模式更显延性。

　　由于混凝土柱的弹模比高韧性水泥基复合材料柱大，所以在加载初期，混凝土柱的刚度要大于复合材料柱；但随着位移不断增大，混凝土柱的刚度逐渐接近复合材料柱，甚至于小于后者，表明混凝土柱的刚度退化更为明显，这是因为混凝土柱的裂缝局部扩展更加严重，塑性变形更大，同时更有部分混凝土被提前压碎而退出工作。

　　混凝土柱的极限承载力略大于复合材料柱，但后者的极限位移明显大于前者，尤其是在较高的轴压比情况下，复合材料柱的变形性能明显优于混凝土柱。

　　综上所述，使用高韧性水泥基复合材料代替混凝土，能够改善构件的破坏形式，更好地适应高轴压比工况，在较高的轴压比下，构件的变形性能和耗能能力显著增强，从而表现出更好的抗震性能。

5　CFRP 布加固震损 CFRP 筋混凝土柱的抗震性能

5.1　CFRP 布加固震损 CFRP 筋混凝土柱拟静力加载试验

既有研究表明，CFRP 筋混凝土柱具有良好的静力力学性能，但由于 CFRP 筋线弹性和脆性破坏的特性，导致 CFRP 筋混凝土柱按照传统的延性指标评价，其抗震性能较弱。而实际上 CFRP 筋混凝土构件在 CFRP 筋未破坏的情况下，具有良好的变形能力和变形恢复能力，这一工作特性有利于将其应用于受中小地震影响的结构加固与修复。与其他加固方法相比，粘贴 CFRP 布加固修复混凝土结构有着不可替代的优势，并且加工工艺也日趋成熟。因此，研究 CFRP 布加固经模拟地震损伤后的 CFRP 筋混凝土柱的抗震性能，既能够更加深入探究 CFRP 筋混凝土柱的抗震性能，又能够为 CFRP 布加固修复 CFRP 筋混凝土柱提供指导和依据，具有深远的理论价值和工程应用意义。

本章研究经模拟地震损伤并用 CFRP 布加固处理后的 CFRP 筋混凝土柱在低周反复荷载作用下的抗震性能，同时对比分析剪跨比和轴压比两个重要参数对震损加固前后 CFRP 筋混凝土柱抗震性能的影响，以及加固方式对柱子加固效果的影响。本章所提及的"纵筋"和"箍筋"如未特别说明，都是指 CFRP 筋。

5.1.1　试件设计

5.1.1.1　设计参数

本试验的目的是研究在不同轴压比和剪跨比的情况下，采用 CFRP 布加固模拟地震损伤后的 CFRP 筋混凝土柱的抗震性能，以及 CFRP 布缠绕方式对加固效果的影响。基于以上两点考虑，共设计了 8 根 CFRP 筋混凝土柱，试件设计为倒"T"形悬臂梁形式，构件受力示意图如图 5-1 所示。

试件设计参数见表 5-1。

表 5-1 试件编号一栏中，第一个数字表示轴压比 n，第二个数字表示剪跨比 λ，R 表示采用 CFRP 布加固的预损伤构件，S1 表示采用 CFRP 布横向加固的未损伤构件，S2 表示采用 CFRP 布

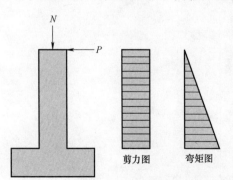

图 5-1　T 形悬臂梁式构件受力示意图

			试件设计参数			表 5-1
试件编号	计算长度 l(mm)	轴压比 n	剪跨比 λ	箍筋间距 s(mm)	体积配箍率 ρ_v(%)	纵筋配筋率 ρ(%)
0.2-3	705	0.2	3	100	1.83	0.96
R-0.2-3	705	0.2	3	100	—	0.96
0.5-3	705	0.5	3	100	1.83	0.96
R-0.5-3	705	0.5	3	100	—	0.96
0.2-5	1175	0.2	5	100	1.83	0.96
R-0.2-5	1175	0.2	5	100	—	0.96
S1-0.5-3	705	0.5	3	100	—	0.96
S2-0.5-3	705	0.5	3	100	—	0.96

沿纵横两个方向加固的未损伤构件，其余为未加固未损伤试件。

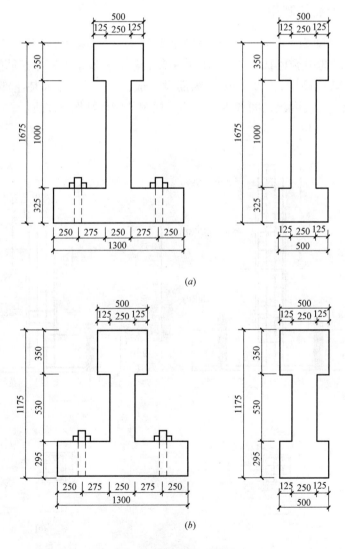

(a)

(b)

图 5-2　试件尺寸设计图

(a) $\lambda=5$；(b) $\lambda=3$

为便于描述，下文将试件 0.2-3、0.5-3、0.2-5 称为未加固试件，将试件 R-0.2-3、R-0.5-3、R-0.2-5 称为预损伤加固试件，试件 S1-0.5-3、S2-0.5-0.3 称为未损伤加固试件。

5.1.1.2 试件尺寸

本试验中试件的工程实体背景为混凝土框架结构的底层中柱，反弯点取柱身中点位置，选取柱下半部分为研究对象。柱截面尺寸为 $b \times h$：250mm×250mm，根据反弯点到柱身底端距离与柱截面有效高度之比 λ（$\lambda = l/h_0$）的不同，柱计算长度分别取 1175 mm 和 705mm，柱身下端与混凝土地梁浇筑在一起，并用地锚锚固，为避免柱上端受集中力破坏，在柱上端设水平加载平台。试件的尺寸设计如图 5-2 所示。

5.1.1.3 试件配筋与制作

混凝土设计强度为 C30，混凝土保护层厚度为 15mm。纵向对称布置 12 根 $\phi8$ 的 CFRP 纵筋，箍筋选用 $\phi8@150$ 的 CFRP 井字复合箍，柱底端加密区箍筋间距 $s = 100$mm，加密区高度取柱截面高度 $h = 250$mm。纵筋设计成"L"形，深入基座部分有 400mm 的锚固长度，以减小与混凝土之间产生的滑移。柱子的配筋如图 5-3 所示。

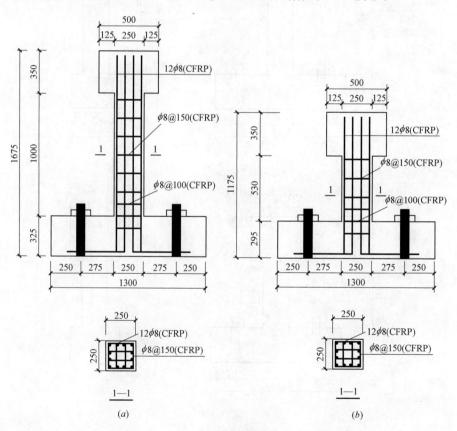

图 5-3 柱子配筋图

(a) $\lambda = 5$；(b) $\lambda = 3$

为了尽量减小加载过程中基座和水平加载平台的变形误差,应保证二者有足够的刚度,在基座和水平加载平台上对称配置 8 根直径 25mm 的螺纹钢筋和Φ8@50 的双肢钢箍,混凝土保护层厚度为 30mm。底座和柱头的配筋图如图 5-4 所示。

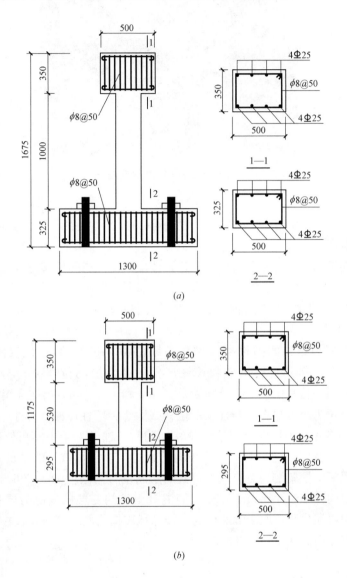

图 5-4 底座和柱头的配筋图

(a) λ=5; (b) λ=3

制作完成的 CFRP 筋混凝土柱试件如图 5-5 所示。

5.1.2 模拟地震损伤控制

《建筑抗震设计规范》GB 50011—2010 规定,在多遇地震作用下,各类结构应进行抗震变形验算,楼层最大弹性层间位移应满足:

图 5-5　制作完成的 CFRP 筋混凝土柱试件

$$\Delta u_e \leqslant [\theta_e] h \tag{5-1}$$

Δu_e 表示多遇地震作用产生的最大弹性层间位移，$[\theta_e]$ 表示弹性层间位移角限值，h 表示计算楼层层高。

在罕遇地震作用下进行弹塑性变形验算，楼层弹塑性层间位移应满足：

$$\Delta u_p \leqslant [\theta_p] h \tag{5-2}$$

Δu_p 表示罕遇地震作用产生的最大弹塑性层间位移，$[\theta_p]$ 表示弹塑性层间位移角限值，h 表示计算楼层层高。

钢筋混凝土框架结构的弹性层间位移角限值为 1/550，弹塑性层间位移角限值为 1/50，以此为参考，得到短柱试件和长柱试件的弹性层间位移 Δu_e 分别为 2.1mm 和 1.3mm，弹塑性层间位移限值 Δu_p 分别为 23.5mm 和 14.1mm。当柱顶端位移 Δ 小于弹性位移 Δu_e 时，柱子为小震损伤，当柱顶端位移 Δ 大于弹塑性位移 Δu_p 时，柱子达到大震损伤，当柱顶端位移 Δ 介于弹性及弹塑性位移之间时，柱子处于中震可修范围。马宏旺等考虑结构的安全性及经济性，对规范中没有明确的"中震可修"的性能水平做出量化分析，得到钢筋混凝土框架结构对应中震可修的层间位移角限值为 1/276。CFRP 筋为线弹性的材料，只要构件不发生破坏，CFRP 筋混凝土柱的变形恢复能力要强于钢筋混凝土柱，故本试验中层间位移角取 1/200 作为预模拟地震损伤的控制值，长柱试件和短柱试件相应的柱顶位移 Δ 分别为 6mm 和 3.5mm。

5.1.3　CFRP 布加固方案

需要加固的 5 个试件均采用条带式加固方法，带宽 100mm，间距 100mm。柱端箍筋加密区的总折算体积配箍率按如下公式计算：

$$\rho_v = \rho_{sv} + v \frac{2 n_{cf} \omega_{cf} t_{cf} (b+h)}{(s_{cf} + \omega_{cf}) bh} \frac{f_{cf}}{f_{yv}} \tag{5-3}$$

式中：b、h——柱的截面宽度、高度；

ρ_v——总折算体积配箍率；

ρ_{sv}——体积配箍率；

104

v——CFRP 片材有效约束系数，取 0.45；

f_{cf}——CFRP 片材抗拉强度设计值，取 $f_{cfk}/1.1$；

f_{yv}——箍筋抗拉强度设计值；

n_{cf}、t_{cf}——CFRP 布层数以及单层 CFRP 布厚度，取 $n_{cf}=2$，$t_{cf}=0.167$mm；

ω_{cf}——环形箍宽度，取 100mm；

s_{cf}——环形箍净间距，取 100mm。

除试件 S1-0.5-3 外，其余加固试件在水平力作用方向上沿轴向粘贴 2 层 200mm 宽的 CFRP 布，并在两端做压条处理，同时在垂直轴向方向上粘贴 2 层 CFRP 布加固。试件 S1-0.5-3 只在垂直轴向方向上粘贴 2 层 CFRP 布加固，作为对照组。CFRP 布加固示意图如图 5-6 所示。

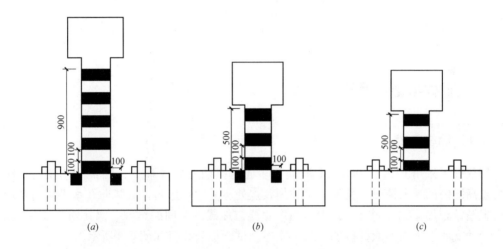

图 5-6　CFRP 布加固示意图
(a) $\lambda=5$；(b) $\lambda=3$；(c) S1-0.5-3

参照《碳纤维片材加固混凝土结构技术规程》CECS 146—2003（2007 年版），对试件进行修复加固，加固过程如图 5-7 所示，具体操作步骤如下：

（1）表面及转角处理

用专用角磨机将柱转角处打磨出圆弧倒角，并将柱表面打磨至无灰浆层，露出混凝土结构面。先用吹风机吹去柱体表面粉尘，再用丙酮溶液清洗，待处理完毕后，保持柱表清洁干燥。

（2）裂缝灌胶修补

用裂缝观测仪侧得裂缝宽度较小（小于 0.3mm），采用灌注环氧树脂胶的方法修补裂缝，用滚筒刷涂刷到试件表面，裂缝细微处采用压力灌胶法填补裂缝。

（3）粘贴 CFRP 布

首先按照设计好的尺寸裁剪 CFRP 布，在柱表面用滚筒均匀涂刷一层底胶，待其指触干燥后粘贴 CFRP 布。用手轻压 CFRP 布于需粘贴位置，顺纤维方向用滚筒刷多次滚压，挤出气泡，使胶体充分浸润纤维布，待胶体指触干燥后立即粘贴下一层，全部完成后在表面均匀涂抹一层环氧树脂胶。环向 CFRP 布搭接缝交错布置。

(a) 　　　　　　　　　(b) 　　　　　　　　　　　(c)

图 5-7　加固过程

(a) 粘贴纵向 CFRP 布；(b) 粘贴横向 CFRP 布；(c) 加固完成

5.1.4　加载与量测方案

5.1.4.1　加载装置

加载设备采用 PLU-1000kN 电液伺服多通道拟动力加载系统。试验模拟柱底至柱中反弯点高度内的受力情况，需保证试件加载点处不受弯矩作用，故竖向及水平作动器均通过设置销铰施加荷载，同时为减少竖向作动器与加载平台间的摩擦，采用滚动支座接触，并在滚动支座上下表面涂抹机油，减小摩擦。试验加载装置如图 5-8 所示。

为方便描述，对柱子四个面作如下规定：水平方向千斤顶作用的侧面记为 A 面，按逆时针方向其他各侧面依次记作 B、C、D 面，柱面编号如图 5-9 所示。规定水平作动器施加推力时为正向加载，施加拉力时为反向加载。

5.1.4.2　加载制度

1. 竖向荷载的加载

通过竖向千斤顶施加竖向荷载，分 6 级完成，前 4 级按照目标荷载的 20% 逐级加载，后 2 级按照目标荷载的 10% 加载。每级荷载施加完毕后持荷 5min 再加下一级荷载，竖向力施加完毕后持荷 10min，待柱子沉降稳定后方可进行水平力的加载。

2. 水平荷载的加载

水平荷载采用位移控制，具体加载过程可分为三个阶段：（1）试件开裂前，按0.5mm 级差加载，直到混凝土出现首条水平裂缝，每级荷载进行 1 次循环；（2）试件开裂后，根据相同位移角 δ 的原则进行加载，剪跨比为 5 的试件按 3mm 级差加载，剪跨比为 3 的试件按 2mm 级差加载，每级荷载往复循环 3 次；（3）混凝土压碎并伴有碎块剥落，试件承载力到达峰值后，剪跨比为 5 的试件按 5mm 级差加载，剪跨比为 3 的试件按 3mm 级差加载，每级荷载往复循环 3 次，直到水平荷载下降至峰值的 85% 或者试件破坏严重无法继续加载时，停止试验。试验的加载制度如图 5-10 所示。

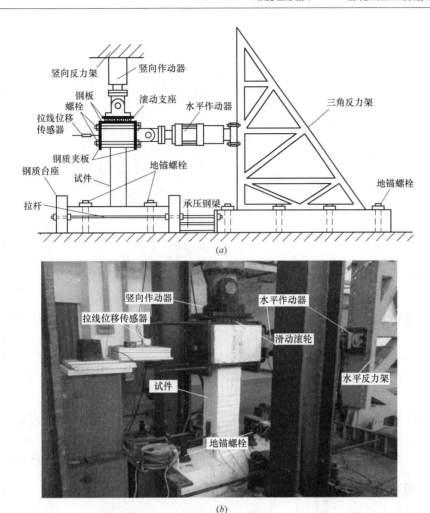

图 5-8 试验加载装置

(a) 加载装置示意图；(b) 加载装置实物图

5.1.4.3 量测方案

1. 试验设备仪器及测试内容

（1）PLU-1000kN 电液伺服多通道拟动力加载系统，记录柱顶端荷载-位移曲线；

（2）DH3816 静态应变测试系统，记录 CFRP 筋、混凝土以及 CFRP 布的应变值；

（3）拉线位移传感器，记录柱顶端水平位移值；

（4）智能裂缝观测仪，观察混凝土表面裂缝。

2. 测点的布置

纵筋和箍筋应变片布置如图 5-11 所示，测

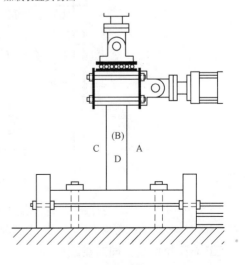

图 5-9 柱面编号说明

107

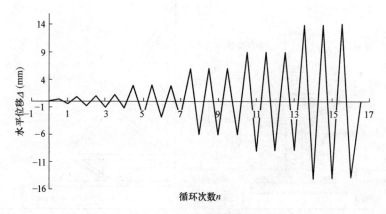

图 5-10 试验加载制度

点的具体布置如下：

（1）混凝土应变片的布置。前文研究结果表明，由于柱端约束效应的影响，混凝土首条水平裂缝出现在距柱底约 100mm 处的位置上，因此为在试验过程中准确及时发现混凝土开裂，在 A、C 两面距柱底 100mm 处分别布置两个 80AA 型号的混凝土应变片。

（2）拉线位移传感器的布置。在 C 面对应的加载平台侧面中心位置设置拉线位移计。

（3）CFRP 筋应变片的布置。在进行 CFRP 筋骨架绑扎工作之前先要在纵筋和箍筋上粘贴应变片，测定试验过程中纵筋和箍筋的应变。

在距柱底 100mm 处，A、C 两面的 8 根纵筋上分别布置一个型号为 3AA 的应变片，用以记录纵筋应变，纵筋应变片编号分别为 Z1～Z8；在距柱底 0mm、100mm、200mm 高度处分别布置三个型号为 3AA 的应变片，用以记录箍筋应变，箍筋应变片编号分别为 G1～G9。

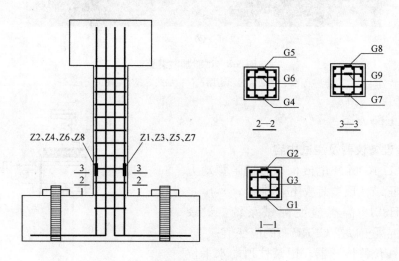

图 5-11 应变片设置

（4）CFRP 布应变片的布置。经 CFRP 布加固的柱子，在 B、D 两侧距柱底 50、250mm 处沿 CFRP 布顺纤维方向分别粘贴一个型号为 3AA 的应变片，用以测量横向 CFRP 布受拉应变。同时在距柱底 150mm 处的纵向 CFRP 布上顺纤维方向粘贴应变片，用以测量柱脚处纵向 CFRP 布的应变。

5.1.5 试验结果分析

5.1.5.1 试验现象与受力过程

由于剪跨比、轴压比、加固方式的不同，各个试件的试验现象不尽相同，但通过试验现象可以得出，CFRP筋混凝土柱在低周反复荷载作用下的受力工作大致可分为三个阶段，即混凝土开裂前阶段，混凝土开裂到水平荷载达到峰值阶段，水平荷载下降阶段。

对于预损伤加固试件，先采用与未加固试件相同的往复加载模式，加载到预设的层间位移角控制值，停止加载，卸载后进行加固。

对于未加固试件，第3章已经对其试验现象与受力过程进行了充分描述与分析，本章未加固试件的设计与第3章类似，对其试验现象和受力过程不再赘述。此外，未损伤加固试件与预损伤加固试件的试验现象与受力过程类似，亦不再赘述。以试件 R-0.2-3 为例，对预损伤加固试件的试验现象和受力过程描述如下。

首先要对试件进行预损伤，取层间位移角为 1/200 作为模拟地震损伤控制值，相应的柱顶位移 Δ 为 3.5mm。当水平位移达到预设值 3.5mm 时，试件 A、C 面柱根处以及距柱

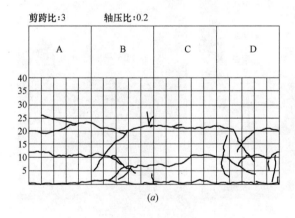

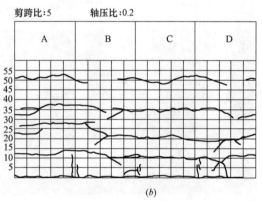

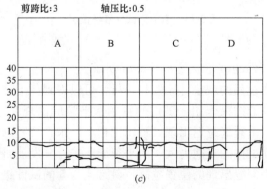

图 5-12 未加固试件裂缝开展图

(*a*) 试件 0.2-3；(*b*) 试件 0.2-5；(*c*) 试件 0.5-3

根 12cm 处的水平裂缝沿 A、C 面充分发展且向 B、D 面延伸，裂缝最宽处宽度为 0.52mm，水平荷载达到极限荷载值的 80%，预损伤完成。将试件卸载下架，进行加固。

试件加固后，由于部分混凝土被 CFRP 布包裹，无法全面观测到裂缝的开展情况，加固后试件的受力过程同样分三个阶段。

第一阶段：开始加载后，以 0.5mm 的位移增量加载，每级只循环一次，直至水平位移加载到 2mm。

第二阶段：以 2mm 的级差进行加载，每级循环三次。当水平位移加至 6mm 时，A、C 面距柱底 22cm 左右高度处出现新的水平裂缝，且向 B、D 两面延伸；当水平位移加至 8mm 时，柱子根部裂缝开展最为显著，B、D 面裂缝斜向下 45°方向发展；当水平位移加至 10mm 时，CFRP 布表面出现鼓曲，敲击发出清脆的声响，可能是压碎的表层混凝土与内侧混凝土产生了剥离，B、D 两面出现"X"状交叉裂缝，水平荷载到达峰值，骨架曲线开始出现下降段。

第三阶段：荷载出现下降段后，以 3mm 为级差进行加载，每级循环三次。当水平位移加至 16mm 时，持续听到纤维断裂的声音，荷载迅速下降至峰值的 85%，停止加载。

未加固试件的裂缝开展图和破坏情况如图 5-12、图 5-13 所示。

(a)   *(b)*   *(c)*

图 5-13　未加固试件破坏情况
(*a*) 试件 0.2-3；(*b*) 试件 0.2-5；(*c*) 试件 0.5-3

采用 CFRP 布加固试件的破坏情况如图 5-14 所示。

通过对试件受力工作过程的观察、比较和分析，可以得到如下结论：

(1) 由于底座对柱端的约束作用，试件的首条水平裂缝出现在距柱底端约 10cm 处。轴压比越大，试件首条水平裂缝越迟出现，轴压比越小，水平裂缝的分布区域越广，条数越多，这是因为大轴压比试件的竖向力大，水平裂缝还未充分发展时，混凝土已出现压碎破坏。剪跨比越大，水平裂缝出现的位置越高，剪跨比为 5 的试件最上面的水平裂缝距柱底达到了 50cm，而剪跨比为 3 的试件最上面的水平裂缝距柱底只有 20cm。

(2) 竖向裂缝集中于端部柱角位置，轴压比越大，竖向裂缝出现越早，发展越迅速。

(3) 与加载方向平行的 B、D 两面均出现 45°的剪切斜裂缝，斜裂缝由 A、C 两面水

图 5-14   各加固试件的破坏情况

(*a*) 试件 R-0.2-3；(*b*) 试件 R-0.2-5；(*c*) 试件 R-0.5-3；(*d*) 试件 S1-0.5-3；(*e*) 试件 S2-0.5-3

平裂缝延伸发展而来，在 B、D 面形成 "X" 状交叉裂缝。

（4）采用灌注环氧树脂胶修补的裂缝在再次加载试验中未出现开裂，说明胶体与混凝土界面的粘结强度高于混凝土的抗拉强度，用灌注环氧树脂胶修补细小裂缝的效果明显。

（5）CFRP 布能够有效限制裂缝的开展，加固试件的水平裂缝主要集中在未缠绕 CFRP 布的区域。未加固试件距柱底约 10cm 高度处的首条水平裂缝发展最为显著，加固试件柱根部的裂缝发展最为明显。

（6）试件最终破坏时，混凝土保护层压碎剥落，由于箍筋间距较大（100mm），处于相邻箍筋之间的纵筋失去了混凝土的握裹保护，在承受较大压力时容易发生屈曲、折断，此时纵筋承受的拉压应力均未达到其极限强度值。纵筋折断破坏形式如图 5-15 所示。

5.1.5.2 应变分析

试验中，通过 DH3816 静态应变测试系统，记录了 CFRP 纵筋、CFRP 箍筋以及 CFRP 布的应变值。

1. CFRP 纵筋应变

CFRP 纵筋的应变片布置在距柱底 100mm 高度处 A、C 两面的 8 根纵筋上，将试验测得的每一侧 4 根纵筋的应变取平均值，记为这一侧 CFRP 纵筋的应变值，从而得到 CFRP 纵筋应变与水平位移的关系曲线，如图 5-16 所示。

图 5-15　CFRP 纵筋屈曲、折断破坏

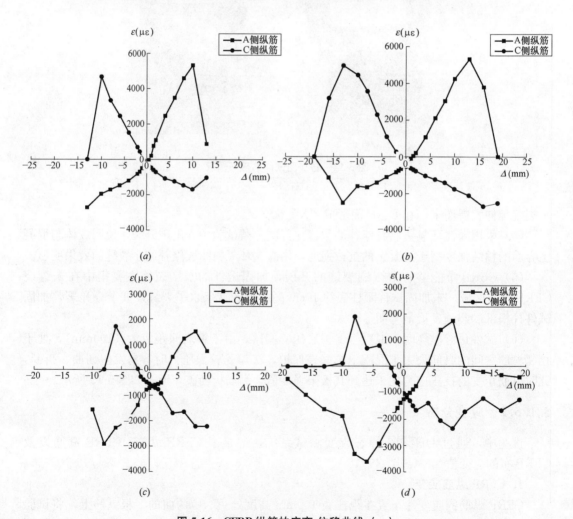

图 5-16　CFRP 纵筋的应变-位移曲线（一）

（a）试件 0.2-3；（b）试件 R-0.2-3；（c）试件 0.5-3；（d）试件 R-0.5-3

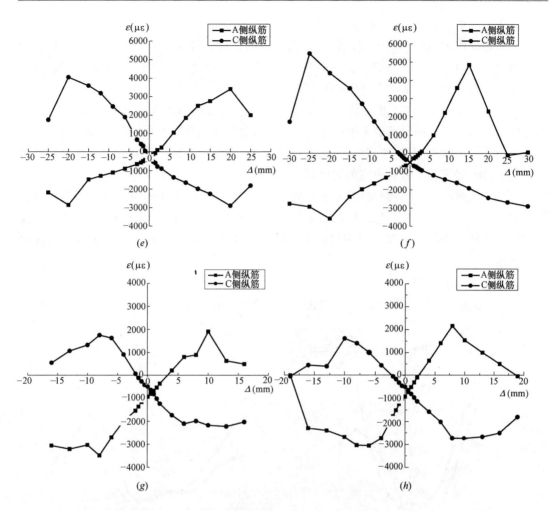

图 5-16 CFRP 纵筋的应变-位移曲线（二）

（e）试件 0.2-5；（f）试件 R-0.2-5；（g）试件 S1-0.5-3；（h）试件 S2-0.5-3

由各试件的纵筋应变与水平位移的关系曲线可知：

（1）由于初始施加轴向力的原因，零点位移处已产生了初始压应变，压应变值介于 $-300 \sim -800$（$\mu\varepsilon$）之间，轴压比越大，试件的初始压应变越大；

（2）加载前期，纵筋应变随水平位移的增大成线性增长，到达极限荷载时，应变出现锐减趋势，这是因为此时柱子根部的混凝土压碎破坏严重，失去了对 CFRP 筋的握裹保护作用，CFRP 筋处于弯矩、剪力、轴力共同作用的复杂应力状态下，由于 CFRP 筋抗剪能力较弱，在箍筋间距较大的情况下，部分纵筋发生剪切破坏，平均应变值减小，试件的承载能力迅速下降。同样原因，CFRP 纵筋的抗拉和抗压强度也不能充分发挥，试验中拉应变最大值介于 $2000 \sim 5000$（$\mu\varepsilon$）之间，压应变最大值介于 $-2500 \sim -3000$（$\mu\varepsilon$）之间，远未达到其拉压极限应变。

（3）轴压比越大，曲线上的拐点出现越早，说明破坏出现得越早，这与试验现象一致。轴压比越小的试件，纵筋的拉应变峰值越高，越有利于发挥其较高的抗拉强度。

（4）剪跨比越大，曲线上拐点出现得越晚，试件的极限水平位移值越大。

对比加固前后试件的 CFRP 纵筋应变可知：

（1）预损伤加固试件的应变增长速度与未加固试件大体相同，这是由于 CFRP 筋为线弹性材料，只要未发生断裂，就具有很强的变形恢复能力，这一特性使得 CFRP 筋混凝土结构比钢筋混凝土结构更易于进行震后修复加固。

（2）对于轴压比为 0.2 的小轴压比试件，应变-位移曲线的拐点所对应的水平位移值，在加固前后均大致相同，而对于轴压比为 0.5 的大轴压比试件，加固后拐点所对应水平位移（10mm）大于加固前的值（6mm），说明在大轴压比条件下，采用 CFRP 布加固损伤以后的 CFRP 筋混凝土柱能够有效延缓试件的破坏。

对比采用纵横双向粘贴 CFRP 布的试件（S2-0.5-3）与仅采用横向粘贴 CFRP 布的试件（S1-0.5-3）可知：在到达最大荷载以前二者应变的变化大体一致，到达最大荷载后前者应变下降的趋势较为平缓，说明纵向 CFRP 布分担了一部分的拉应力，延缓了试件的破坏速度。

2. CFRP 箍筋应变

CFRP 箍筋上的应变片布置在距柱底 0mm、100mm、200mm 高度处截面，每一截面

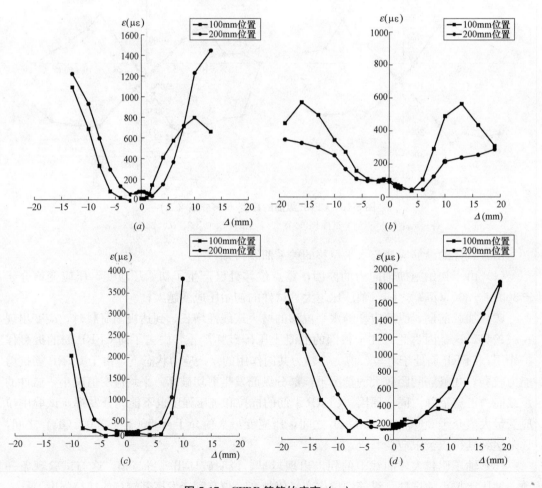

图 5-17 CFRP 箍筋的应变（一）

（a）试件 0.2-3；（b）试件 R-0.2-3；（c）试件 0.5-3；（d）试件 R-0.5-3

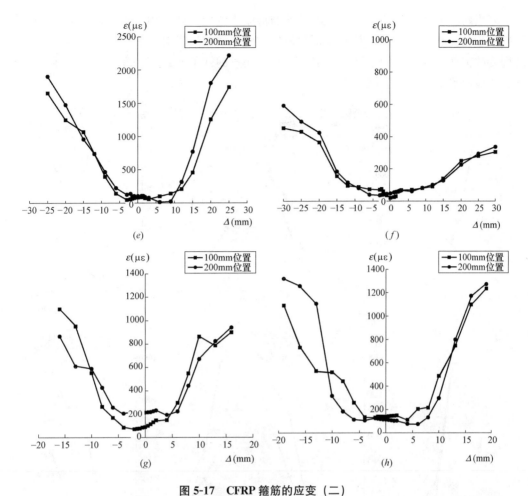

图 5-17 CFRP 箍筋的应变（二）

（e）试件 0.2-5；（f）试件 R-0.2-5 ；（g）试件 S1-0.5-3；（h）试件 S2-0.5-3

各有 3 片，将试验测得的每一截面箍筋的应变取平均值，记为这一截面处 CFRP 箍筋的应变值，从而得到 CFRP 箍筋应变与水平位移的关系曲线，如图 5-17 所示。由于柱根部 CFRP 箍筋受到底座的约束，其应变值为负，故只研究 100mm 和 200mm 高度处截面箍筋的应变随水平位移的变化规律。

由各试件的箍筋应变与水平位移的关系曲线可知：

（1）加载初期，箍筋应变很小，随着水平位移的增加应变值变化不大，当混凝土开始出现压碎时，箍筋应变迅速增大，曲线上出现拐点。

（2）不同高度处截面上的箍筋应变值较为接近，表现为图 5-17 中两条曲线几乎重合。

（3）相比之下，大轴压比试件的箍筋应变值较大，其峰值在 2500～3000（με）之间，这是因为轴压比越大，混凝土受压向外膨胀变形越明显，箍筋对核心混凝土的约束作用越大。但是箍筋的拉应变远未达到其极限拉应变，材料强度未充分发挥。

对比加固前后试件的箍筋应变变化规律可知：由于外部包裹 CFRP 布，提高了试件的体积配箍率，CFRP 布分担了部分剪力，所以预损伤加固试件的箍筋应变值小于未加固试件。

　　采用两种方式加固的未损伤加固试件的箍筋应变变化规律相差不大，但它们的应变峰值均小于预损伤加固试件，其原因是预损伤试件在预裂过程对柱子内部的混凝土造成了一定程度的损伤，在相同的水平位移情况下，损伤过的柱子的破坏程度更大，混凝土向外膨胀越明显，箍筋的应变值越大。

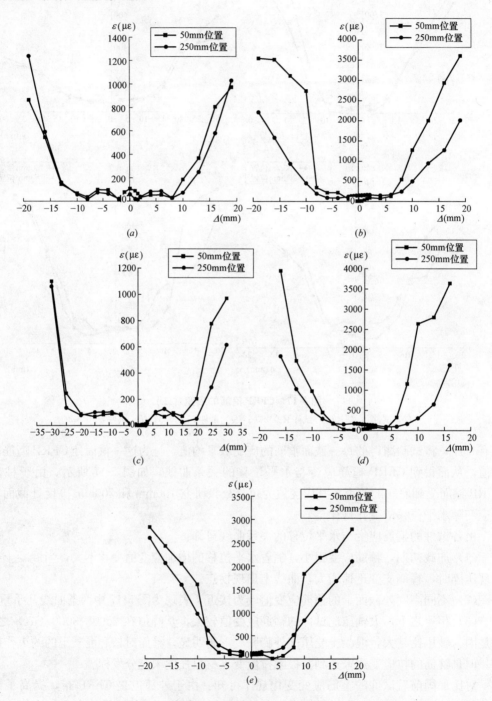

图 5-18　CFRP 布的应变

(a) R-0.2-3；(b) R-0.5-3；(c) R-0.2-5；(d) S1-0.5-3；(e) S2-0.5-3

3. CFRP 布应变

图 5-18 为 CFRP 布的应变与水平位移的关系曲线。应变片布置在 B、D 两侧距柱底 50、250mm 高度处,取同一截面两个应变片的平均值记为这一截面 CFRP 布的应变值。

由各试件的 CFRP 布应变与水平位移的关系曲线可知:

(1) CFRP 布存在明显的应力滞后现象。开始加载时,CFRP 布的应变值很小,且增长速度缓慢,当混凝土严重压碎,向外膨胀变形时,CFRP 布开始发挥作用,应变随位移增加成线性快速增长,曲线出现拐点。

(2) 由于柱根部的混凝土破碎更严重,因此与距柱底 250mm 高度处 CFRP 布的应变相比,距柱底 50mm 高度处 CFRP 布的应变增长速率更快,应变值更大。

(3) 大轴压比试件的 CFRP 布应变值更大,可以达到 3000~3500($\mu\varepsilon$),因而 CFRP 布的强度利用率更高。

5.1.5.3 滞回曲线

在低周反复荷载试验中,水平方向上荷载与位移之间的关系曲线记为荷载-位移滞回曲线。滞回曲线能够反映出构件从弹性到弹塑性直至破坏阶段全过程中的变形能力、承载能力、刚度退化以及耗能能力等力学性能,是评价构件抗震性能的重要依据。图 5-19 为 8 个试件的滞回曲线。

由图 5-19 可以得出:

(1) 在加载初期,与钢筋混凝土柱的滞回曲线相类似,各试件的荷载与位移几乎呈线性关系往复,回到零点位置时基本没有塑性变形,滞回环围成的面积很小;继续加载,由于混凝土裂缝和塑性变形的发展,荷载随着位移的变化不再呈线性变化,构件刚度逐渐降低,滞回环所包围的面积增大;达到水平荷载峰值后继续加载,出现明显的承载力下降和刚度退化现象,直至试件破坏。

(2) 与钢筋混凝土柱不同的是,CFRP 筋混凝土柱的塑性变形比较小,不满足钢筋混凝土结构抗震理论中依靠钢筋屈服形成塑性铰耗散能量的要求,这是因为 CFRP 筋为线弹性材料,试件的塑性变形主要由混凝土压碎破坏产生,其单个滞回环不如钢筋混凝土柱饱满。但是由于 CFRP 筋的抗拉强度高于钢筋,试件的极限承载力比钢筋混凝土柱高,弥补了其塑形变形小的劣势,在地震作用下,CFRP 筋混凝土柱可以依靠其较高的承载能力耗散能量,因而也具有较好的抗震性能。

(3) CFRP 筋为线弹性材料,在 CFRP 筋破坏之前,CFRP 筋混凝土柱具有很强的变形恢复能力,与钢筋混凝土结构相比更易于修复加固。

对比图 5-19(a)、(c) 和 (e) 可以得出:

(1) 轴压比和剪跨比是影响试件滞回性能的重要因素。

(2) 在剪跨比相同的情况下,大轴压比试件的单个滞回环相对饱满,小轴压比试件的单个滞回环较狭长,在加载后期随着位移角的增大,CFRP 筋与混凝土之间出现了一定的滑移,滞回环表现出一定程度的"捏缩"现象,但大轴压比试件的捏缩程度不如小轴压比试件明显;小轴压比试件的循环加载次数较多,极限位移角较大,变形能力更好;大轴压比试件的承载力较大,初始刚度较大,在到达峰值荷载以前,刚度衰减较小,但到达峰值点后刚度退化更加迅速。

（3）在轴压比相同的情况下，剪跨比越大，试件的极限位移角越大，变形能力越强，但极限荷载相对较小。

对比图 5-19（a）～（f）可以得出：

（1）粘贴 CFRP 布加固震损 CFRP 筋混凝土柱的效果明显，可以有效提高构件抗震

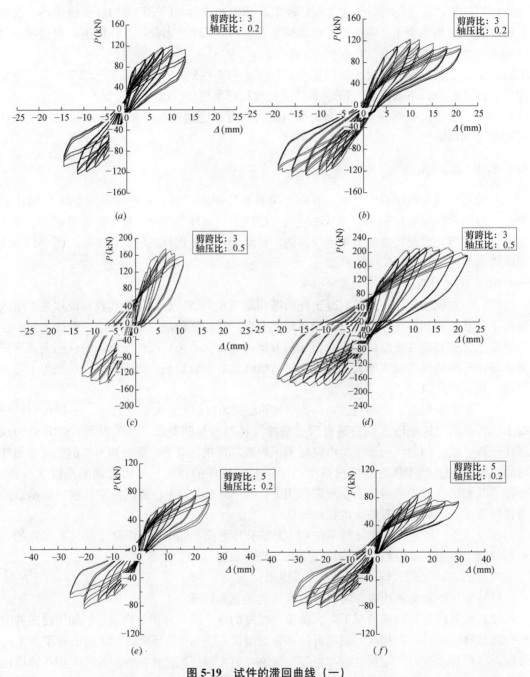

图 5-19　试件的滞回曲线（一）

（a）试件 0.2-3 的滞回曲线；（b）试件 R-0.2-3 的滞回曲线；（c）试件 0.5-3 的滞回曲线；

（d）试件 R-0.5-3 的滞回曲线；（e）试件 0.2-5 的滞回曲线；

（f）试件 R-0.2-5 的滞回曲线

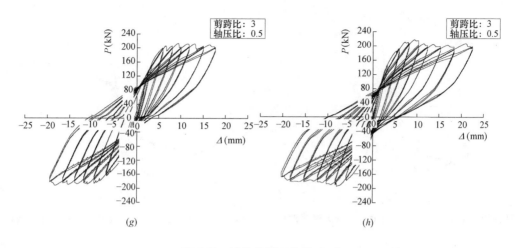

图 5-19　试件的滞回曲线（二）

（g）试件 S1-0.5-3 的滞回曲线；（h）试件 S2-0.5-3 的滞回曲线

性能，预损伤加固试件的承载能力以及变形能力不仅能恢复到损伤以前的水平，甚至还能大幅提高，说明采用 CFRP 布加固震损 CFRP 筋混凝土柱是一种有效可行的抗震加固方法。

（2）在剪跨比相同的情况下，大轴压比试件的加固效果更明显，试件经加固后，承载力获得大幅提升，到达极限荷载后承载力几乎不下降，且在单级循环过程中，荷载最大值出现在加载结束前的一段区域，说明此时混凝土已经严重损伤，而由于 CFRP 布的约束作用，延缓了混凝土的破坏，提高了试件的变形能力。

对比图 5-19（c）、（d）、（g）和（h）可以得出：与仅横向粘贴 CFRP 布的加固方式相比，纵横双向粘贴 CFRP 布的加固方式能获得更好的加固效果，承载力和变形能力均大幅提高，且预损伤加固试件的承载能力和变形能力均比未加固试件强，但比未损伤加固试件弱。

5.1.5.4　荷载-位移骨架曲线

将滞回曲线上每一级循环的荷载峰值点相连得到的包络曲线即为荷载-位移骨架曲线，简称为骨架曲线。骨架曲线反映了每级加载荷载-位移曲线峰值点的轨迹，大体反映出试件在低周反复荷载试验过程中承载力、延性的变化规律，是研究试件抗震性能的重要依据。

图 5-20 为相同剪跨比情况下，轴压比分别为 0.2 和 0.5 的试件的骨架曲线对比，比较可知：

（1）在剪跨比相同的情况下，轴压比对试件的骨架曲线有较大影响。小轴压比试件的变形能力比大轴压比试件的变形能力要强。

（2）轴压比大的试件，在达到极限荷载值以前，刚度衰减较小，极限承载力较大，在到达极限荷载以后，刚度退化更加迅速。

图 5-21 为相同轴压比情况下，剪跨比分别为 3 和 5 的试件的骨架曲线对比，比较可知：

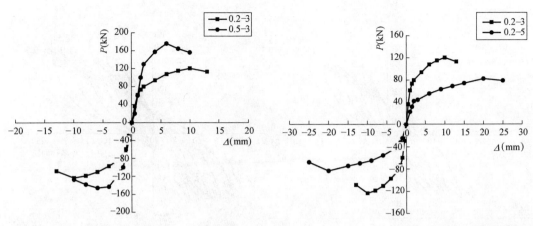

图 5-20　试件 0.2-3 和试件 0.5-3 骨架曲线对比　　图 5-21　试件 0.2-3 和试件 0.2-5 骨架曲线对比

（1）在轴压比相同的情况下，剪跨比是影响试件骨架曲线的另一重要因素。剪跨比越小的构件，初始刚度越大，在达到极限荷载以前，刚度衰减速度越慢，极限承载力越大，到达极限荷载后，刚度退化也更加迅速。

（2）大剪跨比试件的变形能力比小剪跨比试件强。

骨架曲线的相关数据见表 5-2。从表中也可以看出，剪跨比相同时，轴压比越小，构件的弹塑性变形越大，极限承载力越小；轴压比相同时，剪跨比越大，构件的弹塑性变形越大，极限承载力越小。可见，轴压比越小或剪跨比越大，构件的变形能力越强，延性越好，而承载能力则越弱。

骨架曲线相关数据　　　　　　　　　　　　　　　　　　表 5-2

试件编号	轴压比 n	剪跨比 λ	计算长度 $l(\mathrm{mm})$	极限荷载 $P_{\mathrm{u}}(\mathrm{kN})$	极限位移 $\Delta_{\mathrm{u}}(\mathrm{mm})$	极限转角 Δ_{u}/l
0.2-3	0.2	3	705	122.0	13	1/54
0.5-3	0.5	3	705	160.5	10	1/70
0.2-5	0.2	5	1175	82.9	25	1/47

图 5-22 为预损伤加固试件与未加固试件的骨架曲线对比，比较可知：

在到达极限荷载以前，预损伤加固试件与未加固试件的骨架曲线十分相似，但由于预损伤的缘故，预损伤加固试件的刚度小于未加固试件的刚度。到达极值点以后，未加固试件的承载力和刚度迅速下降，而预损伤加固试件的承载力下降不明显，刚度退化趋于平缓，从而使试件的变形能力得到进一步发挥。这是因为预损伤加固试件在骨架曲线到达极值点后，由于 CFRP 布的约束作用，延缓了混凝土受压区高度的减小速度，使试件的承载力下降速度变缓，从而增大了试件的变形能力。

预损伤加固试件的承载能力都有一定程度的提高，这是因为 CFRP 布通过约束混凝土，提高了混凝土的强度，同时也推迟了 CFRP 筋在失去混凝土约束情况下的剪切破坏，从而使 CFRP 筋的强度得到进一步发挥，提高了试件的承载力。但这一作用的发挥是被动的，随着轴压比的增加，混凝土受压横向变形增大，受到 CFRP 布的约束力越大，被约束混凝土的强度提高也越大，因而大轴压比试件的加固效果更加明显。

预损伤加固试件和未加固试件的承载力和变形能力的对比见表 5-3。从表中可以看

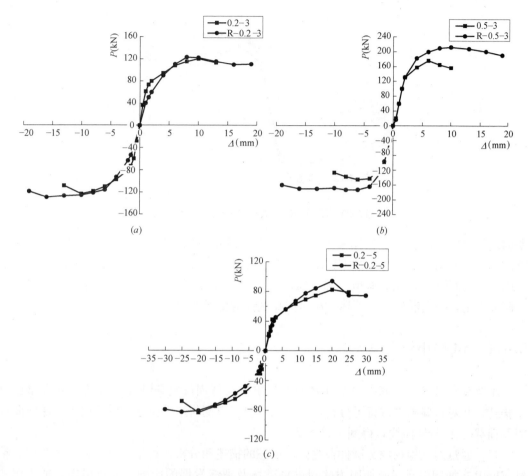

图 5-22　加固前后试件骨架曲线的对比

(*a*) 试件 0.2-3 和试件 R-0.2-3；(*b*) 试件 0.5-3 和试件 R-0.5-3；(*c*) 试件 0.2-5 和试件 R-0.2-5

出，预损伤加固试件的承载力和变形能力均有一定程度的提高，相比之下，大轴压比试件的加固效果更明显，极限荷载和极限位移分别提高了 20.2% 和 90%。在相同条件下，预损伤加固试件的极限转角要高于未加固试件，说明采用 CFRP 布加固 CFRP 筋混凝土柱可以提高构件的延性和变形性能。

预损伤加固试件和未加固试件的承载力和变形能力对比　　　　　　表 5-3

试件编号	轴压比 n	剪跨比 λ	计算长度 l(mm)	极限荷载 P_u(kN)	提升幅度	极限位移 Δ_u(mm)	提升幅度	极限转角 Δ_u/l
0.2-3	0.2	3	705	122	—	13	—	1/54
R-0.2-3	0.2	3	705	126.5	3.7%	19	46%	1/37
0.5-3	0.5	3	705	160.5	—	10	—	1/70
R-0.5-3	0.5	3	705	192.9	20.2%	19	90%	1/37
0.2-5	0.2	5	1175	82.9	—	25	—	1/47
R-0.2-5	0.2	5	1175	88.3	6.5%	30	20%	1/39

图 5-23 为不同加固方式试件骨架曲线的对比，比较可知：

粘贴 CFRP 布的两种加固方式均能大幅提高试件的承载力和变形能力，且二者的骨

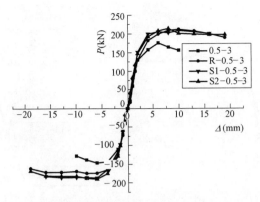

图 5-23 不同加固方式试件骨架曲线的对比

架曲线与预损伤加固试件的骨架曲线十分接近，但是与仅采用横向粘贴 CFRP 布的加固方式相比，采用纵横双向粘贴 CFRP 布的加固方式，能使构件获得更好的变形能力，这是因为纵向 CFRP 布能够承担一部分拉应力，对受拉侧混凝土水平裂缝的开展起到一定的限制作用，延缓混凝土的破坏，从而提高试件的变形能力。

5.1.6 试验小结

本章对 CFRP 布加固震损 CFRP 筋混凝土柱在低周反复荷载作用下的试验现象进行了描述，并对试验结果进行了分析，分析内容包括应变与水平位移的关系曲线、滞回曲线以及荷载-位移骨架曲线，得到了以下结论：

（1）通过对试验现象和试件最终破坏形态的描述和分析，讨论了轴压比、剪跨比、粘贴 CFRP 布加固以及不同加固方式对试件破坏及裂缝发展的影响。分析得出，轴压比和剪跨比是影响 CFRP 筋混凝土柱破坏形态和裂缝开展的重要因素。用灌注环氧树脂胶修补细小裂缝效果明显，采用 CFRP 布修复加固试件能够有效提高其变形能力和承载能力。试件最终破坏是因为部分 CFRP 纵筋屈曲发生折断导致承载力快速下降。

（2）加载初期，CFRP 纵筋应变随水平位移的增大成线性增长，到达极限荷载后，应变出现锐减趋势，试件破坏时，CFRP 纵筋应力尚未达到其极限强度。轴压比越大，CFRP 纵筋越早破坏，轴压比越小，越有利于充分发挥 CFRP 筋的抗拉强度，剪跨比越大，CFRP 纵筋越晚破坏，试件的变形能力越强。预损伤加固试件的纵筋应变增长速度与未加固试件大体相同，说明只要 CFRP 筋未发生断裂，CFRP 筋混凝土柱就具有较强的变形恢复能力，更易于地震后的修复加固。

（3）加载初期，CFRP 箍筋应变值很小，随着荷载的增加变化不大，当混凝土开始出现压碎时，箍筋应变迅速增大，逐渐发挥约束混凝土的作用。大轴压比试件破坏时箍筋应变值相对较大，但也未达到极限拉应变。由于 CFRP 布的约束作用，加固试件的箍筋应变值较小。由于预先对混凝土造成了损伤，预损伤加固试件的箍筋应变值高于未损伤加固试件。

（4）CFRP 布发挥作用存在明显的滞后现象，开始加载时，CFRP 布的应变值很小，且增长速度缓慢，当混凝土严重压碎时，混凝土膨胀变形明显，CFRP 布开始发挥作用，应变快速增大，且呈线性变化。相比之下，柱根部 CFRP 布发挥的作用更明显，大轴压比试件的 CFRP 布强度利用率高。

（5）在加载初期，CFRP 筋混凝土柱的滞回曲线与钢筋混凝土柱的滞回曲线相类似，荷载与位移几乎呈线性关系往复；继续加载，由于混凝土裂缝和塑性变形的发展，刚度逐渐降低，滞回环所包围的面积增大；达到峰值荷载后继续加载，出现明显的承载力下降和刚度退化现象，直至试件破坏。与钢筋混凝土柱相比，CFRP 筋混凝土柱的塑性变形比较小，单个滞回环形状不够饱满，但是由于 CFRP 筋的抗拉压强度高于钢筋，CFRP 筋混凝土柱的承载能力比钢筋混凝土柱高，弥补了其塑形变形小的劣势。在地震作用下，CFRP 筋混凝土柱可以依靠其较高的承载能力耗散能量，因而也具有较好的抗震性能。

（6）轴压比和剪跨比是影响 CFRP 筋混凝土柱荷载-位移骨架曲线的重要因素。在剪跨比相同的情况下，小轴压比试件的变形能力较强，大轴压比试件的极限承载力较高，初始刚度更大，但到达极限荷载后刚度退化更加迅速。在轴压比相同的情况下，大剪跨比试件的变形能力更强，小剪跨比试件的极限承载力更高，加载后期刚度退化速度更快。在到达极限荷载以前，预损伤加固试件与未加固试件的骨架曲线十分相似，但预损伤加固试件的初始刚度较小，到达极限荷载值以后，未加固试件的承载力和刚度迅速下降，而预损伤加固试件的承载力下降不明显，刚度退化趋于平缓，从而使试件的变形能力得到进一步发挥。预损伤加固试件的承载能力和变形能力都有一定程度的提高，但大轴压比试件的提高幅度更大，说明大轴压比试件的加固效果更加明显。粘贴 CFRP 布的两种加固方式都能大幅提高试件的承载力和变形能力，相比之下，采用纵横双向粘贴 CFRP 布的方式对试件进行加固，试件的变形能力提高幅度更大，加固效果更好。预损伤加固试件的承载力和变形能力几乎与未损伤加固试件相同，说明采用 CFRP 布加固震损 CFRP 筋混凝土柱，能使构件的抗震性能恢复到损坏前水平。

5.2 CFRP 布加固震损 CFRP 筋混凝土柱抗震性能指标分析

5.2.1 延性

延性是指结构或构件在到达承载力极值后，在承载能力未发生显著下降的情况下所具有的非弹性变形能力，是反映结构或构件变形能力的重要指标。传统的延性理论是基于钢筋混凝土结构抗震性能提出的，即在保证结构具有足够承载力的同时，使其在超过弹性阶段后具有足够的变形能力来耗散能量。一般用位移延性系数，即极限位移与屈服位移的比值来反映延性的大小，其表达式为：

$$\mu_\Delta = \Delta_u / \Delta_y \tag{5-4}$$

式中：μ_Δ——位移延性系数；

Δ_u——极限位移，本书取骨架曲线上荷载下降至峰值荷载的 85% 时所对应的水平位移作为极限位移；

Δ_y——屈服位移。

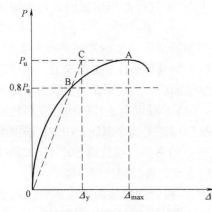

图 5-24　屈服弯矩法示意图

对于没有明显屈服点的构件，目前常用屈服弯矩法、能量等值法和刚度折点法等方法确定其名义屈服位移。

1. 屈服弯矩法

龚永智和 Sharbatdar 对 CFRP 筋混凝土柱的名义屈服点作出如下定义：P_u 为水平承载力极限值，过 P_u 和 $0.8P_u$ 作水平线分别与荷载-位移骨架曲线相交于 A 点和 B 点，连接原点 O 和 B 点并延长，与过 P_u 的水平线相交于 A 点，C 点对应的水平位移即为名义屈服位移 Δ_y。屈服弯矩法示意图如图 5-24 所示。

屈服弯矩法计算的延性系数　　　　　　　　表 5-4

试件编号	屈服位移 Δ_y(mm)	极限位移 Δ_u(mm)	计算长度 l(mm)	延性系数 $\mu_\Delta = \Delta_u / \Delta_y$	极限转角(试验值) Δ_u / l
0.2-3	5.5	13	705	2.36	1/54
R-0.2-3	6.14	19	705	3.09	1/37
0.5-3	3.5	10	705	2.86	1/70
R-0.5-3	4.37	19	705	4.34	1/37
0.2-5	12.67	25	1175	1.97	1/47
R-0.2-5	14.21	30	1175	2.11	1/39
S1-0.5-3	3.3	16	705	4.85	1/44
S2-0.5-3	3.7	19	705	5.14	1/37

表 5-4 为按照屈服弯矩法计算得到的延性系数，通过分析数据可知：

（1）与未加固试件相比，预损伤加固试件的延性系数普遍提高，其位移延性系数在 2.11～4.34 之间，提高率分别为 30.9%（与 0.2-3 比较）、7.1%（与 0.2-5 比较）、51.7%（与 0.5-3 比较），表明采用 CFRP 布加固修复 CFRP 筋混凝土柱，能够有效提高构件的延性。这主要是两方面原因：一是由于 CFRP 布的约束作用，提高了混凝土的强度，更充分发挥了 CFRP 筋的抗拉强度，推迟了 CFRP 筋混凝土柱发生的破坏；二是由于 CFRP 布的约束，混凝土压碎后不会出现大面积剥落，延缓了截面有效受压区高度的减小速度，从而使预损伤加固试件在到达极限荷载后，能够在承载力缓慢下降的情况下，产生较大的塑性变形，增加其变形能力。

（2）大轴压比试件加固修复后的延性系数提高了 51.7%，而与之同剪跨比的小轴压比试件加固修复后的延性系数提高了 30.9%，说明大轴压比试件的加固效果更明显。这是因为 CFRP 布发挥作用是被动的，随着轴压比的增加，混凝土向外膨胀变形增大，CFRP 布的约束力变大，混凝土强度提高，压碎破坏延迟，变形能力增强，并且在达到极限荷载以后，CFRP 布对所包裹混凝土的约束效应更明显，承载力下降更加缓慢，从加固后的大轴压比试件的骨架曲线上可以更加明显观察到这一现象。此外，与试验结果一致，预损伤加固试件的极限转角要大于未加固试件，采用 CFRP 布加固可以提高试件的延性和变形性能。

（3）横向粘贴 CFRP 布加固的试件 S1-0.5-3 比未加固试件 0.5-3 的延性系数提高了

69.6％，纵横双向粘贴 CFRP 布加固的试件 S2-0.5-3 比未加固试件 0.5-3 的延性系数提高了 79.7％，说明后者的加固效果更好，更有利于提高柱子的延性。同时，未损伤加固试件的延性提高率（69.6％和 79.7％）比预损伤加固试件的延性提高率（51.7％）要大，这是由于在预损伤过程中混凝土内部出现了损伤破坏，因此预损伤加固试件的变形能力不如未损伤加固试件。

通过对比发现，采用屈服弯矩法能够反映出加固前后试件的延性变化规律。但是对于未加固试件而言，与能量等值法相比，采用屈服弯矩法计算得到的延性系数普遍偏低，且计算结果表明轴压比越大，试件延性越好，而试验结果却表明，大轴压比试件的极限转角较小（仅为 1/70），试件延性较差。可见，计算结果与试验结果互相矛盾，屈服弯矩法具有一定的局限性。国内外相关研究也得到了相似的结论。

2. 能量等值法

能量等值法是依据能量等值代换的原理，将没有屈服点的骨架曲线等效变换为理想的二折线，具体方法如图 5-25 所示。在骨架曲线上作极值点 M 的水平切线，过原点 O 作直线与水平切线相交于 N，ON 与骨架曲线的交点记为 A，令图中两块阴影部分 OAO 与 AMN 的面积相等，则 N 点所对应的位移即为名义屈服位移 Δ_y，由此得到骨架曲线上对应的屈服荷载 P_y。能量等值法采用折线 ONM 代替原骨架曲线，使折线

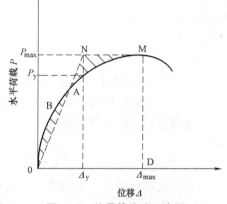

图 5-25　能量等值法示意图

ONM 与坐标轴所围成的面积与原骨架曲线围成的面积相等，可表达为：

$$S_{OBAMD} = S_{ONMD} = \frac{(\Delta_{max} + \Delta_{max} - \Delta_y) \times P_{max}}{2} \tag{5-5}$$

式中：P_{max}——极限承载力；

　　　Δ_{max}——极限承载力对应的位移；

　　　Δ_y——名义屈服位移，由式（5-5）可以求得 Δ_y，根据 Δ_y 可以找到对应的屈服荷载 P_y。

由能量等值法算得的延性系数见表 5-5。

能量等值法计算的延性系数　　　　　　　　　　　　　　表 5-5

试件编号	屈服位移 Δ_y(mm)	极限力对应位移 Δ_{max}(mm)	极限位移 Δ_u(mm)	屈服荷载 P_y(kN)	极限荷载 P_{max}(kN)	延性系数 $\mu_\Delta = \Delta_u/\Delta_y$
0.2-3	4.40	10	13	97	120.5	2.95
R-0.2-3	5.39	8	19	104	123.2	3.52
0.5-3	3.55	6	10	151	175.9	2.82
R-0.5-3	4.48	10	19	186	212	4.24
0.2-5	10.33	20	25	66	82.5	2.42
R-0.2-5	11.96	20	30	77	94.1	2.51
S1-0.5-3	3.46	10	16	187	209.3	4.62
S2-0.5-3	3.69	8	19	186	214.6	5.15

由表 5-5 中数据可知：

（1）CFRP 布加固修复震损 CFRP 筋混凝土柱的效果显著，与未加固试件对比，CFRP 布加固修复试件的延性系数普遍提高，提高率分别为 19.3％（与 0.2-3 比较）、3.7％（与 0.2-5 比较）、50.4％（与 0.5-3 比较），并且大轴压比试件修复加固后的延性提高率大，加固效果更明显，这与屈服弯矩法的结论一致。

（2）横向粘贴 CFRP 布加固的试件 S1-0.5-3 比未加固试件 0.5-3 的延性系数提高了 63.8％，而纵横双向粘贴 CFRP 布加固的试件 S2-0.5-3 比未加固试件 0.5-3 的延性系数提高了 82.6％，说明后者的加固效果更好，更有利于提高柱子的延性。通过分析认为，当纵向 CFRP 布随试件一侧受拉时，能够与 CFRP 纵筋共同受力，分担一部分的拉应力，同时限制裂缝的开展，延缓混凝土的破坏，从而提高柱子的延性。未损伤加固试件的延性提高率（63.8％和 82.6％）比预损伤加固试件的延性提高率（50.4％）要高，这与屈服弯矩法的结论一致。

（3）通过对比未加固试件在不同轴压比情况下的位移延性系数可以得到，轴压比为 0.2 和 0.5 的试件的延性系数分别为 2.95 和 2.82，轴压比小的试件延性系数略高，且小轴压比试件的极限位移角较大，说明小轴压比试件的延性较好。对于未加固试件，能量等值法与屈服弯矩法的计算结果类似，即在不同轴压比和剪跨比条件下，试件的延性系数相差不大。

屈服弯矩法和能量等值法的计算分析表明：对于 CFRP 筋混凝土柱，单纯从延性的角度分析其抗震性能是不全面的，因为 CFRP 筋为线弹性材料，所以 CFRP 筋混凝土柱在破坏前不会出现较大的塑性变形，这与钢筋混凝土柱因钢筋屈服而产生较大塑性变形有所不同。CFRP 筋混凝土柱是依靠其较高的承载能力来吸收耗散能量的，因此要同时考虑承载力储备能力和变形能力，综合分析其抗震性能。对比屈服荷载与极限荷载的比值，轴压比 0.2 的试件为 80.5％，轴压比 0.5 的试件为 85.8％，说明在到达名义屈服位移时，小轴压比试件的承载力储备要高于大轴压比试件，综合位移和承载力两方面的分析表明，在剪跨比相同的情况下，轴压比越小，试件的承载力储备能力和变形性能越好。

5.2.2 刚度退化

刚度是指结构或构件抵抗变形的能力，在反复荷载作用下，刚度退化是结构抗震性能退化的一个主要原因，因此分析结构的刚度退化对其抗震性能的研究十分必要。随着循环加载次数的增加，结构的刚度逐渐下降。构件的刚度可用环线刚度 K 表示，第 j 级位移加载时的环线刚度按式（5-6）计算：

$$K_j = \frac{\sum_{i=1}^{3} P_{j,i}}{\sum_{i=1}^{3} \Delta_{j,i}} \tag{5-6}$$

式中：K_j——第 j 级位移加载时的环线刚度；

$P_{j,i}$——第 j 级位移加载时，第 i 次循环峰值点荷载；

$\Delta_{j,i}$——第 j 级位移加载时，第 i 次循环峰值点位移。

图 5-26 为试件 0.2-3、试件 0.5-3 和试件 0.2-5 的刚度退化曲线,由图 5-26 可知:

(1) CFRP 筋混凝土柱的环线刚度随位移增加逐渐降低,试件开裂到达到极限荷载的这段区间,曲线较陡,说明刚度下降速率快,到达荷载峰值点以后,刚度的下降趋势减缓。

(2) 在剪跨比相同的情况下,轴压比越大,试件的初始刚度越大,刚度的退化速度越快。

(3) 在轴压比相同的情况下,剪跨比越大,初始刚度越小,刚度退化速度明显较慢,在加载后期刚度变化趋于平缓。

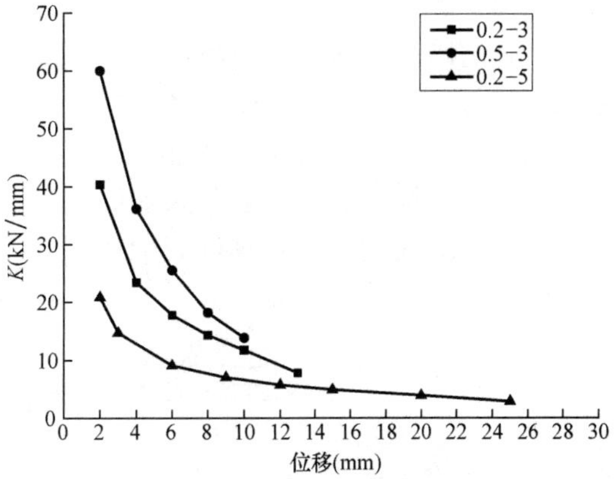

图 5-26 试件 0.2-3、0.5-3、0.2-5 刚度退化曲线

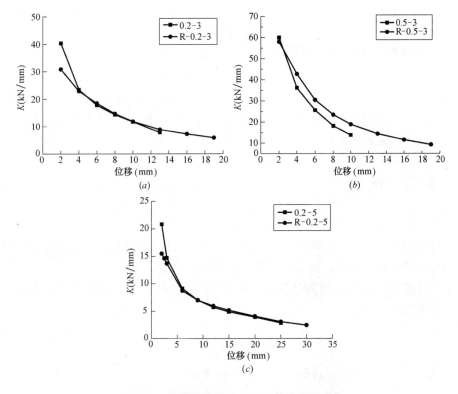

(a)

(b)

(c)

图 5-27 加固前后试件刚度退化曲线的对比

(a) 试件 0.2-3 和 R-0.2-3;(b) 试件 0.5-3 和 R-0.5-3;(c) 试件 0.2-5 和 R-0.2-5

图 5-27 为加固前后试件刚度退化曲线的对比,由图 5-27 可知:

(1) 加载初期,预损伤加固试件由于在预裂过程中造成混凝土损伤,其刚度小于未加固试件,随着水平位移的逐渐增大,特别是到达极限荷载值以后,预损伤加固试件的刚度退化速度要小于未加固试件,说明粘贴 CFRP 布可以延缓震损试件的刚度退化。这是由于 CFRP 布有效约束了混凝土的横向变形,使得原本应该压碎退出工作的混凝土能够继续参与受力，降低了混凝土受压区高度的减小速度，从而延缓了试件的刚度退化速度。

（2）在剪跨比相同的情况下，轴压比越大，粘贴 CFRP 布加固对延缓构件刚度退化的效果更明显。这是因为，轴压比大的试件在加载后期混凝土破损更加明显，CFRP 布的约束作用更大，因此加固效果更加明显。

（3）对比预损伤加固试件和未加固试件的刚度退化曲线可以看出，对于小轴压比试件，粘贴 CFRP 布加固对其刚度影响不明显，预损伤加固试件的刚度退化速度与未加固试件相差不大。

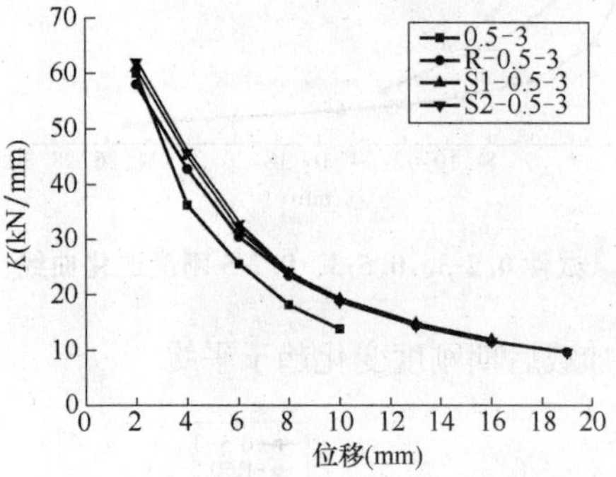

图 5-28 为用不同加固方式试件刚度退化曲线的对比，由图 5-28 可知：

（1）两种加固方式均能够延缓试件刚度的退化，纵横双向粘贴 CFRP 布加固的试件 S2-0.5-3 的初始刚度大于未加固试件，仅横向粘贴 CFRP 布加固的试件 S1-0.5-3 的初始刚度与未加固试件基本相同，说明采用纵横双向粘贴 CFRP 布的加固方式，可以提高试件的初始刚度，并使震损试件的刚度得到一定程度的恢复提高。

（2）预损伤加固试件的初始刚度小于未损伤加固试件，但是随着水平位移的增加，预损伤加固试件的刚度与未损伤加固试件的刚度相差不大，这进一步表明 CFRP 筋混凝土柱可修复能力强，震损试件在采用 CFRP 布加固后，其后期刚度恢复到震损前水平，加固效果明显。

图 5-28 加固方式对刚度退化的影响

5.2.3 耗能性能

与位移延性系数、刚度退化等指标所不同，耗能性能不再只是从单个角度出发或只是通过研究骨架曲线上的某几个特殊点来评价试件的抗震性能，而是从能量耗散全过程的角度出发分析评判其抗震性能，更具全面性、综合性。

本书以总滞回耗能 E_{sum} 作为分析试件耗能性能的评价指标，公式如下，其中 E_i 为单个滞回环的面积。

$$E_{sum} = \sum_{i=1}^{n} E_i \tag{5-7}$$

根据式（5-7），得到各试件的总滞回耗能见表 5-6。

各试件的总滞回耗能   表 5-6

试件编号	总滞回耗能 (kN·m)	试件编号	总滞回耗能 (kN·m)
0.2-3	8.88	R-0.2-3	15.58
0.5-3	12.35	R-0.5-3	47.53
0.2-5	12.70	R-0.2-5	16.19
S1-0.5-3	38.07	S2-0.5-3	47.64

图 5-29 为各试件耗能的柱状图对比，由图 5-29 可知：

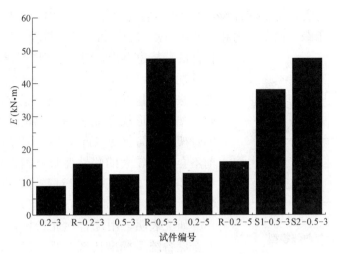

图 5-29　试件耗能对比

（1）预损伤加固试件的耗能能力均有一定程度的提高，与未加固试件相比，其耗能能力分别提高了 75%（与 0.2-3 比较）、285%（与 0.5-3 比较）和 27%（与 0.2-5 比较）。大轴压比试件耗能能力的提高幅度大于小轴压比试件，这是因为，一方面，轴压比越大，CFRP 布对混凝土的约束作用越大，混凝土强度提高越大，越有利于 CFRP 筋较高抗拉强度的充分发挥，从而提高试件的承载能力；另一方面，在加载后期，混凝土的压碎剥落会导致混凝土有效受压区高度的迅速减小，而 CFRP 布的约束则延缓了受压区高度的减小速度，使试件在保持较高承载力的同时继续增加位移变形，从而增加了试件的耗能能力。

（2）对比未加固试件的耗能可以得出，在轴压比相同条件下，剪跨比大的试件耗能略大，在剪跨比相同的条件下，轴压比大的试件耗能略大，但总的来看各未加固试件的耗能能力差别不明显。这主要是因为，CFRP 筋混凝土柱的破坏是由受压区混凝土压碎引起的，混凝土压碎后受压侧纵筋失去混凝土的握裹保护，在复杂应力状态下发生剪切破坏，从而使构件的内力重新分布，承载力下降，此时 CFRP 筋的高强度性能还未得到充分发挥，所以各未加固试件的耗能能力较小且相互间差别不大。大轴压比试件的耗能能力相对较高的原因是，在试件变形相差不大的情况下，承载力成为影响试件耗能的主导因素，大轴压比试件的承载力大于小轴压比试件，所以耗能高，并且大轴压比试件混凝土破损程度更严重，产生相对较大的塑性变形，也起到了一定的耗散能量的作用。

（3）试件 S2-0.5-3 的耗能能力大于试件 S1-0.5-3，说明采用纵横双向粘贴 CFRP 布的加固方式能够取得更好的加固效果。预损伤加固试件 R-0.5-3 的耗能能力与未损伤加固试件 S2-0.5-3 的耗能能力相差不大，说明采用 CFRP 布加固震损 CFRP 筋混凝土柱，能够使构件恢复到震损前的耗能水平。

5.2.4　改进综合性能指标

通过本章 5.2.1 节对延性的分析可以得出：对于 CFRP 筋混凝土柱，单纯从延性的角度分析其抗震性能是不全面的，这是因为 CFRP 筋为线弹性材料，CFRP 筋混凝土柱在破坏前不会出现较大的塑性变形，这与钢筋混凝土柱因钢筋屈服而产生较大塑性变形不同。

CFRP 筋混凝土柱是依靠其较高的承载能力来吸收耗散能量的，因此对 CFRP 筋混凝土而言，需要同时考虑承载力储备能力和变形能力，综合分析其抗震性能。叶列平通过对受弯

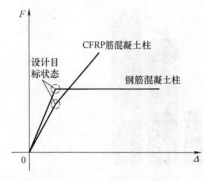

图 5-30　骨架曲线模型

构件的分析也得出，对于 FRP 等线弹性材料，传统的延性概念已不能全面反映构件的变形性能。屈服弯矩法和能量等值法都是基于钢筋屈服、构件产生较大塑性变形耗散能量而提出的，实质上是将试件的骨架曲线简化为二折线，CFRP 筋混凝土柱在破坏前不会产生较大的塑性变形，因而用传统延性理论计算得到的延性系数相对较小，钢筋混凝土柱和 CFRP 筋柱的骨架曲线简化模型如图 5-30 所示。

研究表明，用综合性能指标作为结构或构件的安全储备统一标准比较合理。Mufti 针对 FRP 筋受弯构件提出了综合性能指标，龚永智通过对其进行调整，建议采用以下指标来评价 CFRP 筋混凝土柱的综合性能。

承载力系数：
$$S_J = \frac{F_u}{F_c} \tag{5-8a}$$

变形系数：
$$D_J = \frac{\Delta_u}{\Delta_c} \tag{5-8b}$$

综合性能系数：
$$J = S_J \cdot D_J = \frac{F_u}{F_c} \cdot \frac{\Delta_u}{\Delta_c} \tag{5-8c}$$

式中：F_u——极限广义力（弯矩或剪力）；

F_c——受压区边缘混凝土应变 $\varepsilon_c = 0.001$ 时对应的广义力；

Δ_u——极限广义变形（构件曲率、转角或柱端水平位移）；

Δ_c——受压区边缘混凝土应变 $\varepsilon_c = 0.001$ 时对应的广义变形。

试验中，所有试件均因正截面受弯承载力到达极限而发生破坏，弯矩为主要控制因素，取弯矩和水平位移为广义力和广义变形计算试件的综合性能指标。表 5-7 为各试件的综合性能指标。

试件的综合性能指标　　　　　　　　　　　　　　　　　　　表 5-7

试件编号	F_c(kN)	F_u(kN)	Δ_c(mm)	Δ_u(mm)	S_J	D_J	J
0.2-3	87	122	3.0	13	1.40	4.33	6.08
R-02-3	76	126	3.0	19	1.66	6.33	10.54
0.5-3	134	160	2.3	10	1.20	4.35	5.21
R-0.5-3	139	192	2.3	19	1.39	8.26	11.46
0.2-5	52	83	5.0	25	1.60	5.00	7.97
R-0.2-5	48	88	5.0	30	1.84	6.00	11.04
S1-0.5-3	145	198	2.3	16	1.36	6.96	9.49
S2-0.5-3	143	201	2.3	19	1.41	8.26	11.67

通过分析可知：

（1）采用综合性能指标能够较合理地反映试件的抗震性能。当 $\varepsilon \leqslant 0.001$ 时，混凝土受压应力应变关系基本可视为线弹性，临界点的应力可以作为长期抗压强度的依据，此后试件中所积蓄的弹性应变能保持大于裂缝发展所需要的能量，从而形成裂缝快速发展的不

稳定状态，因此以混凝土受压区边缘应变 $\varepsilon = 0.001$ 作为试件的设计目标状态较为合理。由未加固试件的综合性能指标可以看出，试件的承载力系数介于 $1.20 \sim 1.60$ 之间，变形系数介于 $4.33 \sim 5.00$ 之间，表明 CFRP 筋混凝土柱具有较好的承载力及变形的安全储备，且轴压比越大，试件的安全储备能力越低，剪跨比越大，试件安全储备能力越高。

（2）与未加固试件相比，预损伤加固试件的综合性能指标得到了较大提高，分别为 1.73 倍（与 0.2-3 比较）、2.20 倍（与 0.5-3 比较）和 1.39 倍（与 0.2-5 比较），说明粘贴 CFRP 布加固能够大幅提高试件的变形及承载力的安全储备，修复加固效果明显。大轴压比试件的提高幅度更大，加固效果更明显，这与 5.2.3 节中试件耗能能力分析得出的结论一致。

（3）与横向粘贴 CFRP 布加固的试件 S1-0.5-3 相比，纵横双向粘贴 CFRP 布加固的试件 S2-0.5-3 的综合性能指标较高，说明后者的加固效果更好，试件的安全储备能力提高程度更大。

5.2.5　抗震性能指标分析小结

在对试验数据进行分析处理的基础上，本章采用延性系数、刚度退化、耗能能力以及改进综合性能指标等抗震性能指标，对 CFRP 布加固震损 CFRP 筋混凝土柱的抗震性能进行了分析评价，得到的主要结论如下：

（1）采用屈服弯矩法和能量等值法计算分析了各试件的位移延性系数，通过对比得到，预损伤加固试件的延性较未加固试件大幅提高，说明采用 CFRP 布加固震损 CFRP 筋混凝土柱能够有效提高其延性，且轴压比越大，延性提高幅度越大，加固效果更明显。与横向粘贴 CFRP 布的加固方式相比，采用纵横双向粘贴 CFRP 布的加固方式，试件的延性提高幅度更大，说明此种加固效果更好。但屈服弯矩法和能量等值法也存在明显的缺陷，即所得到的未加固试件的位移延性系数较小且相差不大，变化规律不明显，说明采用传统的位移延性方法来评价 CFRP 筋混凝土柱的抗震性能存在一定的局限性。

（2）与未加固试件相比，预损伤加固试件的刚度退化速度有所下降，说明采用 CFRP 布加固能够有效延缓柱子的刚度退化，并且轴压比越大这种效果越明显。大轴压比试件的初始刚度大，但刚度的退化速度快。采用纵横双向粘贴 CFRP 布的加固方式，可以在一定程度上提高震损试件的初始刚度，但由于混凝土已受到损伤，预损伤加固的初始刚度仍比未损伤加固试件的刚度低。

（3）与未加固试件相比，预损伤加固试件的耗能能力有一定幅度的提高，大轴压比试件的耗能提高幅度大于小轴压比试件，说明大轴压比试件的加固效果更好。与横向粘贴 CFRP 布的加固方式相比，纵横双向粘贴 CFRP 布加固的试件的耗能能力更好，说明后者的加固效果更好，耗能能力更加优越。

（4）传统延性指标不能全面评价 CFRP 筋混凝土柱的变形能力，建议用改进综合性能指标来评价试件的安全储备能力。以混凝土受压区边缘应变 $\varepsilon = 0.001$ 作为试件的设计目标状态，计算分析了各试件的综合性能指标，通过对比发现综合性能指标能够更全面准确地反映试件的抗震性能，震损前 CFRP 筋混凝土柱即具有较好的变形能力，震损加固后试件的变形能力得到了进一步加强。

5.3 CFRP 布加固震损 CFRP 筋混凝土柱受力工作理论分析

5.3.1 破坏机理分析

《混凝土结构设计规范》GB 50010—2010 中混凝土柱单向加载斜截面受剪承载力的计算公式如下：

$$V = V_{CS} + V_P \tag{5-9a}$$

$$V_{CS} = \frac{1.75}{\lambda + 1.0} f_t b h_0 + f_{yv} \frac{A_{sv}}{s} h_0 \tag{5-9b}$$

$$V_P = 0.07N \tag{5-9c}$$

式中：V_{CS}——混凝土抗剪分项与箍筋抗剪分项的合力；

$\quad\quad V_P$——轴力的抗剪分项力；

$\quad\quad f_t$——混凝土抗拉强度；

$\quad\quad b$——截面宽度；

$\quad\quad h_0$——截面的有效高度；

$\quad\quad f_{yv}$——箍筋的屈服强度；

$\quad\quad A_{sv}$——受剪方向箍筋截面面积和；

$\quad\quad s$——箍筋间距；

$\quad\quad N$——轴向力，当 $N > 0.3 f_c A$ 时，$N = 0.3 f_c A$。

由于 CFRP 筋为线弹性材料，在到达极限承载力以前应力随应变线性增加，故 f_{yv} 取 CFRP 箍筋的极限抗拉强度值。

蒋凤昌认为在反复荷载作用下，构件的抗剪极限承载力比单向加载时下降 10％～30％，具体折减为：混凝土和箍筋抗剪承载力的折减系数为 0.6，轴力抗剪承载力的折减系数为 0.8，从而得到公式（5-10）：

$$V = \frac{1.05}{\lambda + 1.0} f_t b h_0 + 0.6 f_{yv} \frac{A_{sv}}{s} h_0 + 0.056N \tag{5-10}$$

根据式（5-10）计算可知，由于 CFRP 箍筋的抗拉强度较高，试件的抗剪承载能力也较大，剪跨比为 3 和 5 的试件在破坏时所受剪力均未达到其抗剪极限承载力，表明试件发生正截面受弯破坏，弯矩起控制作用。通过试验现象也可看出，试件首先是在受拉侧出现水平裂缝，裂缝延伸到相邻两侧面后沿斜下 45°方向发展，试件最终破坏时受压侧混凝土被压碎，两侧斜裂缝宽度不明显，且箍筋应变值未达到 CFRP 筋极限拉应变，说明 CFRP 筋混凝土柱达到正截面受弯极限承载力，发生弯曲破坏。

根据试验现象和数据分析，可以得到 CFRP 布加固震损 CFRP 筋混凝土柱在低周反复荷载作用下的破坏机理：

（1）开始加载到首条裂缝出现期间，柱子的工作情况类似匀质弹性体，刚度保持不变，荷载随水平位移的增加成线性增长。当出现首条水平裂缝后，受拉区边缘混凝土退出工作，原来由开裂区混凝土所承担的部分拉力转由受拉侧CFRP纵筋承担，骨架曲线上出现拐点，试件刚度下降。对于大轴压比试件，由于竖向力较大，水平裂缝发展缓慢，刚度退化不明显。

（2）试件的破坏均始于受压区边缘混凝土压碎，此时混凝土达到极限压应变ε_{cu}，而受拉侧CFRP纵筋未达到极限拉应变，由平截面假定可知，受压侧CFRP纵筋也未达到极限压应变。

（3）继续加载，受压区混凝土压碎剥落，退出工作，导致受压侧CFRP纵筋失去混凝土的握裹保护，由于CFRP筋抗剪能力弱，当试件体积配箍率较小且位移角较大时，部分纵筋会在轴力、剪力和弯矩共同作用的复杂应力状态下发生屈曲而折断，从而导致应力的重分布，试件的承载能力迅速下降。

（4）对于有CFRP布包裹的试件，在混凝土应变达到极限状态以前，CFRP布的约束作用较弱，到达极限状态后CFRP布开始发挥对混凝土的约束作用，使受压区混凝土能够继续参与工作，从而使试件在承载力缓慢下降的情况下继续变形，提高了构件的延性。

（5）CFRP布的约束作用是被动的，在大轴压比情况下，混凝土横向膨胀变形更大，CFRP布对混凝土提供的侧向约束力也变大，混凝土的强度和极限应变都显著提高，从而更充分发挥了CFRP纵筋的抗拉强度，试件的承载能力明显提高。

（6）纵向粘贴CFRP布虽然不能提高试件的刚度，但是能够较好的限制试件受拉侧和受压侧混凝土水平裂缝的开展，延缓混凝土的破损，从而提高试件的变形能力。

5.3.2 CFRP布约束混凝土柱受力分析

外包CFRP布提高混凝土柱抗震性能的原理是：在轴向压力作用下，约束区混凝土发生可观的横向膨胀，使CFRP布产生拉伸变形，形成对混凝土的横向约束力，从而使其抗压承载力和延性显著增强，且这种横向可观膨胀变形仅在混凝土到达其单轴受压强度时才产生。图5-31为约束混凝土与非约束混凝土的应力-应变曲线的对比。

本试验中，试件均在卸载完成后进行加固修复作业。试件均为方形截面柱，由于CFRP布的抗弯刚度小，其对柱边中部区域混凝土的约束力很小，而角部区域由于受到相互垂直的CFRP布的合力作用，对混凝土形成强约束，整个截面可分为有效约束区和非有

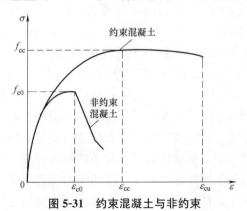

图5-31　约束混凝土与非约束
混凝土的应力-应变曲线对比

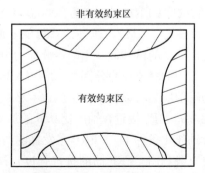

图5-32　CFRP布对方形截面柱的约束

效约束区，如图 5-32 所示。

矩形（方形）截面柱受到的 FRP 布约束力按式（5-11）计算：

$$f_l = f_{FRP} t_{FRP} \frac{d+b}{db} \left[1 - \frac{(d-2r)^2 + (b-2r)^2}{3db} \right] \tag{5-11}$$

式中：f_l——柱子受到的侧向约束力（MPa）；

f_{FRP}——FRP 布的抗拉强度（MPa）；

t_{FRP}——FRP 布厚度（mm）；

b、d——矩形柱截面尺寸（mm），方柱时 $b=d$；

r——倒角半径（mm）。

通过研究，国内外学者提出了数十种 FRP 约束混凝土柱的强度和变形预测模型，总体可分为依据试验数据的经验模型和基于混凝土多轴本构关系的理论模型。1928 年，Richart 等建立了在静水压力约束作用下混凝土抗压强度及应变的表达式：

$$f_{cc} = f_{c0} + k_1 f_l \tag{5-12a}$$

$$\varepsilon_{cc} = \varepsilon_{c0} \left(1 + k_2 \frac{f_l}{f_{c0}} \right) \tag{5-12b}$$

式中：f_{cc} 和 ε_{cc}——分别为约束混凝土的峰值应力（MPa）和对应的应变；

f_{c0} 和 ε_{c0}——分别为未约束混凝土的峰值应力（MPa）和对应的应变；

k_1、k_2——约束效应系数。

基于以上公式，研究者根据试验数据得到了相似的预测模型。Karbhari 等提出的峰值应力和对应应变的预测模型为：

$$f_{cc} = f_{c0} + 2.1 f_{c0} \left(\frac{f_l}{f_{c0}} \right)^{0.87} \tag{5-13a}$$

$$\varepsilon_{cc} = \varepsilon_{c0} + 0.01 \left(\frac{f_l}{f_{c0}} \right) \tag{5-13b}$$

Miyaushi 等提出的峰值应力和对应应变的预测模型为：

$$f_{cc} = f_{c0} + 3.485 f_l \tag{5-14a}$$

$$\varepsilon_{cc} = 0.002 \left[1 + 10.6 \left(\frac{f_l}{f_{c0}} \right)^{0.373} \right] \tag{5-14b}$$

本试验中，当到达极限承载力时，轴压比 0.2 的试件 CFRP 布应变为 $200\mu\varepsilon$，轴压比 0.5 的试件 CFRP 布应变为 $3000\mu\varepsilon$，将 CFRP 布应变换算为侧向约束力后，分别代入式（5-11）～式（5-14），通过计算可知，两种模型得到的约束混凝土的峰值应力相差不大，轴压比 0.2 的试件混凝土的峰值应力分别为 29.939MPa 和 29.858MPa，轴压比 0.5 的试件混凝土的峰值应力分别为 33.178MPa 和 33.475MPa。对比不同轴压比情况下约束混凝土的峰值应力可以看出，轴压比 0.2 的加固试件混凝土的峰值应力与未约束混凝土的抗压强度 29.6MPa 接近，轴压比 0.5 的加固试件混凝土的峰值应力有较大幅度的提升，因此在大轴压比条件下，CFRP 布发挥的约束效果更明显，有效提高了混凝土的抗压强度，并能更充分利用 CFRP 筋的抗拉强度，试件的承载能力明显提高。当试件到达峰值承载力后，CFRP 布的应力持续增大，进一步约束混凝土，使得加固后试件的承载力下降段更加平缓。

试验中，CFRP布的极限拉应变值为 $8000\mu\varepsilon$ 左右，并未达到极限值，说明强度利用不充分，在工程应用中，可考虑采用对CFRP布施加预应力的方法，提高其强度利用率，进而提高试件的承载能力。

5.3.3　正截面承载力分析

根据试验得到的试件骨架曲线以及上述对破坏机理的分析，建议按照构件的工作状态将CFRP筋混凝土柱的骨架曲线简化为三段式模型，如图5-33所示。

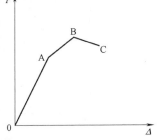

（1）弹性阶段，混凝土的压应变 $\varepsilon\leqslant1000\mu\varepsilon$，此时构件基本处于线弹性阶段，A点对应此阶段结束状态；

（2）塑性阶段，构件从进入塑性工作状态到承载力到达峰值阶段，B点对应此阶段结束状态；

（3）破坏阶段，承载力由峰值下降到峰值的 85%，此时到达C点状态。

图 5-33　骨架曲线模型

由于目前对FRP约束混凝土本构关系的研究仍处于基于经验和理论的预测模型阶段，不能够准确统一地给出约束混凝土的应力应变关系，因此对CFRP布加固震损CFRP筋混凝土柱的正截面承载力进行理论推导的依据不充分。本节主要通过正截面承载力的理论分析，推导计算未加固试件骨架曲线上A、B两点对应的水平荷载值，即 P_A 和 P_B。

《混凝土结构设计规范》GB 50010—2010规定正截面承载力应按如下假定计算：

（1）截面应变符合平截面假定；

（2）不考虑混凝土抗拉强度；

（3）混凝土受压应力-应变关系计算公式如下：

当 $\varepsilon_c\leqslant\varepsilon_0$ 时

$$\sigma_c=f_c\left[1-\left(1-\frac{\varepsilon_c}{\varepsilon_0}\right)^n\right] \tag{5-15a}$$

当 $\varepsilon_0<\varepsilon_c\leqslant\varepsilon_{cu}$ 时

$$\sigma_c=f_c \tag{5-15b}$$

$$n=2-\frac{1}{60}(f_{cu,k}-50) \tag{5-15c}$$

$$\varepsilon_0=0.002+0.5(f_{cu,k}-50)\times10^{-5} \tag{5-15d}$$

$$\varepsilon_{cu}=0.0033-(f_{cu,k}-50)\times10^{-5} \tag{5-15e}$$

式中：σ_c——混凝土压应变 ε_c 对应的压应力；

　　　f_c——混凝土轴心抗压强度，此处取实测混凝土轴心抗压强度；

　　　ε_0——混凝土压应力达到抗压强度时的压应变，取 0.002；

　　　ε_{cu}——混凝土正截面的极限压应变，取 0.0033；

　　　$f_{cu,k}$——混凝土立方体抗压强度标准值；

　　　n——系数，当 n 大于 2.0 时，取为 2.0。

5.3.3.1 等效矩形应力图

如图 5-34 所示，为简化计算，取等效矩形应力图形代替受压区混凝土的理论应力图形，为保证等效，需满足两个条件：

(1) 混凝土压应力的合力大小相等；

(2) 两图形中合力的作用点位置不变。

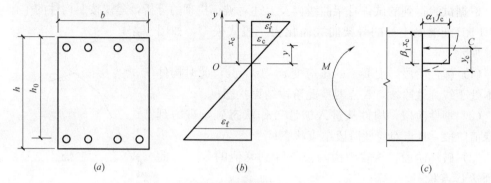

图 5-34　等效矩形应力图
(a) 截面；(b) 截面应变；(c) 等效应力图

图 5-34 中，截面的受压区高度为 x_c，受压区边缘混凝土压应变为 ε，受压区距中和轴为 y 处的压应变为 ε_c，CFRP 筋的拉应变为 ε_f，受压区混凝土压应力的合力为：

$$C = \int_0^{x_c} \sigma_c(\varepsilon_c) \cdot b \cdot dy \tag{5-16}$$

合力到中和轴的距离为：

$$y_c = \frac{\int_0^{x_c} \sigma_c(\varepsilon_c) \cdot b \cdot y \cdot dy}{C} = \frac{\int_0^{x_c} \sigma_c(\varepsilon_c) y dy}{\int_0^{x_c} \sigma_c(\varepsilon_c) dy} \tag{5-17}$$

由平截面假定可得距中和轴为 y 处的压应变为：

$$\varepsilon_c = \frac{\varepsilon}{x_c} \cdot y \tag{5-18}$$

$$dy = \frac{x_c}{\varepsilon} d\varepsilon_c \tag{5-19}$$

将式 (5-18)、式 (5-19) 代入式 (5-16)、式 (5-17)，可得：

$$C = \int_0^{\varepsilon} \sigma_c(\varepsilon_c) \cdot b \cdot \frac{x_c}{\varepsilon} d\varepsilon_c \tag{5-20}$$

$$y_c = \frac{\int_0^{\varepsilon} \sigma_c(\varepsilon_c) \left(\frac{x_c}{\varepsilon}\right)^2 \varepsilon_c dy}{\int_0^{\varepsilon} \sigma_c(\varepsilon_c) \frac{x_c}{\varepsilon} d\varepsilon_c} \tag{5-21}$$

设等效矩形应力图形的应力值为 $\alpha_1 f_c$，等效受压区高度值为 $\beta_1 x_c$，则：

$$C = \alpha_1 f_c \beta_1 x_c \tag{5-22}$$

$$\beta_1 x_c = 2(x_c - y_c) \tag{5-23}$$

将 $\varepsilon = 0.001$ 代入式（5-20）～式（5-23），当受压区边缘混凝土应变达到 0.001 时，令对应的等效矩形应力图形系数为 α_{f1} 和 β_{f1}，可得：

$$\alpha_{f1} = 0.6 \tag{5-24a}$$

$$\beta_{f1} = 0.7 \tag{5-24b}$$

将 $\varepsilon = 0.0033$ 代入式（5-20）～式（5-23），当受压区边缘混凝土应变达到极限压应变 ε_{cu} 时，令对应的等效矩形应力图形系数为 α_{f2} 和 β_{f2}，可得：

$$\alpha_{f2} = 1 \tag{5-25a}$$

$$\beta_{f2} = 0.8 \tag{5-25b}$$

5.3.3.2 荷载 P_A 的计算

在水平位移达到 A 点以前，混凝土的压应变值 $\varepsilon \leqslant 0.001$，处于线弹性阶段，达到 A 点之后，混凝土开始进入非弹性阶段，因此 A 点可以作为构件正常使用的设计目标状态，P_A 为设计目标状态对应的水平承载力。设此时受压区高度为 x_c，令 $x = \beta_{f1} x_c$，由平截面假定可得，当混凝土受压区边缘应变 $\varepsilon = 0.001$ 时，CFRP 筋的应力为：

$$\sigma_{fi} = 0.001 \left(\frac{\beta_{f1} x_{fi}}{x} - 1 \right) E_f \tag{5-26a}$$

$$\sigma'_{fi} = 0.001 \left(1 - \frac{\beta_{f1} x'_{fi}}{x} \right) E'_f \tag{5-26b}$$

式中：σ_{fi} 和 σ_{fi}'——分别为受拉区和受压区第 i 排 CFRP 筋的应力；

x_{fi} 和 x'_{fi}——分别为受拉区和受压区第 i 排 CFRP 筋距混凝土受压边缘的距离；

E_f 和 E'_f——分别为 CFRP 筋的受拉和受压弹性模量，按照第 2 章取值。

由于此时的水平位移较小，竖向力对柱端弯矩的贡献不大，可忽略，则 P_A 可以按照以下公式计算：

$$N = \alpha_{f1} f_c bx - \Sigma \sigma_{fi} A_{fi} + \Sigma \sigma'_{fi} A'_{fi} \tag{5-27}$$

$$P_A l = \alpha_{f1} f_c bx \left(h_0 - \frac{1}{2} x \right) + \Sigma \sigma'_{fi} A'_{fi} (h_0 - x'_{fi}) - \Sigma \sigma_{fi} A_{fi} (h_0 - x_{fi}) \tag{5-28}$$

式中：N——竖向荷载值；

f_c——混凝土抗压强度；

A_{fi} 和 A'_{fi}——分别为受拉区和受压区第 i 排 CFRP 筋的总横截面积；

l——柱子的计算长度；

h_0——截面有效高度。

5.3.3.3 荷载 P_B 的计算

根据假设，当混凝土受压区边缘压应变达到极限压应变 $\varepsilon_{cu} = 0.0033$ 时，构件达到承载力极限状态，设此时受压区高度为 x_c，令 $x = \beta_{f2} x_c$，由平截面假定可得 CFRP 筋的应力为：

$$\sigma_{fi} = 0.0033\left(\frac{\beta_{f2}x_{fi}}{x} - 1\right)E_f \qquad (5\text{-}29a)$$

$$\sigma'_{fi} = 0.0033\left(1 - \frac{\beta_{f2}x'_{fi}}{x}\right)E'_f \qquad (5\text{-}29b)$$

此时，水平位移取水平荷载达到极限时的实际水平位移 Δ_B，则 P_B 可以按照以下公式计算：

$$N = \alpha_{f2}f_c bx - \Sigma\sigma_{fi}A_{fi} + \Sigma\sigma'_{fi}A'_{fi} \qquad (5\text{-}30)$$

$$P_B \cdot l + N \cdot \Delta_B = \alpha_{f2}f_c bx\left(h_0 - \frac{1}{2}x\right) + \Sigma\sigma'_{fi}A'_{fi}(h_0 - x'_{fi}) - \Sigma\sigma_{fi}A_{fi}(h_0 - x_{fi}) \qquad (5\text{-}31)$$

分别求解式（5-26）～式（5-28）和式（5-29）～式（5-31），可以得到设计目标状态水平承载力 P_A 和极限水平承载力 P_B 的计算值，并与试验值对比，见表5-8。

计算值与试验值对比　　　　　　　　　　表 5-8

试件编号	轴压比 n	计算长度 l(mm)	P_A(kN) 计算	P_A(kN) 试验	误差(%)	P_B(kN) 计算	P_B(kN) 试验	误差(%)
0.2～3	0.2	705	106.5	87	22.4	154.2	122	26.4
0.5～3	0.5	705	158.7	134	18.4	204.8	160	28.0
0.2～5	0.2	1175	64.5	52	24.0	89.2	83	7.5

通过对比可知，试验值比按照单调加载计算得到的理论值偏小，平均误差为 21.11%，这是因为：（1）理论推导中存在的假设条件；（2）试验过程中，在反复荷载作用下，混凝土强度随试件损伤程度的增加逐渐下降，斜裂缝的产生以及 CFRP 筋与混凝土之间的粘结滑移也会降低试件的承载能力；（3）由于养护及试验条件等原因，混凝土试块的强度较试件强度高。

6 CFRP 筋-钢筋混合配筋混凝土转换梁框支剪力墙的抗震性能

6.1 复合纤维筋应用于转换梁框支剪力墙的基本思考与研究现状

进入 20 世纪 90 年代以来，功能的综合化和多样化已成为现代建筑的一个发展方向。在同一栋建筑物或构筑物中，为了实现大空间与小空间使用功能在竖向布置上的变化，满足建筑物底部修建停车库、大厅、大型商场的需求，以及为跨越城市道路、消防通道、地下管网等形成大空间使用功能，需在建筑空间变化的部位设置转换层。另外，一些军事工程如军用地下洞库、军用飞机机库、地下指挥所、军用地下武器装备库、导弹库、核潜艇掩埋库、后方大跨物资库等为了开辟地下大空间，也需通过转换层实现跨越。目前转换层的做法在我国及我军的工程建设中已成为一种趋势。

为了承托上部结构，转换层需承受巨大的竖向荷载，同时转换层又处于受力复杂及刚度变化的转换部位，是整个建筑结构的关键部位。为此，转换层的设计与施工是否合理将直接影响着整幢建筑物及构筑物的安全性、适用性和经济性。转换层是近年来人们普遍关注的工程热点问题之一。

据目前所查，关于 FRP 筋在混凝土转换梁框支剪力墙方面的应用研究尚未见文献报道。它的研究对促进 FRP 筋在土木工程中的应用以及改善混凝土转换梁框支剪力墙的受力，推动混凝土转换梁框支剪力墙的设计、施工与工程应用具有重要的理论意义和实用价值。

6.1.1 钢筋混凝土转换梁框支剪力墙的工程应用现状与困惑

本章的研究对象是目前在实际工程中应用十分广泛的梁式转换结构形式。而梁式转换结构一般应用于底部大空间框支剪力墙结构体系，即成为转换梁框支剪力墙结构。在目前的实际工程中，转换梁框支剪力墙结构设计普遍采用钢筋混凝土结构。与一般钢筋混凝土结构比较，钢筋混凝土转换梁框支剪力墙具有重量大、刚度大、框支转换梁截面超大、配筋又多又复杂、施工困难等问题（如图 6-1 所示）。尤其是由于现代建筑设计的标新立异，使得在转换梁框支剪力墙的结构布置中也出现了一些新的复杂受力的特殊情况。而基于安全性和隐蔽性的考虑，许多军用地下洞库、军用飞机机库、地下指挥所、军用地下武器装备库、导弹库、核潜艇掩埋库、后方大跨物资库等军事建筑及构筑物，往往还需要提供特殊的防电磁干扰、无磁环境，以及承受常规武器爆炸、核爆炸、化学炸药、恐怖袭击、地震等各种荷载或作用，这些依靠普通的钢筋混凝土结构将难以解决。

图 6-1　混凝土转换梁框支剪力墙的现场施工情况

从目前的研究成果来看，钢结构、劲性刚性混凝土结构、预应力混凝土结构、钢管混凝土结构、型钢混凝土结构等新型结构在转换梁框支剪力墙中的应用在一定程度解决了这些问题。然而以钢材为主的上述系列混凝土结构，仍无法避免钢材锈蚀所引起的构件劣化、结构失效等突出问题，以及无法满足特殊的防电磁干扰、无磁环境要求。

为综合解决以上阻碍混凝土转换梁框支剪力墙发展的系列问题，开发研究新的高强度、高性能、耐腐蚀、无磁性的新型筋材，并将其替代或部分替代钢筋，与钢筋一起混合配置于混凝土转换梁框支剪力墙中，能在一定程度上改善混凝土转换梁框支剪力墙的受力性能，解决一些施工困难问题，同时满足部分大跨军事建筑及构筑物所要求的耐腐蚀能力，以及抗电磁干扰的能力。

因此开展混凝土转换梁框支剪力墙的抗震性能研究，将是一件有意义的研究工作。高性能的 FRP 在混凝土结构中的应用为解决上述问题提供了新的途径。

6.1.2　混合配筋混凝土结构的基本思考

既有研究表明，FRP 筋混凝土梁开裂后，其刚度迅速退化，与钢筋混凝土梁相比，变形增加速度快，破坏时跨中挠度很大，裂缝宽度大。而在实际工程中，过大变形和裂缝会影响建筑物正常使用。究其原因，主要是由于 FRP 筋的弹性模量较小，构件抗弯刚度不足，且 FRP 筋应力-应变关系呈线弹性，FRP 筋混凝土结构破坏时无预兆，属于脆性破坏，这些不足对 FRP 筋在工程实践中的推广应用均带来了不利影响。

为改善 FRP 筋混凝土结构的受力工作性能，除了可以从材料加工工艺着手改进外，还可以采用 FRP 筋和钢筋混合配筋的方式。混合配筋的优势在于利用了钢筋的延性与FRP 筋的高强、耐腐蚀、无磁性特性，从而使结构具有较好的延性、抗震性能、正常使用性能，以及更高的安全度。

6.1.3 预应力 FRP 筋应用于混凝土转换梁框支剪力墙的必要性

如果在钢筋混凝土转换梁框支剪力墙中部分引入普通非预应力 FRP 筋，与钢筋混合配置，虽然能一定程度解决因钢筋腐蚀导致的钢筋混凝土结构耐久性问题，但具有较低弹性模量的非预应力 FRP 筋会使构件在正常使用荷载作用下的变形挠度和裂缝宽度都较大，而且当混凝土达到极限压应变时，FRP 筋尚未达到极限强度，限制了 FRP 筋高强特性的发挥。另外，由于 FRP 筋是线弹性材料，也会在一定程度上降低混凝土结构的塑性变形能力和延性性能，从而影响的抗震性能。总而言之，采用非预应力 FRP 筋，对解决混凝土转换梁框支剪力墙所存在的框支转换梁截面超大、配筋偏多、施工困难等问题并无明显效果。对 FRP 筋施加预应力，形成预应力 FRP 筋-钢筋混合配筋混凝土转换梁框支剪力墙，这样既可以改善构件的延性性能，又能充分利用 FRP 筋轻质、高强、耐腐蚀、无磁性等材料特性。

预应力混凝土结构是通过预先在混凝土构件的受拉区施加一定外力，使构件的受拉区产生压应力，以此来减小或抵消外荷载产生的拉应力，达到防止构件受拉区混凝土过早开裂，提高截面抗弯刚度以及减小裂缝宽度的要求，甚至还可以做到在使用荷载作用下构件受拉区不出现裂缝。

预应力混凝土结构的优点主要表现在以下几个方面：（1）推迟裂缝的出现，延缓裂缝的开展，减小裂缝的宽度，显著提高截面刚度，减小混凝土构件挠度，改善混凝土结构的使用性能。（2）充分发挥高强筋材和高强混凝土的作用，有利于减轻混凝土结构自重，节约材料。（3）施加纵向预压应力可减小或抵消外荷载产生的拉应力，从而延缓斜裂缝的形成，使混凝土构件的抗剪承载力得以提高。（4）由于预压应力的作用，卸载后，裂缝会闭合，混凝土结构变形也会一定程度的得到恢复。（5）预应力可降低筋材的疲劳应力比，提高筋材的疲劳强度，从而提高混凝土构件的抗疲劳承载力。

在混凝土转换梁框支剪力墙中，采用预应力 FRP 筋部分替换结构中的钢筋，并采用高性能混凝土，以控制结构的变形，补偿刚度的不足，形成预应力 FRP 筋-钢筋混合配筋混凝土转换梁框支剪力墙，可以最大限度地充分发挥 FRP 筋的高强性能，同时也利用到了 FRP 筋的耐腐蚀、无磁性等材料特性，这将在一定程度解决混凝土转换梁框支剪力墙所存在的受力复杂，施工困难、钢筋锈蚀引起工程失效等问题，以及满足抗电磁干扰的要求。应该说 FRP 筋的轻质、高强、耐腐蚀、无磁性等材料特性对预应力混凝土转换梁框支剪力墙是非常有利的。

6.1.4 混凝土转换梁框支剪力墙研究现状

国内外对于转换梁框支剪力墙的研究，主要集中在上层全部为剪力墙，下层全部为框架的框支剪力墙。

20 世纪五六十年代，在苏联及东欧一些国家，为了满足在建筑中取得大空间的需要，首次尝试了设置转换梁框支剪力墙来实现这种建筑功能的变化，为此修建了不少底部大空间上部小开间的房屋，为实现这种建筑功能，采用的结构体系为下层全部为钢筋混凝土框架，上层全部为钢筋混凝土剪力墙。一些学者认为这种底部框架上部剪力墙的建筑有利于隔震，抗震能力较好。然而这类下部框架上部剪力墙的房屋在 1964 年南斯拉夫斯可比耶地震中破坏严重，许多这类房屋同样在 1978 年罗马尼亚加勒斯特地震中破坏严重，在 1988 的苏联亚美尼亚地震中，这类下部框架上部剪力墙的柔性底层房屋依然表现出较差的抗震性能，破坏倒塌严重。除了上述东欧及苏联国家的此类柔性底层房屋结构在历次地震中破坏严重，其他国家的此类建筑也在地震中遭受了严重破坏甚至倒塌。1971 年美国圣费南多地震，一栋钢筋混凝土框支剪力墙结构的医疗中心主楼，底部框架一层破坏严重，尤其是底层多个框支柱严重破坏。如图 6-2 所示。2008 年四川汶川地震中，北川县城大量底层框架的临街建筑破坏严重甚至倒塌，如图 6-3 所示。

图 6-2　1971 年美国圣菲南多地震中 Olive-View 医疗中心主楼震害

图 6-3　2008 年汶川地震中北川某底框房屋的震害

实践表明，下部全为框架上部全为剪力墙的底部框架上部剪力墙结构房屋隔震及抗震能力均较差。我国在 20 世纪 70 年代首先提出了带转换梁框支剪力墙的底部大空间框支剪力墙结构体系，并展开了一系列的研究及工程应用。1975 年，在上海天目路修建了一栋 12 层的上部为住宅下部为商场的高层建筑，该房屋的结构体系为上部剪力墙，下部部分为框架部分为剪力墙。为研究底部大空间框支剪力墙结构体系的抗震性能，研究人员对该栋建筑进行了 12 层缩尺结构模型的试验研究。从 1977 年起，清华大学、中国建筑科学研究院、北京市建筑设计院等多家科研单位进行了 3 个缩尺比例为 1∶5 的钢筋混凝土底部框架上部剪力墙结构模型的拟静力试验研究，同时开展了框支剪力墙结构的受力性能理论分析。1981～1983 年，中国建筑科学研究院结合大连友好广场的住宅建筑实际工程，完成了缩尺比例为 1∶6 的 12 层底层大空间上部剪力墙结构模型的拟动力试验研究。1984～1986 年，中国建筑科学研究院完成了一幢输入地震波的 12 层 1/6 缩尺比例的底部大空间上部鱼骨式剪力墙模型的拟动力试验研究，与此同时，清华大学进行了 2 个钢筋混凝土框支剪力墙结构模型（1∶20 比例）的振动台试验。以上试验及理论研究，促进了国内外结构工程界对带转换层的框支剪力墙结构抗震性能的深入了解。

进入 20 世纪 90 年代以来，国内外高层建筑发展迅速，随着高层建筑向着更高高度、更大跨度，更复杂体型、更综合多样功能的方向发展，混凝土转换梁框支剪力墙的工程应用更加普遍。因此，在静力、拟静力、动力试验，有限元数值模拟、理论分析等方面，混凝土转换梁框支剪力墙的研究就更加深入与全面。

6.2 拟静力加载试验方案

为了研究 CFRP 筋-钢筋混合配筋混凝土转换梁框支剪力墙的抗震性能，本书进行了 5 榀缩尺比例为 1/3 的模型试件的低周往复拟静力对比试验。探讨在竖向荷载和水平低周往复荷载作用下，试件从裂缝出现、开展，钢筋屈服，CFRP 筋失效，直至整体破坏的全过程中受力工作的发展变化规律；研究试件的受力和变形性能、屈服机制、破坏形态，以及刚度衰减、滞回特征、骨架曲线、延性性能、耗能能力等抗震性能；研究墙肢布置对试件抗震性能的影响，从而合理评价 CFRP 筋-钢筋混合配筋混凝土转换梁框支剪力墙的承载能力和抗震性能。

6.2.1 试件尺寸及配筋设计

本次试验模型的外形尺寸是在祁勇等设计的 W10-1 试件模型的基础上，同时根据试验设备的要求进行了部分修改，缩尺比例为 1/3。7 榀混凝土转换梁框支剪力墙试件的外形尺寸相同，试件高 3050mm、宽 3100mm；墙高 800mm、厚 100mm；框支柱净高 800mm、截面尺寸为 300mm×300mm；框支转换梁截面高 300mm、宽 300mm；地梁截面高 400mm、宽 500mm。7 榀模型试件除框支转换梁配筋有所不同外，在框支柱、上部短肢剪力墙、传力梁和地梁的配筋形式与配筋量则是相同的。7 榀模型试件的框支转换梁的中部两根腰筋仍然采用钢筋，箍筋采用全钢筋，腰筋和箍筋配置一致。

其中，试件 ZHLY-4B、ZHLY-4Q 为预应力 CFRP 筋-钢筋混合配筋混凝土转换梁框支剪力墙，试件 ZHL-2、ZHL-3、ZHL-4、JLQ-1 为非预应力 CFRP 筋-钢筋混合配筋混凝土转换梁框支剪力墙，试件 ZHL-1 为非预应力全钢筋混凝土转换梁框支剪力墙。各试件框支转换梁的配筋情况说明如下。

试件 ZHL-1：上部 3 根纵筋和下部 3 根纵筋都采用直径为 14mm 的钢筋，不施加预应力，两片短肢剪力墙。

试件 ZHL-2：上部 3 根纵筋都采用直径为 14mm 的钢筋，下部 3 根纵筋采用直径为 9.5mm 的 CFRP 筋，不施加预应力，两片短肢剪力墙。

试件 ZHL-3：上部 3 根纵筋采用直径为 9.5mm 的 CFRP 筋，下部 3 根纵筋都采用直径为 14mm 的钢筋，不施加预应力，两片短肢剪力墙。

试件 ZHL-4：上部 3 根纵筋和下部 3 根纵筋都采用直径为 9.5mm 的 CFRP 筋，不施加预应力，两片短肢剪力墙。

试件 ZHLY-4B：上部 3 根纵筋和下部 3 根纵筋都采用直径为 9.5mm 的 CFRP 筋，下部 1 根 CFRP 筋纵筋施加预应力，两片短肢剪力墙。

试件 ZHLY-4Q：上部 3 根纵筋和下部 3 根纵筋都采用直径为 9.5mm 的 CFRP 筋，下部 3 根 CFRP 筋纵筋施加预应力，两片短肢剪力墙。

试件 JLQ-1：上部 3 根纵筋和下部 3 根纵筋都采用直径为 9.5mm 的 CFRP 筋，不施加预应力，三片短肢剪力墙。

其中，试件 JLQ-1 与试件 ZHL-4 的差异仅在于墙肢布置，二者的短肢剪力墙墙肢数量虽不相同，但剪力墙总水平截面面积一致。

试件尺寸如图 6-4 所示，试件 JLQ-1 的尺寸和配筋示意图如图 6-5 所示，试件配筋情况见表 6-1。

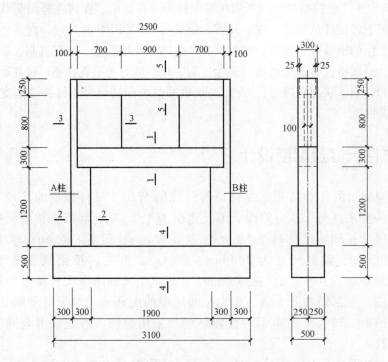

图 6-4　试件尺寸示意图

表 6-1

试件配筋情况（试件类型）

试件类型	筋材类型	ZHL-1	ZHL-2	ZHL-3	ZHL-4	ZHLY-4B	ZHLY-4Q
转换梁	纵筋	3Φ14+2Φ12+3Φ14	3Φ14+2Φ12+3Φ14	3ΦF9.5+2Φ12+3Φ14	3ΦF9.5+2Φ12+3ΦYF9.5	3ΦF9.5+2Φ12+ 2ΦF9.5/1ΦYF9.5	3ΦF9.5+2Φ12+3ΦYF9.5
	纵筋配筋率	1.27%	1.00%	1.00%	0.77%	0.77%	0.77%
	箍筋	Φ8@80	Φ8@80	Φ8@80	Φ8@80	Φ8@80	Φ8@80
框支柱	纵筋	4Φ18+4Φ16	4Φ18+4Φ16	4Φ18+4Φ16	4Φ18+4Φ16	4Φ18+4Φ16	4Φ18+4Φ16
	箍筋	Φ8@80	Φ8@80	Φ8@80	Φ8@80	Φ8@80	Φ8@80
传力梁	纵筋	3Φ16+2Φ16+3Φ16	3Φ16+2Φ16+3Φ16	3Φ16+2Φ16+3Φ16	3Φ16+2Φ16+3Φ16	3Φ16+2Φ16+3Φ16	3Φ16+2Φ16+3Φ16
	箍筋	Φ10@80	Φ10@80	Φ10@80	Φ10@80	Φ10@80	Φ10@80
短肢剪力墙	竖向分布筋	Φ8@100	Φ8@100	Φ8@100	Φ8@100	Φ8@100	Φ8@100
	横向分布筋	Φ6@100	Φ6@100	Φ6@100	Φ6@100	Φ6@100	Φ6@100
基底梁	纵筋	3Φ25+2Φ18+3Φ25	3Φ25+2Φ18+3Φ25	3Φ25+2Φ18+3Φ25	3Φ25+2Φ18+3Φ25	3Φ25+2Φ18+3Φ25	3Φ25+2Φ18+3Φ25
	箍筋	Φ8@100	Φ8@100	Φ8@100	Φ8@100	Φ8@100	Φ8@100

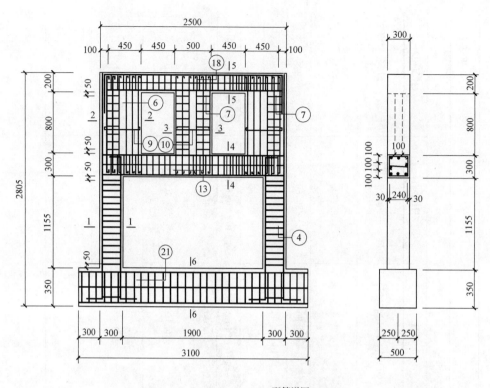

配筋详图 1:25

图 6-5　试件 JLQ-1 尺寸和配筋示意图

6.2.2　试件制作与预应力施加

6.2.2.1　试件制作

以下主要对后张法无粘结预应力试件的制作进行说明。

CFRP 筋抗拉强度高的优势只有在预应力混凝土结构中才能发挥出来，而若将预应力 CFRP 筋与混凝土完全粘结，由于预应力 CFRP 筋受力较大，可能会引起预应力 CFRP 筋在框支转换梁最大内力截面处的滑移，从而影响转换梁框支剪力墙的变形能力。因此，本次试验预应力 CFRP 与混凝土之间为无粘结，采用后张法施加预应力。

虽然预应力 CFRP 筋的直径只有 9.5mm，但 CFRP 筋两端的套筒灌胶式锚具外径为 25mm，为避免较大导管对框支转换梁截面的削弱，从而对试验结果造成影响。试件制作时，将外径 32mm 的塑料波纹管沿纵向剪开，将其紧紧包裹住两端锚具，然后采黑色绝缘塑料胶布将塑料波纹管端部严密缠绕，做好密封措施，如图 6-6 所示。浇筑混凝土后养护 28d，制作完成的试件如图 6-7 所示。

6.2.2.2　张拉控制应力

由于 FRP 筋的力学性能与钢筋相差较大，FRP 筋的张拉控制应力与钢筋相比也有所不同。为避免 FRP 筋产生较大的徐变变形和应力松弛损失，应合理设置 FRP 筋的张拉控制应力。试验中，参考加拿大标准协会制定的《加拿大公路高速公路桥梁设计规范》CSA 2000，以及日本土木工程师学会制定的《连续纤维增强材料混凝土结构设计与施工指南》JSCE 1997，归纳了预应力 FRP 筋的最大允许应力，见表 6-2。据此取 CFRP 筋的张拉控制应力 σ_{con} 为 $0.65 f_{fu}$。

图 6-6　无粘结预应力 CFRP 筋的制作

图 6-7　制作完成的转换梁框支剪力墙试件

预应力 FRP 筋的最大允许应力　表 6-2

FRP 类型	张拉阶段		传力阶段	
	先张法	后张法	先张法	后张法
CFRP	$0.70 f_{fu}$	$0.70 f_{fu}$	$0.60 f_{fu}$	$0.60 f_{fu}$
GFRP	不适用	$0.55 f_{fu}$	不适用	$0.48 f_{fu}$
AFRP	$0.40 f_{fu}$	$0.40 f_{fu}$	$0.38 f_{fu}$	$0.35 f_{fu}$

6.2.2.3　张拉装置

试验中设计的张拉装置由高压油泵、20t 穿心液压千斤顶、锚固螺栓、固定螺栓、套筒、撑力架等部件组成，如图 6-8、图 6-9 所示。每次预应力张拉完毕后，拧紧张拉端锚固螺栓，即可将千斤顶、套筒、撑力架等部件依次卸下，再进行下一次张拉。

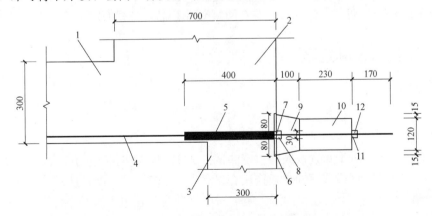

图 6-8　张拉装置示意图

1—框支转换梁；2—框支剪力墙；3—框支柱；4—CFRP 筋；5—钢套管；6—内置钢垫板；
7—弹簧垫圈；8—锚固螺栓；9—撑力架；10—千斤顶；11—钢垫板；12—固定螺栓

6.2.2.4 预应力施加

混凝土养护至 28d 且设计强度后，对 CFRP 筋进行张拉，施加预应力，试件张拉全景如图 6-10 所示。

图 6-9 张拉装置实物图　　　　　　　图 6-10 试件张拉全景图

试验中制作了两个无粘结预应力 CFRP 筋-钢筋混合配筋混凝土转换梁框支剪力墙试件，试件 ZHLY-4B 对框支转换梁下部中间 1 根 CFRP 纵筋施加预应力，试件 ZHLY-4Q 对框支转换梁下部 3 根 CFRP 纵筋全部施加预应力。

对试件 ZHLY-4B 中的 1 根 CFRP 纵筋施加预应力时，总张拉力取 70kN，分五次张拉完毕，利用压力传感器控制每次张拉的加载量。第 1 次张拉加载为 5kN，第 2～4 次张拉加载均为 15kN，最后 1 次张拉加载为 20kN。每次张拉完毕之后，持荷 1～2min，期间 CFRP 筋若有预应力损失，及时加载补偿，待 CFRP 筋的应变稳定后，通过应变仪间隔 3 次读取 CFRP 筋的应变值。采集完预应力 CFRP 筋的应变后，用扳手将张拉端锚固螺栓拧紧，张拉结束，松油卸载。卸载完毕后，将试件静置 5min 左右，再次读取预应力 CFRP 筋的应变，通过卸载前后的应变差值，即可得到 CFRP 筋的预应力损失。为保证张拉顺利进行，张拉过程中的张拉力及 CFRP 筋应变均需连续观测，做好记录。

对试件 ZHLY-4Q 中的 3 根 CFRP 纵筋施加预应力时，可采用交替张拉的方式，即先张拉中间 1 根 CFRP 筋，再交替张拉左右两侧 CFRP 筋，各根 CFRP 筋的张拉步骤同上。

6.2.3 加载与量测方案

6.2.3.1 加载装置

试验加载装置如图 6-11 所示。

竖向荷载施加：对于布置双肢剪力墙的试件 ZHL-4，竖向荷载由 2 台 1000kN 液压千斤顶提供，通过 2 根钢梁和滚轴承板作用在试件上，如图 6-12（a）所示。对于布置三肢剪力墙的试件 JLQ-1，需要在传力梁上施加三个竖向荷载，由于实验条件限制，只能利用 2 台 1000kN 液压千斤顶提供竖向荷载，因此在 2 台液压千斤顶下方放置 2 根分配钢梁，将两个竖向力分配形成三个竖向力，如图 6-12（b）所示。此外，为确保试件在水平荷载作用下左右移动不受限制，在千斤顶下和分配钢梁之上放置滚轴承板。

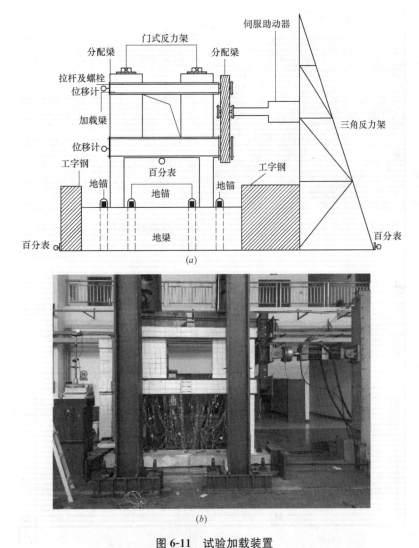

图 6-11 试验加载装置

(a) 加载装置示意图；(b) 实际加载装置图

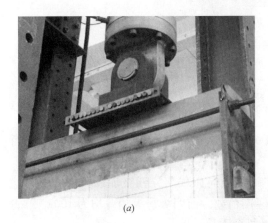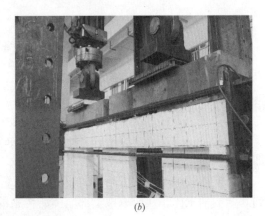

图 6-12 竖向荷载施加

(a) 双肢剪力墙试件；(b) 三肢剪力墙试件

水平荷载施加：实验设备依靠一台 500kN 液压伺服作动器提供水平荷载，而试验中

需要在传力梁和转换梁端头按比例施加水平荷载来模拟层间剪力。因此，试验中将作动器与分配钢梁可靠连接，利用分配钢梁将作动器上的水平力按比例分配至传力梁和转换梁上，传力梁和转换梁的加载比例为 1.625∶1，分配钢梁、传力梁及转换梁上的加载点均设置由三块钢板和四根锚杆构成的固定装置，以便于水平荷载传递，如图 6-13 所示。为了避免水平荷载作用导致连接螺栓松动，从而引起水平作动器加载点的改变，试验过程中，要及时检

图6-13　水平荷载施加

查并重新拧紧连接螺栓。

　　为了便于描述试件各个部位在加载过程中所发生的试验现象，对试件各部位进行编号，如图 6-14 所示。加载端部位为 B，对应另一端部位为 A。规定水平作动器施加推力时为正向加载，施加拉力时为反向加载。

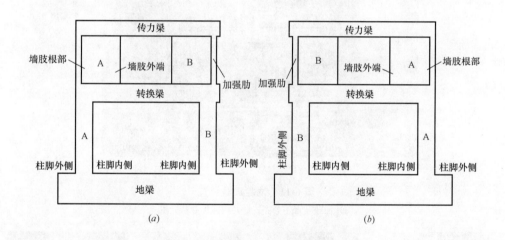

图6-14　试件各部位编号示意图

（a）正面；（b）背面

6.2.3.2　加载制度

　　图 6-15 为试件受力简图，参照《建筑抗震试验方法规程》JGJ 101—1996 对试件进行加载。

　　竖向荷载施加：在进行预加载后，对试件施加竖向荷载，分五级加载到 490kN，达到 0.3 的轴压比，从而模拟上部墙体所传来的竖向荷载。前四级每级加载均为 100kN（每个千斤顶施加 50kN），最后一级加载为 90kN（每个千斤顶施加 45kN）。

　　水平荷载施加：保持竖向荷载不变，分级施加水平荷载。拟静力试验中水平荷载主要

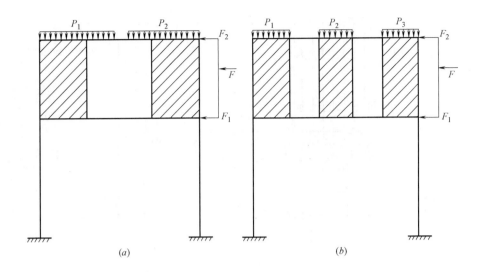

图 6-15 试件受力简图

（*a*）双肢剪力墙试件；（*b*）三肢剪力墙试件

有力控制、位移控制及力-位移混合控制三种加载方式，本试验中采用力-位移混合控制施加水平荷载，图 6-16 为试验中低周反复混合加载制度示意图。当正向或反向水平荷载下降至峰值的85%，或者试件破坏严重无法继续加载时，停止试验。

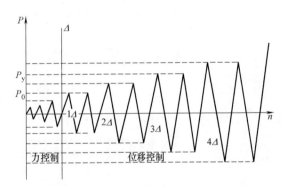

图 6-16 低周反复混合加载制度示意图

6.2.3.3 量测方案

1. 量测内容

试验中，主要需要量测以下内容：

（1）水平荷载作用下传力梁及框支转换梁非加载端截面中心点的位移；

（2）框支转换梁跨中挠度、三角反力架及地梁位移，以及试件整体滑移位移大小；

（3）加载各阶段试件关键部位（框支转换梁、框支柱、上部短肢剪力墙）的混凝土和筋材应变。

2. 测点布置

框支转换梁、框支柱、上部短肢剪力墙上应变片的布置如图 6-17～图 6-19 所示，主要采集框支转换梁纵筋、框支转换梁箍筋、框支柱纵筋、上部短肢剪力墙竖向及水平钢筋等部位的筋材在竖向和水平加载过程中的应变。

在试件预加载阶段，可先进行应变的试采集，以判断各测点是否正常工作，保留正常测点，剔除不正常的测点。在正式加载阶段，各级力、位移加载过程中，每个测点分加载完成时及持荷完成时读取两次应变，作为试验分析数据。加载过程中，动态监测各测点应变，及时发现并解决问题，确保试验顺利进行。

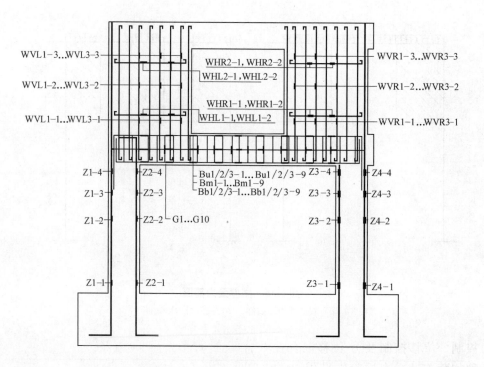

图 6-17 试件 ZHL-1、ZHL-2、ZHL-3、ZHL-4 应变片布置图

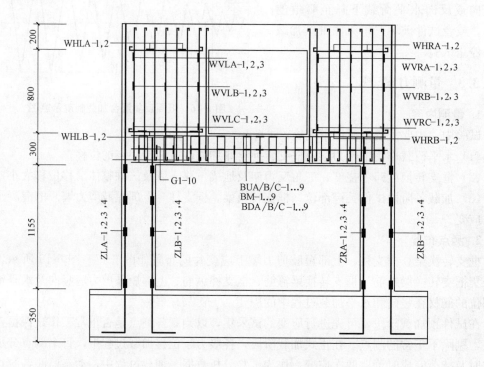

图 6-18 试件 ZHLY-4B，ZHLY-4Q 应变片布置图

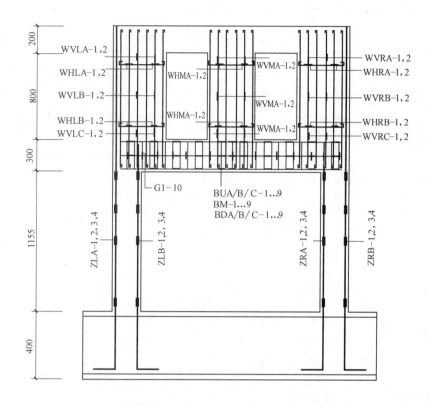

图 6-19 试件 JIQ-1 应变片布置图

6.3 拟静力加载试验过程及结果分析

6.3.1 裂缝发展规律

依靠试件顶部两个油压千斤顶，通过传力梁，以 50kN 的级差分级同时向试件均匀施加竖向荷载，直至达到 490kN 的恒定轴向力（每个千斤顶最终施加 245kN 恒定轴向力），即达到试验所要求的轴压比 0.3，在整个竖向荷载加载过程中，未有裂缝产生。竖向荷载施加完成后，保持竖向荷载 490kN 不变，根据《建筑抗震试验方法规程》JGJ 101—1996，按照水平荷载加载制度对试件施加水平荷载，根据试验现象和仪表观测，确定试件的开裂荷载 P_{cr}、屈服荷载 P_y 及屈服位移 Δ_y、极限荷载 P_e 及破坏荷载 P_u。

以试件 ZHL-1、ZHL-4、ZHLY-4Q 为例，分别说明全钢筋配筋试件、CFRP 筋混合配筋试件和预应力 CFRP 筋混合配筋试件的裂缝发展规律。

6.3.1.1　试件 ZHL-1 裂缝发展规律（表 6-3）

试件 ZHL-1 试验全过程裂缝描述　　　　　　　　　　　　表 6-3

	加载级数	荷载 P	框支转换梁	上部墙体	框支柱
竖向加载	1	0~495kN	没有裂缝	没有裂缝	没有裂缝
水平荷载力控制	2	+90kN	试件 AB 面在框支转换梁的跨中部位至 B 柱的区间出现 3 条长度不一，与加载方向反方向倾斜，自下而上延伸的裂缝。BA 面靠近 B 柱顶端内侧与框支转换梁交接处出现 1 条与加载方向相反 45°斜向上延伸的裂缝，裂缝都极细，为开裂裂缝	没有裂缝	没有裂缝
	3	−90kN	试件 AB 面近 A 柱的框支转换梁出现了自下而上延伸的第 1 条裂缝，为开裂裂缝，裂缝扩展迅速，延伸至 2/3 框支转换梁高度处	没有裂缝	没有裂缝
	4	+110kN	+90kN 时产生的裂缝继续延伸，框支转换梁的跨中部位至 B 柱的区间继续出现 2 条长度不一，与加载方向反方向倾斜，自下而上延伸的裂缝，裂缝极细	没有裂缝	B 柱外侧产生第 1 条受拉裂缝，裂缝极细
	5	−110kN	−90kN 时产生的裂缝延伸至梁顶部；近 A 墙肢下部的框支转换梁出现了自下而上延伸的 3 条裂缝，裂缝扩展迅速	没有裂缝	A 柱外侧，B 柱内侧产生裂缝，裂缝极细
	6	+160kN	已有裂缝进一步延伸，其中框支转换梁 BA 面，B 柱与框支转换梁相交处的裂缝分成 2 条裂缝，一条自下向上发展，一条沿水平方向发展	没有裂缝	A 柱、B 柱上端及下端，A 柱内侧，B 柱外侧有新裂缝产生
	7	−160kN	试件 AB 面框支转换梁上与 A 柱相交处出现 3 条新裂缝，均自下而上延伸，最长长度约为 20cm，试件 BA 面在相同位置同样产生相同数量的裂缝，延伸长度最长为 10cm	没有裂缝	A 柱、B 柱上端及下端，A 柱外侧，B 柱内侧有新裂缝产生
	8	+210kN	裂缝继续延伸，位于框支转换梁上半部的裂缝首次延伸到了上部框支剪力墙 A 墙肢上。新增裂缝较少	A 墙肢上首次出现了由下部转换梁扩展而来的裂缝	A 柱、B 柱上端及下端，A 柱内侧，B 柱外侧继续有新裂缝产生
	9	−210kN	裂缝继续延伸，位于框支转换梁上半部的裂缝首次延伸到了上部框支剪力墙 B 墙肢上。新增裂缝较少	B 墙肢上首次出现了由下部转换梁扩展而来的裂缝	A 柱、B 柱上端及下端，A 柱外侧，B 柱内侧继续有新裂缝产生
	10	+260kN	试件 BA 面 A 墙肢下方的框支转换梁上半部分产生了自上而下延伸的分布较为均匀的 6 条裂缝，长度最长达到了 1/2 梁高，新裂缝的产生与原有裂缝的扩展明显比前几级加载要剧烈一些。此时框支转换梁上纵筋部分测点应变超过钢筋屈服应变，滞回曲线出现环状图形，判定试件正向（推）屈服，屈服位移为 7mm	多条框支转换梁上部的裂缝继续扩展到上部短肢剪力墙 A 墙肢上，在墙肢上的延伸长度最长约达到 35cm	A 柱、B 柱上端及下端，A 柱内侧，B 柱外侧继续有新裂缝产生。A 柱、B 柱上端及下端原有裂缝向柱中部延伸

加载级数	荷载 P	框支转换梁	上部墙体	框支柱
水平荷载力控制 · 11	-270kN	框支转换梁上 B 墙肢下方与墙肢相接部分产生了 5 条自上而下延伸的裂缝，最长延伸到梁中部，长度约为 15cm，新裂缝的产生与原有裂缝的扩展明显比前几级加载要剧烈一些。框支转换梁上纵筋部分测点应变超过钢筋屈服应变，滞回曲线出现环状图形，判定试件反向（拉）屈服，屈服位移为 7mm	多条转换梁上部的裂缝继续扩展到上部短肢剪力墙 B 墙肢上。A、B 两墙肢上的裂缝由墙底向墙中部延伸，同时部分裂缝从墙肢底部向墙肢外端延伸，发展趋势呈"正八字"	试件 BA 面 B 柱内侧上端产生 3 条裂缝，A 柱、B 柱上端及下端原有裂缝向柱中部延伸
水平荷载位移控制 · 12	$1\Delta_y$	新裂缝继续产生，主要集中在梁柱相交节点处；框支转换梁上原有裂缝进一步延伸发展，节点处裂缝扩展方向与力控水平加载时产生的裂缝方向一致。反向（拉）加载产生的裂缝与正向（推）加载时产生的裂缝相交，并且出现水平方向延伸的裂缝分支。框支转换梁上的裂缝均从梁底梁顶向梁中部发展	框支转换梁上部产生的裂缝继续沿着裂缝发展的方向向短肢剪力墙上延伸，较少有新裂缝产生	柱 A 及柱 B 上的裂缝继续主要在柱两端产生与扩展，并逐渐贯穿柱宽度方向
13	$2\Delta_y$	新裂缝产生和原有裂缝延伸扩展的速率与 $1\Delta_y$ 正反两次加载循环时的速率一致，产生的位置也类似，框支转换梁上主要以接近梁柱节点以及节点位置出现的裂缝居多，且在正（推）反（拉）荷载作用下以相互交叉短裂缝为主	框支转换梁上部产生的裂缝继续沿着裂缝发展的方向向短肢剪力墙上延伸，短肢剪力墙首次出现交叉裂缝	裂缝主要在柱上、下两端产生及扩展，并逐渐在柱宽度方向贯通
14	$3\Delta_y$	比起 $1\Delta_y$、$2\Delta_y$ 前几级循环加载过程，不仅产生了较多的新裂缝，原有裂缝在长度上延伸，在宽度上也扩展明显，其中以转换梁支座位置处表现明显，呈现密集状；靠近节点位置部分混凝土脱落	框支转换梁上部产生的裂缝继续沿着裂缝发展的方向向短肢剪力墙上延伸，新裂缝产生较少	柱上、下端，新裂缝产生与原有裂缝延伸扩展的速率均明显加剧，裂缝宽度加宽
15	$4\Delta_y$	框支转换梁支座位置，新裂缝剧烈产生，原有裂缝加长、加宽。特别是框支转换梁与 A 柱交接的节点位置，裂缝开展更加明显，裂缝周边部分混凝土脱落，并发出啪啪的响声。此时正向荷载达到最大	B 墙肢首次出现了由墙肢外端向墙肢根部方向延伸的裂缝，且延伸迅速。该裂缝与原有裂缝交叉	框支柱靠近中部位置产生了多条贯穿柱宽度方向的裂缝
16	$5\Delta_y$	框支转换梁梁端出现明显的塑性铰，与 A 柱 B 柱相交处混凝土脱落严重	上部短肢剪力墙上的裂缝发展并不明显	柱上裂缝已从柱顶、柱底向柱中部有一定延伸扩展，此时 A 柱柱脚外侧出现混凝土表皮脱落，呈现出混凝土压碎的趋势

6.3.1.2 试件 ZHL-4 裂缝发展规律（表 6-4）

试件 ZHL-4 试验全过程裂缝描述 表 6-4

加载级数	荷载 P	框支转换梁	上部墙体	框支柱
竖向加载	1	0～495kN	没有裂缝	没有裂缝	没有裂缝
水平荷载力控制	2	−80kN	框支转换梁靠近 A 柱下部，出现开裂裂缝，AB 面上 2 条，BA 面上 1 条，裂缝极细	没有裂缝	没有裂缝
	3	+90kN	框支转换梁靠近 B 柱下部，出现开裂裂缝，BA 面上 3 条（其中 1 条斜裂缝与柱斜交），AB 面上 2 条，裂缝同样很细	没有裂缝	没有裂缝
	4	+160kN	原有裂缝增大并逐渐延伸，个别裂缝在梁底贯通。框支转换梁下部靠近 B 柱处，BA 面新产生 1 条斜裂缝，AB 面新产生 2 条斜裂缝	没有裂缝	没有裂缝
	5	−160kN	原有裂缝增大并逐渐延伸，转换梁下部靠近 A 柱处，BA 面新产生 2 条斜裂缝，AB 面新产生 2 条斜裂缝	没有裂缝	A 柱下端外侧、B 柱下端内侧，首次出现裂缝，裂缝极细
	6	+210kN	原来转换梁靠近 B 柱下部的裂缝扩展、延伸，并产生了少量新裂缝；转换梁靠近 A 柱上部，与 A 剪力墙相交处首次产生了 2 条细小的裂缝，并向 A 剪力墙上扩展	A 剪力墙上首次出现裂缝	A 柱下端内侧、B 柱下端外侧各自新产生 1 条裂缝
	7	−210kN	原来转换梁靠近 A 柱下部的裂缝扩展、延伸，并产生了少量新裂缝；转换梁靠近 B 柱上部，与 B 剪力墙相交处首次产生了 2 条细小的裂缝，并向 B 剪力墙上扩展	B 剪力墙上首次出现裂缝	A 柱、B 柱上端及下端有新裂缝产生
	8	−270kN	在转换梁两端支座处，主要是与剪力墙交界处产生了多条裂缝，向剪力墙延展明显；转换梁与柱相交处的裂缝也产生明显，预示着转换梁上塑性铰的产生。由此可认为试件反向屈服。此时屈服位移为 9mm	剪力墙上原有裂缝延伸，并在同方向不断产生新裂缝	A、B 柱上下两端不断有新裂缝产生
	9	+310kN	找到反向屈服点后，继续寻找正向屈服点。水平推力继续增大，当达到 310kN 时，转换梁原有裂缝不断扩展，在转换梁支座位置仍然少量增加了一些裂缝。框支转换梁上裂缝急剧开展，塑性铰形成，构件正向屈服；屈服位移为 10mm	短肢剪力墙上原有裂缝延伸，并在同方向不断产生新裂缝	A、B 柱上下两端不断有新裂缝产生

续表

加载级数	荷载 P	框支转换梁	上部墙体	框支柱
水平荷载位移控制	10 / $1\Delta_y$	在框支转换梁靠近 A、B 柱支座处，按原来产生裂缝的规律，继续产生新的裂缝，并且原有裂缝有所延伸	反向（拉）加载时，A 剪力墙上产生一条较长的斜裂缝，是首次由转换梁下部裂缝贯穿整个梁截面延伸上来，该裂缝与原来产生的斜裂缝延伸方向相反，并相交	A、B 柱上下两端有部分新裂缝产生
	11 / $2\Delta_y$	在框支转换梁上半部分、下半部分不少裂缝延伸到梁高的 3/4，个别裂缝贯通整个梁高	正向（推）加载时，B 剪力墙上产生一条较长的斜裂缝，是首次由转换梁下部裂缝贯穿整个梁截面延伸上来，该裂缝与原来产生的斜裂缝延伸方向相反，并相交	A、B 柱上下两端有新裂缝产生
	12 / $3\Delta_y$	转换梁上原有裂缝加宽、加长，裂缝扩展较厉害；支座两端斜裂缝宽度大于 2.5mm。靠近节点位置部分混凝土脱落	B 剪力墙一侧的翼柱上，新产生了两条裂缝	A 柱上下端不断产生裂缝，原有裂缝扩展明显
	13 / $4\Delta_y$	斜裂缝增大；转换梁支座两端混凝土噼噼啪啪地不断脱落	短肢剪力墙上仍有新裂缝产生	B 柱上下端裂缝急剧扩展，有少量混凝土脱落
	14 / $5\Delta_y$	新裂缝在该阶段产生很少，框支转换梁与框支 A 柱、B 柱相交处，混凝土脱落较多，破坏严重，已形成梁铰、柱铰。框支转换梁以下构件侧移明显	短肢剪力墙上裂缝有所延伸、扩展，但不及转换梁与框支柱	柱上下端裂缝不断开展，并且开展较宽，最宽处达 5mm 以上；同时该处外表混凝土噼噼啪啪地不断脱落。柱 A 破坏更厉害

6.3.1.3 试件 ZHLY-4Q 裂缝发展规律（表 6-5）

试件 ZHLY-4Q 试验全过程裂缝描述

表 6-5

加载级数	荷载 P	框支转换梁	上部墙体	框支柱
竖向加载	1 / 0~495kN	没有裂缝	没有裂缝	没有裂缝
水平荷载力控制	2 / +120kN	试件 AB 面距 B 端 72cm 处框支转换梁上出现第 1 条竖向裂缝，长度约为 10cm；试件 BA 面 B 端洞口下方转换梁下部也出现裂缝，长度约为 10cm；裂缝都极细，自下而上发展。该批裂缝判定为正向（推）开裂裂缝	没有裂缝	没有裂缝

续表

加载级数	荷载 P	框支转换梁	上部墙体	框支柱
3	−120kN	试件 AB 面距 A 端 72cm 处和 BA 面 A 端洞口下方框支转换梁上出现裂缝，裂缝自下而上，以一定的倾斜度向跨中方向延伸至框支转换梁中部，长度均为 11cm，裂缝极细。该裂缝确定为反向（拉）开裂裂缝	没有裂缝	没有裂缝
4	+170kN	试件 AB 面，框支转换梁与 B 柱之间出现了 1 条向跨中方向倾斜，自下而上延伸的裂缝；+120kN 时产生的裂缝继续自下而上延伸。裂缝都极细	没有裂缝	框支 B 柱上端内侧首次有裂缝产生。裂缝沿柱宽方向发展
5	−170kN	无论试件 AB 面，还是 BA 面，近 B 柱，框支转换梁上部各产生了 1 条斜裂缝，裂缝很短，5cm 左右。近 A 柱，框支转换梁下部产生了 1 条斜裂缝，裂缝自下而上，以一定的倾斜度向跨中方向延伸。框支转换梁前面几级加载产生的裂缝继续向梁中部延伸	上部短肢剪力墙的 B 墙肢首次出现了斜向 45° 裂缝，该裂缝是由下部框支转换梁上的裂缝扩展而来的裂缝，很细，很短，约为 10cm	框支 A 柱上端内侧首次有裂缝产生。裂缝沿柱宽方向发展
6	+220kN	无论试件 AB 面，还是 BA 面，近 A 柱，框支转换梁上部；近 B 柱，框支转换梁下部，都有少量新裂缝产生，前面几级加载产生的裂缝继续沿着原有裂缝发展规律进一步延伸、扩展。框支梁下部与 B 柱相交位置有 2 条新裂缝产生。新增数量少，发展缓慢	试件 AB 面上部短肢剪力墙 A 墙肢首次出现了斜向 45° 裂缝，该裂缝是由下部框支转换梁上的裂缝扩展而来的，裂缝极短	B 柱上端内侧，下端外侧各产生了几条裂缝，裂缝极细
7	−220kN	无论试件 AB 面，还是 BA 面，近 A 柱，框支转换梁下部；近 B 柱，框支转换梁上部，都有少量新裂缝产生。前面几级加载产生的裂缝继续沿着原有裂缝发展规律进一步延伸、扩展，最长裂缝达到 1/2 梁高。裂缝仍发展缓慢	B 墙肢上，与原有裂缝平行位置新产生 1 条裂缝，长度达到了 30cm。原有裂缝继续向短肢剪力墙上部延伸	A 柱上端内侧产生了 1 条裂缝，下端外侧产生了 3 条裂缝，裂缝极细
8	+270kN	B 柱与框支转换梁相交处自下而上新出现了几条裂缝；A 柱与框支转换梁相交处则自上而下新出现了几条裂缝。前面几级加载产生的裂缝继续向前发展	原有裂缝继续向 A 短肢剪力墙上部延伸，新裂缝几乎没有产生	A 柱上端外侧，下端内侧；B 柱上端内侧，下端外侧；有少量新裂缝产生。原有裂缝向柱宽度方向扩展
9	−270kN	A 柱与框支转换梁相交处自下而上新出现了几条裂缝；B 柱与框支转换梁相交处则自上而下新出现了几条裂缝。前面几级加载产生的裂缝继续进一步延伸	原有裂缝继续向 B 短肢剪力墙上部延伸，新裂缝很少产生	A 柱上端内侧，下端外侧；B 柱上端外侧，下端内侧，有少量新裂缝产生。原有裂缝向柱宽度方向扩展

水平荷载力控制

续表

加载级数	荷载 P	框支转换梁	上部墙体	框支柱
水平荷载力控制 10	+310kN	新裂缝产生和原有裂缝扩展速率突然加大，A 墙肢下方近 A 柱的框支转换梁上半部分新产生了 1 条自上而下延伸的裂缝，B 墙肢下方近 B 柱的框支转换梁下半部分原有裂缝自下而上延伸。框支转换梁下部 3 根预应力 CFRP 纵筋最大应变测点的应变均超过其名义屈服应变(7000)，且滞回曲线已出现明显的环状，判定此时试件正向(推)屈服，屈服正向(推)位移为 8.5mm	A 短肢剪力墙上由框支转换梁延伸上来的裂缝也有少量扩展，但总体上远少于此阶段试件 ZHL-1、ZHL-4、ZH-LY-4B 短肢剪力墙上的裂缝	A 柱上端外侧产生的沿柱宽方向的多条横向裂缝扩展剧烈，已延伸至 A 柱的 AB 面及 BA 面
11	−310kN	框支转换梁上 B 墙肢下方与墙肢相接部分自上而下产生了 1 条裂缝，A 柱与框支转换梁相交处，自下而上产生了 2 条裂缝，并有 1 条裂缝向上延伸，裂缝长度都较短。框支转换梁下部 3 根预应力 CFRP 纵筋最大应变测点的应变均超过其名义屈服应变(7000)，滞回曲线已出现明显的环状，故判断此时试件反向(拉)屈服，屈服反向(拉)位移为 8.5mm	B 短肢剪力墙上由框支转换梁延伸上来的裂缝也有少量扩展，但总体上远少于此阶段试件 ZHL-1、ZHL-4、ZH-LY-4B 短肢剪力墙上的裂缝	B 柱上端外侧产生的沿柱宽方向的多条横向裂缝扩展剧烈，已延伸至了 B 柱的 AB 面及 BA 面
水平荷载位移控制 12	1Δy	无论试件的 AB 面还是 BA 面，靠近 A、B 柱的框支转换梁支座处，按原来产生裂缝发展规律，有少量新裂缝产生和原有裂缝延伸，裂缝长度较短；而框支转换梁跨中几乎没有裂缝产生	A、B 短肢剪力墙上框支转换梁延伸上来的裂缝有少量扩展，总体上短肢剪力墙上的裂缝都扩展极慢，数量较少	A、B 两柱上下端有部分新裂缝产生，原有裂缝在柱截面宽度方向扩展，但延伸速率较慢
13	2Δy	比起 1Δy 两级循环水平加载，数条斜短裂缝继续在框支转换梁与 A 柱、B 柱相交处出现，呈 45°斜向平行分布，原有裂缝也延伸到梁高的 1/2，并与另一方向产生的裂缝相连。框支转换梁上裂缝仍发展缓慢，数量较少	框支转换梁上半部分的多条裂缝，向 A 短肢剪力墙，B 短肢剪力墙上延伸，但延伸速率较慢。传力梁下部剪力墙有少量裂缝产生	A、B 两柱上下端有新裂缝产生，原有裂缝扩展，A 柱，B 柱外侧中部也产生了数条横向裂缝
14	3Δy	框支转换梁靠近柱端附近区域，按原来裂缝发展规律，不断有新裂缝产生，原有裂缝扩展也较厉害，两个加载方向产生的裂缝交叉，梁柱节点处的裂缝呈现密集状。但框支转换梁中部较少有裂缝发展	A 短肢剪力墙及 B 短肢剪力墙上裂缝发展缓慢，A 墙肢上反方向裂缝出现，与原来裂缝交叉，短肢剪力墙翼墙上出现裂缝	A 柱，B 柱上下两端由于新裂缝不断产生和原有裂缝扩展，也表现出裂缝的密集状况。A 柱，B 柱中部开始有裂缝出现，A 柱，B 柱外侧的裂缝明显多于柱内侧
15	4Δy	框支转换梁与 A、B 柱相交处(节点位置)新裂缝仍有产生，原有裂缝按先前扩展趋势加剧延伸。支座位置，斜裂缝宽度开展较宽；框支转换梁跨中部位，新裂缝的产生，原有裂缝的继续扩展不明显。在 4Δy 第 1 次循环的正向加载过程中，试件承受的水平推力和水平拉力均达到最大，分别是 518kN 及 478kN	短肢剪力墙上新裂缝的产生，原有裂缝的继续扩展不明显	A 柱，B 柱上下端裂缝急剧扩展，B 柱上端、柱脚外侧有混凝土脱落，噼噼啪啪响声不断；A 柱柱脚外侧有少量混凝土被压碎

续表

加载级数	荷载 P	框支转换梁	上部墙体	框支柱
水平荷载位移控制	16	5Δ_y	在 5Δ_y 的正（推）反（拉）两次循环水平加载过程中，框支转换梁跨中部位新裂缝的产生，原有裂缝的继续扩展仍然不明显。而在梁柱节点处新裂缝不断产生，原有裂缝在长度方面扩展不多，而在裂缝宽度方面发展较快，最大缝宽大于 2mm。外表混凝土脱落非常明显。梁铰、柱铰均已初步形成。框支转换梁以下构件侧移明显。在 5Δ_y 第 2 次循环的反向（拉）加载过程中，荷载急剧下降，此时的水平拉力下降幅度超过 30%，试验结束	短肢剪力墙上新裂缝的产生，原有裂缝的继续扩展仍然不明显	框支柱上下端，新裂缝不断产生，原有裂缝虽在长度方面扩展不多，而在裂缝宽度方面发展较快，最大缝宽大于 2mm。A 柱、B 柱上多数裂缝已贯通整个截面，柱上下端裂缝不断加宽；比 4Δ_y 正（推）反（拉）两次循环加载时，外表混凝土脱落非常明显，噼噼啪啪响声不断，特别是 B 柱内侧上端大块混凝土崩裂、脱落

6.3.2 破坏情况

6.3.2.1 试件 ZHL-1 破坏情况

进行 5Δ_y 水平位移加载循环时，框支转换梁梁端出现明显的塑性铰，梁柱节点处混凝土脱落严重，柱上裂缝已从柱顶、柱底向柱中部有一定延伸扩展，此时框支柱柱脚外侧混凝土表面脱落，呈现出混凝土压碎的趋势，因混凝土脱落而产生的响声明显，梁端、柱端已形成明显的塑性铰，但此时上部短肢剪力墙上的裂缝发展并不充分。5Δ_y 水平位移加载至第 2 个循环时，试件 ZHL-1 承受的正向水平荷载已下降了 19%，超过了 15%，此时判定试件失效，如图 6-20 所示。

图 6-20 试件 ZHL-1 破坏情况

6.3.2.2 试件 ZHL-2 破坏情况

图 6-21 显示在正向加载过程中，试件 ZHL-2 的 A 柱柱脚（试件背面）产生剪切破坏，此时转换梁端部出现塑性铰不明显，试件的破坏方式属于脆性破坏，但由于该试件在预加载阶段承受的冲击荷载的方向也为正向，所以不能确定是由于在转换梁下部配置 CFRP 筋后导致了试件的脆性破坏。

图 6-21 ZHL-2 试件破形态

6.3.2.3 试件 ZHL-3 破坏情况

进行 ±1Δy 水平位移加载循环时,转换梁及剪力墙新开展裂缝不多,基本上都是原有裂缝延伸及扩展;±2Δy 水平位移加载循环时,转换梁端出现 3 条新裂缝,转换梁裂缝延伸贯通到上部剪力墙,而剪力墙出现 4 条新裂缝,柱子产生多条新裂缝。±4Δy 水平位移加载循环时,达到极限荷载,梁柱交接处、框支柱柱脚外侧均有混凝土脱落。随后试件进入承载力下降段,±7Δ 水平位移加载循环时,梁柱交接处混凝土脱落,形成塑性铰,此时,水平荷载下降 20%,此时判定试件失效,试验结束,如图 6-22 所示。

图 6-22 试件 ZHL-3 破坏情况

6.3.2.4 试件 ZHL-4 破坏情况

进行 5Δy 水平位移加载循环时,该阶段框支转换梁几乎很少有新裂缝产生,框支转换梁与框支柱交接处,混凝土脱落明显,破坏严重,短肢剪力墙上裂缝有所延伸、扩展,但不及转换梁与框支柱上裂缝明显。框支柱上下端裂缝不断扩展,部分混凝土压碎。此时梁铰、柱铰均已形成,框支转换梁以下构件侧移明显,正向水平荷载急剧下降至极限荷载的 22%,试验结束,试件最终破坏形态如图 6-23 所示。

6.3.2.5 试件 ZHLY-4B 破坏情况

进行 5Δy 水平位移加载循环时,框支转换梁几乎很少有新裂缝产生,原有裂缝在长

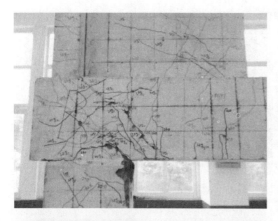
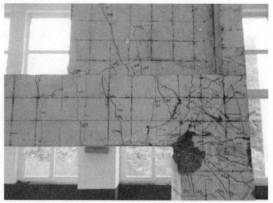

图 6-23　试件 ZHL-4 破坏情况

度方面扩展不多，而裂缝宽度增加较快。框支柱上多数裂缝已贯通整个截面，框支柱上下端裂缝不断加宽，表层混凝土不断脱落。此时梁铰、柱铰均已初步形成，框支转换梁以下

图 6-24　试件 ZHLY-4B 破坏情况

构件侧移明显。5Δ_y 反向加载过程中，水平拉力下降幅度接近了 15%。进行 6Δ_y 正向加载时，框支转换梁支座位置，框支柱上下两端的表层混凝土不断脱落，柱脚混凝土压碎，正向水平荷载突然陡降，下降到极限荷载的 70%，此时判断试验结束，试件破坏形态如图 6-24 所示。

6.3.2.6　试件 ZHLY-4Q 破坏情况

进行 5Δ_y 水平位移加载循环时，在框支转换梁跨中部位和短肢剪力墙上，几乎很少有新裂缝产生，原有裂缝的扩展也不明显。而在梁柱节点处、框支柱上下端，新裂缝不断产生，原有裂缝虽在长度方面扩展不多，但在裂缝宽度方面发展较快，最大缝宽超过 2mm。框支上多数裂缝已贯通整个截面，框支柱上下端裂缝不断加宽。与 4Δ_y 循环相比，5Δ_y 循环时框支柱上下端表层混凝土脱落、崩裂非常明显。此时梁铰、柱铰均已初步形

成，框支转换梁以下构件侧移明显。5Δ_y反向加载过程中，反向水平荷载急剧下降，下降幅度超过极限荷载30%，此时判断试验结束。

与试件ZHLY-4B相比，试件ZHLY-4Q的框支柱裂缝在接近破坏时大幅开展，试件破坏呈现出一定脆性，试件破坏形态如图6-25所示。

图 6-25　试件 ZHLY-4Q 破坏情况

6.3.2.7　试件 JLQ-1 破坏情况

进行9Δ_y水平位移加载循环时，梁柱节点形成明显的塑性铰，混凝土脱落严重，框支柱上端内侧裂缝区表层混凝土完全脱落。同时，框支柱柱脚外侧混凝土被压碎，压碎区高度达到约20cm，框支柱纵筋和箍筋彻底外露，如图6-26所示。由于墙梁共同作用，中

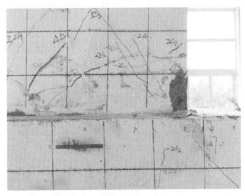

图 6-26　9Δ_y 循环时试件上裂缝

图 6-27　试件 JLQ-1 破坏形态

间墙肢右下角混凝土起皮和破碎，并伴有混凝土碎块脱落，呈现混凝土压碎趋势，如图 6-26 所示，此时两端墙肢 A、B 裂缝开展并不充分。

对试件进行 $9\Delta_y$ 正向加载循环时，试件承受的正向水平荷载急剧下降，下降幅度接近 20%，当进行 $9\Delta_y$ 反向加载循环时，试件承受的反向水平荷载同样下降幅度接近 20%，此时判定试件失效，试件破坏形态如图 6-27 所示。

6.3.3　筋材应变

拟静力试验时，纵向受力筋材应变的发展变化规律直接反映了转换梁框支剪力墙的受力性能与裂缝发展规律。应变测点布置情况已在第 6.2.3 节的量测方案中进行了描述。选取构件关键部位和薄弱部位筋材的应变数据，进行筋材应变分析，这些筋材包括：框支转换梁的纵筋和箍筋；框支柱 A、框支柱 B 的纵筋；短肢剪力墙墙肢 A、墙肢 B 上的水平分布筋、竖向分布筋。以试件 ZHLY-4Q 为例，对筋材的应变分布规律进行描述。

6.3.3.1　框支转换梁中筋材应变分布规律

1. 力控加载过程

框支转换梁下部 3 根预应力 CFRP 筋的应变分布规律如图 6-28 所示。当竖向荷载加载至 490kN 时，3 根预应力 CFRP 纵筋应变均大于 0。随着正向或反向水平荷载的增大，筋材应变不断增大，当水平荷载加载至 310kN 时，3 根预应力 CFRP 筋的最大应变均超过其名义屈服应变（$7000\mu\varepsilon$），此时判定试件屈服。相比之下，对框支转换梁下部的 CFRP 筋而言，预应力 CFRP 筋的应变明显大于非预应力 CFRP 筋。

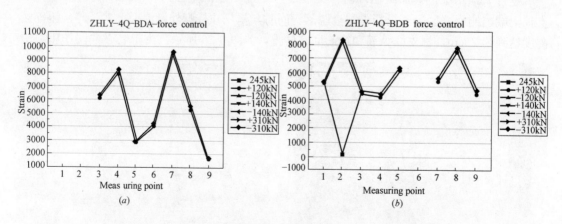

图 6-28　转换梁下部预应力 CFRP 筋应变分布曲线（屈服前）（一）

（a）预应力筋 ZHLY-4Q-BDA 应变分布曲线；（b）预应力筋 ZHLY-4Q-BDB 应变分布曲线

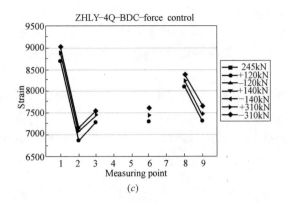

图 6-28 转换梁下部预应力 CFRP 筋应变分布曲线（屈服前）（二）

（*c*）预应力筋 ZHLY-4Q-BDC 应变分布曲线

框支转换梁上部 3 根非预应力 CFRP 筋的应变分布规律如图 6-29 所示。当竖向荷载加载至 490kN 时，3 根非预应力 CFRP 筋的应变很小，施加正向或反向水平荷载后，与

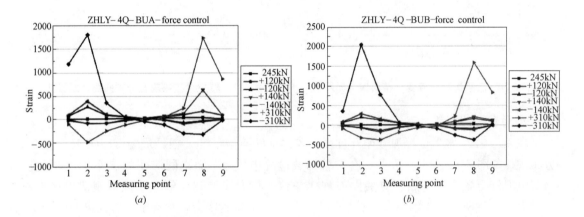

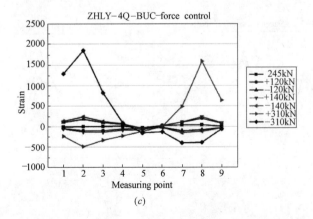

图 6-29 转换梁上部非预应力 CFRP 筋应变分布曲线（屈服前）

（*a*）非预应力筋 ZHLY-4Q-BUA 应变分布曲线；（*b*）非预应力筋 ZHLY-4Q-BUB 应变分布曲线；

（*c*）非预应力筋 ZHLY-4Q-BUC 应变分布曲线

下部 3 根预应力 CFRP 筋的应变相比，3 根非预应力 CFRP 筋的应变值偏小。3 根非预应力 CFRP 筋的应变分布表现出非常明显的反对称特性，筋材的应变发展规律也与框支转换梁的裂缝发展规律一致。裂缝发展比较明显的位置，筋材应变也较大，框支转换梁跨中部分几乎没有裂缝产生，筋材应变也几乎为 0。

框支转换梁腰筋的应变分布规律见图 6-30，箍筋的应变分布规律见图 6-31。在试件屈服之前，腰筋及箍筋的应变均远小于钢筋的屈服应变，箍筋最大应变出现的位置与框支转换梁上、下部 CFRP 筋的最大应变位置吻合，也与框支转换梁上裂缝出现的位置一致。

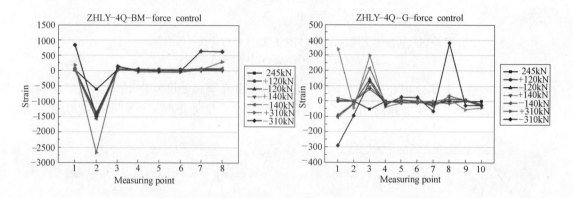

图 6-30　转换梁腰筋应变分布曲线（屈服前）　　图 6-31　转换梁箍筋应变分布曲线（屈服前）

2. 位移控制加载过程

在 $1\Delta_y \sim 5\Delta_y$ 水平位移加载循环过程中，框支转换梁下部 3 根预应力 CFRP 筋的应变分布规律如图 6-32 所示。可见，在位移加载过程中，除了溢出的应变测点外，3 根预应力 CFRP 筋上各应变测点的应变发展规律一致，与力控加载时的应变发展规律也接近，且最大应变出现的位置仍与框支转换梁上裂缝出现的位置吻合，均为框支转换梁的两端支座处。

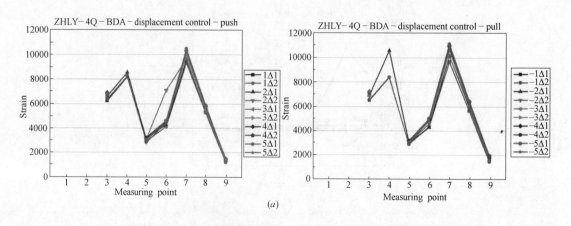

(a)

图 6-32　转换梁下部预应力 CFRP 筋应变分布曲线（屈服后）（一）

(a) 预应力筋 ZHLY-4Q-BDA 应变分布曲线

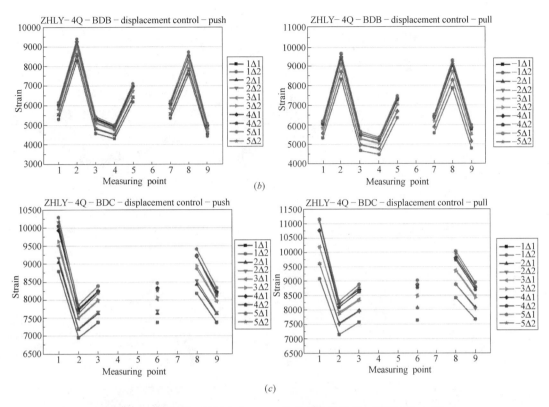

图 6-32 转换梁下部预应力 CFRP 筋应变分布曲线（屈服后）（二）

（b）预应力筋 ZHLY-4Q-BDB 应变分布曲线；（c）预应力筋 ZHLY-4Q-BDC 应变分布曲线

在 $1\Delta_y \sim 5\Delta_y$ 水平位移加载循环过程中，框支转换梁上部 3 根非预应力 CFRP 筋的应变分布规律如图 6-33 所示。3 根非预应力 CFRP 筋上各应变测点的应变明显小于下部 3 根预应力 CFRP 筋相应测点的应变。在位移加载过程中，3 根非预应力 CFRP 筋的应变分布表现出一定的反对称性。

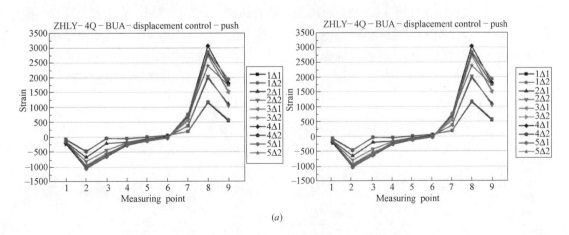

图 6-33 转换梁上部非预应力 CFRP 筋应变分布曲线（屈服后）（一）

（a）非预应力筋 ZHLY-4Q-BUA 应变分布曲线

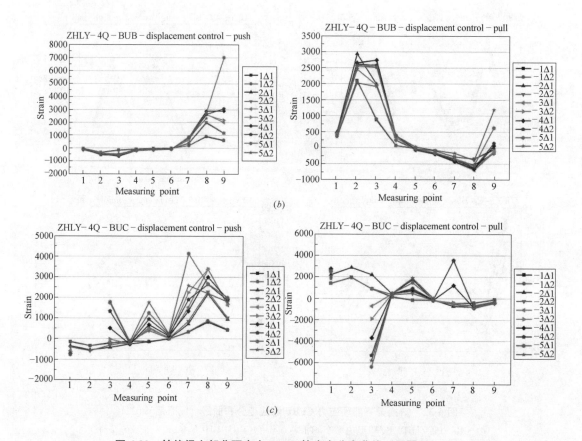

图 6-33　转换梁上部非预应力 CFRP 筋应变分布曲线（屈服后）（二）

（*b*）非预应力筋 ZHLY-4Q-BUB 应变分布曲线；（*c*）非预应力筋 ZHLY-4Q-BUC 应变分布曲线

在 $1\Delta_y \sim 5\Delta_y$ 水平位移加载循环过程中，框支转换梁腰筋的应变分布规律见图 6-34，箍筋的应变分布规律见图 6-35。在 $3\Delta_y$ 位移加载循环后，在靠近框支柱 A 处腰筋应变增大较多，其最大应变远超过了钢筋的屈服应变。箍筋的应变分布呈现出一定的反对称性。除靠近框支柱 A、B 处的箍筋应变较大外，其余各测点的箍筋应变均较小，各测点的箍筋应变均未达到屈服应变。框支转换梁的受力状态比较复杂。

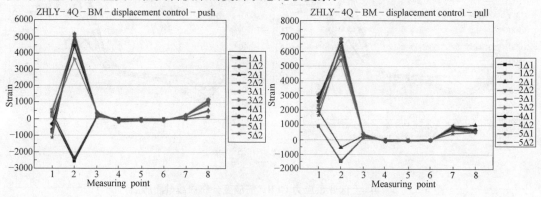

图 6-34　转换梁腰筋应变分布曲线（屈服后）

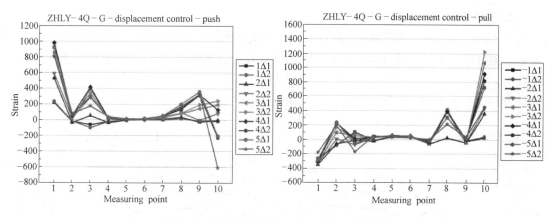

图 6-35 转换梁箍筋应变分布曲线（屈服后）

6.3.3.2 框支柱中筋材应变分布规律

1. 力控加载过程

先竖向加载至 490kN，再水平加载至构件屈服，框支柱中纵向钢筋的应变分布规律如图 6-36 所示。可见，在竖向加载及力控水平加载过程中，除个别测点的纵筋应变达到屈服应变外，其余测点的纵筋应变都较小。

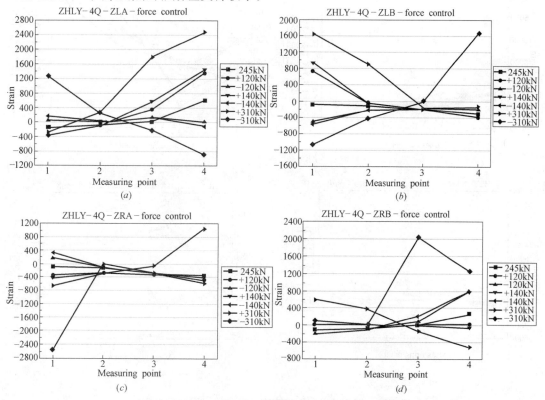

图 6-36 框支柱纵向钢筋应变分布曲线（屈服前）

（a）纵筋 ZHLY-4Q-ZLA 应变分布曲线；（b）纵筋 ZHLY-4Q-ZLB 应变分布曲线；
（c）纵筋 ZHLY-4Q-ZRA 应变分布曲线；（d）纵筋 ZHLY-4Q-ZRB 应变分布曲线

169

2. 位移控制加载过程

在 $1\Delta_y \sim 5\Delta_y$ 水平位移加载循环过程中，框支柱中纵向钢筋的应变分布规律如图 6-37 所示。随着位移加载循环倍数的增加，纵筋应变较为有规律地增加。在进行 $4\Delta_y$ 位移加载循环时，纵筋的最大压应变和最大拉应变都达到了钢筋的屈服应变。纵筋上最大应变出现的位置与框支柱上裂缝出现的位置吻合，均在框支柱的两端。

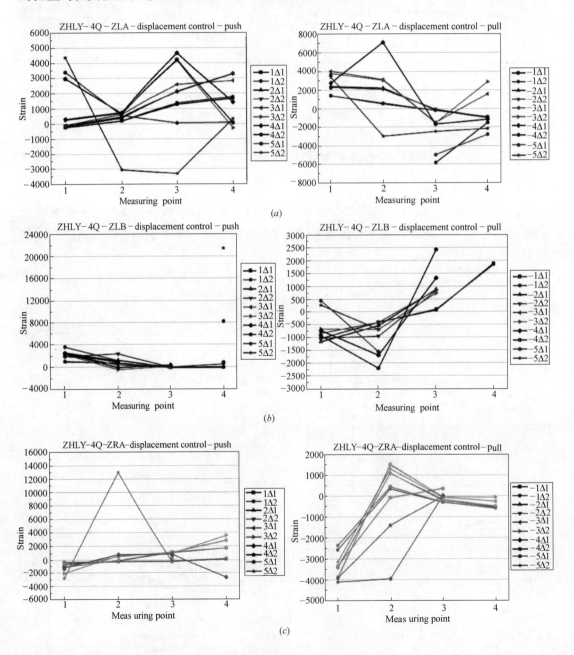

图 6-37　框支柱纵向钢筋应变分布曲线（屈服后）（一）

(a) 纵筋 ZHLY-4Q-ZLA 应变分布曲线；(b) 纵筋 ZHLY-4Q-ZLB 应变分布曲线；
(c) 纵筋 ZHLY-4Q-ZRA 应变分布曲线

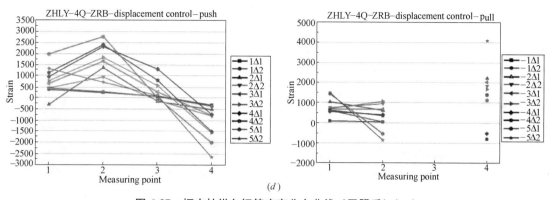

图 6-37 框支柱纵向钢筋应变分布曲线（屈服后）（二）

（d）纵筋 ZHLY-4Q-ZRB 应变分布曲线

6.3.3.3 短肢剪力墙中筋材应变分布规律

1. 力控加载过程

先竖向加载至 490kN，再水平加载至构件屈服，短肢剪力墙墙肢中水平和竖向分布钢筋的应变分布规律如图 6-38～图 6-41 所示。在竖向加载及力控水平加载过程中，短肢

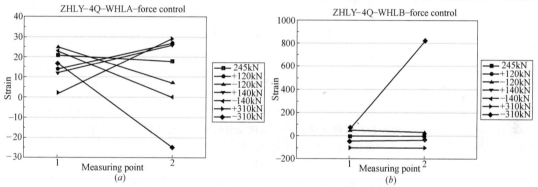

图 6-38 墙肢 A 水平分布钢筋应变分布曲线（屈服前）

（a）水平分布筋 ZHLY-4Q-WHLA 应变分布曲线；（b）水平分布筋 ZHLY-4Q-WHLB 应变分布曲线

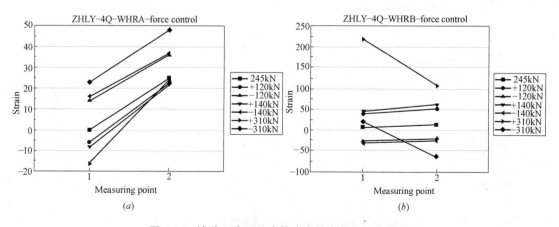

图 6-39 墙肢 B 水平分布筋应变分布曲线（屈服前）

（a）水平分布筋 ZHLY-4Q-WHLA 应变分布曲线；（b）水平分布筋 ZHLY-4Q-WHLB 应变分布曲线

剪力墙墙肢中分布钢筋的应变都较小，均未达到屈服应变。

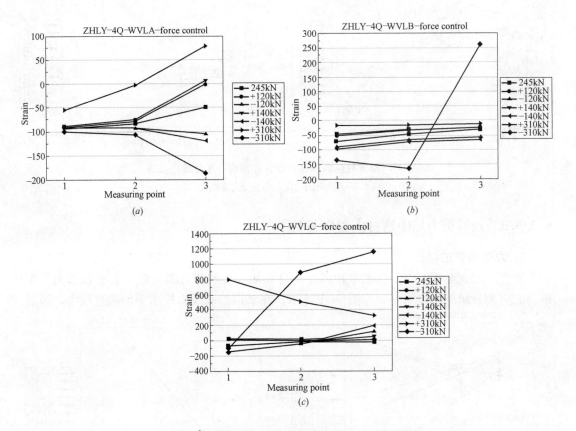

图 6-40　墙肢 A 竖向分布筋应变分布曲线（屈服前）

（a）竖向分布筋 ZHLY-4Q-WVLA（WVL1）应变分布曲线；

（b）竖向分布筋 ZHLY-4Q-WVLB（WHL2）应变分布曲线；

（c）竖向分布筋 ZHLY-4Q-WVLC 应变分布曲线

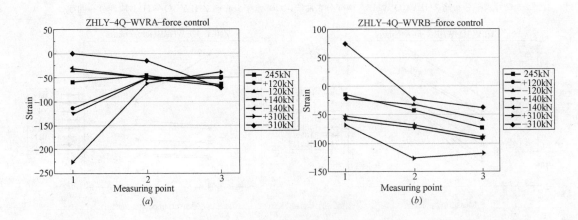

图 6-41　墙肢 B 竖向分布筋应变分布曲线（屈服前）（一）

（a）竖向分布筋 ZHLY-4Q-WVRA 应变分布曲线；（b）竖向分布筋 ZHLY-4Q-WVRB 应变分布曲线

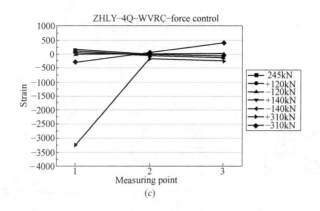

图 6-41 墙肢 B 竖向分布筋应变分布曲线（屈服前）（二）

（c）竖向分布筋 ZHLY-4Q-WVRC 应变分布曲线

2. 位移控制加载过程

在 $1\Delta_y \sim 5\Delta_y$ 水平位移加载循环过程中，短肢剪力墙墙肢中水平分布钢筋的应变分布规律如图 6-42、图 6-43 所示。随着位移加载循环倍数的增加，除个别应变测点外，水平

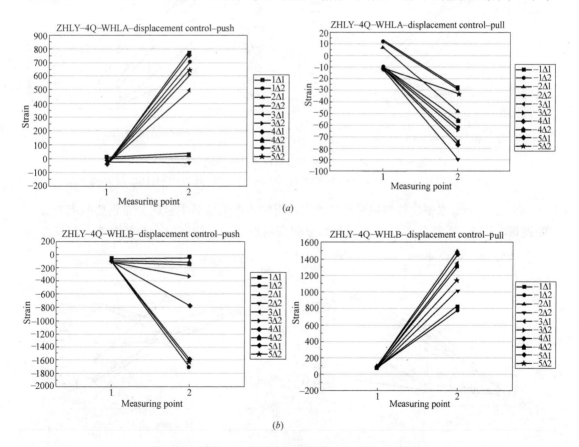

图 6-42 墙肢 A 水平分布钢筋应变分布曲线（屈服后）

（a）水平分布筋 ZHLY-4Q-WHLA 应变分布曲线；（b）水平分布筋 ZHLY-4Q-WHLB 应变分布曲线

分布钢筋上各测点的应变均按相同规律增大，各测点的应变都较小，多数应变值未达到 $1000\mu\varepsilon$，均未达到屈服应变。此时，短肢剪力墙上裂缝开展不明显，裂缝数量较少，可见，短肢剪力墙的应变发展规律与裂缝开展规律一致。

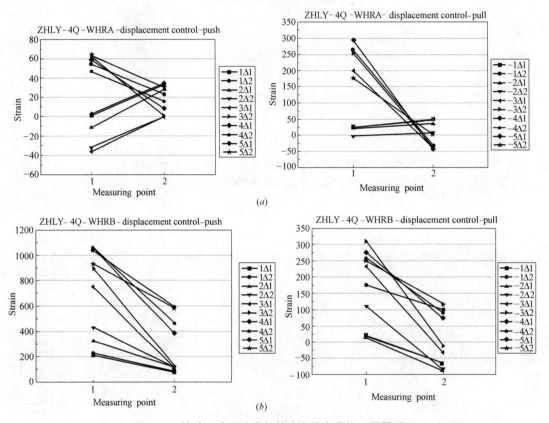

图 6-43　墙肢 B 水平分布钢筋应变分布曲线（屈服后）

（*a*）水平分布筋 ZHLY-4Q-WHRA 应变分布曲线；（*b*）水平分布筋 ZHLY-4Q-WHRB 应变分布曲线

在 $1\Delta_y \sim 5\Delta_y$ 水平位移加载循环过程中，短肢剪力墙墙肢中竖向分布钢筋的应变分布规律如图 6-44、图 6-45 所示。由于有部分应变测点溢出，竖向分布钢筋上部分应变测点

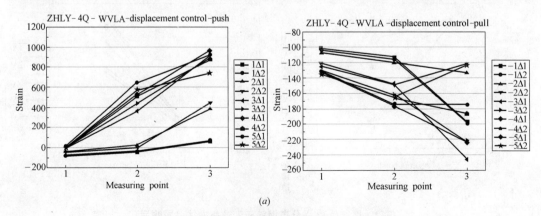

图 6-44　墙肢 A 竖向分布钢筋应变分布曲线（屈服后）（一）

（*a*）竖向分布筋 ZHLY-4Q-WVLA 应变分布曲线

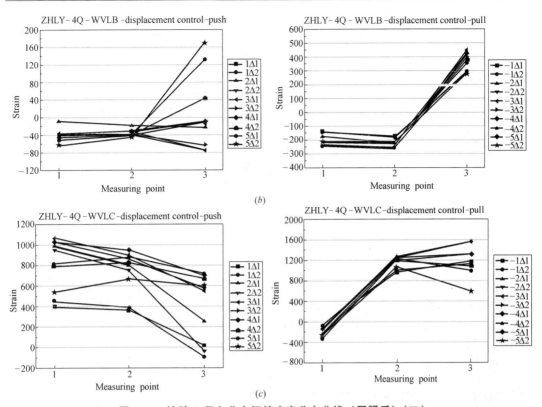

图 6-44 墙肢 A 竖向分布钢筋应变分布曲线（屈服后）（二）

（b）竖向分布筋 ZHLY-4Q-WVLB 应变分布曲线；（c）竖向分布筋 ZHLY-4Q-WVLC 应变分布曲线

的应变表现异常。随着位移加载循环倍数的增加，竖向分布钢筋的应变分布规律不如水平分布钢筋的应变分布规律明显。除个别测点的应变达到屈服应变外，竖向分布钢筋上大多数测点的应变都较小，这与短肢剪力墙上的裂缝发展规律是相吻合的。

6.3.4 特征荷载

表 6-6 列出了实测所得的试件开裂荷载、屈服荷载、极限荷载以及破坏荷载。开裂荷

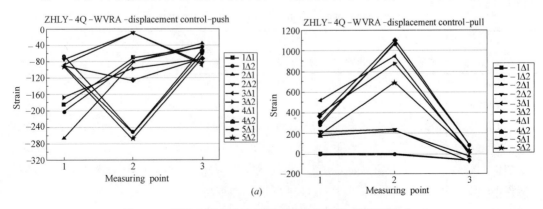

图 6-45 墙肢 B 竖向分布钢筋应变分布曲线（屈服后）（一）

（a）竖向分布筋 ZHLY-4Q-WVRA 应变分布曲线

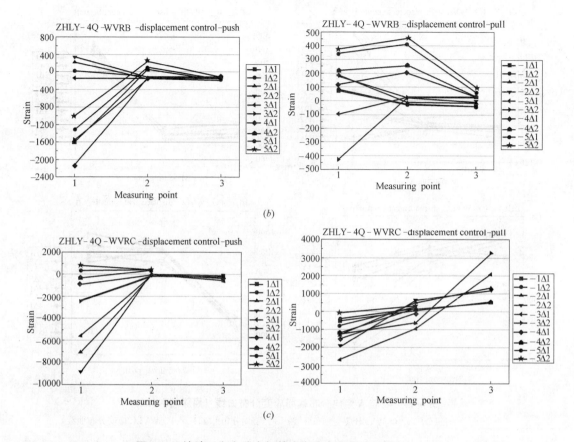

图 6-45　墙肢 B 竖向分布钢筋应变分布曲线（屈服后）（二）

(b) 竖向分布筋 ZHLY-4Q-WVRB 应变分布曲线；(c) 竖向分布筋 ZHLY-4Q-WVRC 应变分布曲线

载取结构出现第一条裂缝时相应的荷载；屈服荷载取框支转换梁纵筋达到屈服应变时相应的荷载，其中，试件 ZHL-1、ZHL-3 是以框支转换梁纵向受拉钢筋屈服作为结构屈服的标志，试件 ZHL-2、ZHL-4、ZHLY-4B、ZHLY-4Q、JLQ-1 是以纵向受拉 CFRP 筋应变超过其名义屈服应变（即极限应变的 70%）作为结构屈服时的标志；极限荷载取结构所能承受的最大荷载。

试件的开裂荷载、屈服荷载、极限荷载、破坏荷载　　　　　　表 6-6

试件编号	开裂荷载 P_{cr}(kN)			屈服荷载 P_y(kN)			极限荷载 P_m(kN)			破坏荷载 P_u(kN)		
	正向	反向	均值	正向	反向	均值	正向	反向	均值	正向	反向	均值
ZHL-1	90	90	90	260	270	265	378	366	372	320	273	297
ZHL-2				340	270	305	440	365	402.5	335	289	312
ZHL-3	90	80	85	260	260	260	407	381	394	349	323	336
ZHL-4	90	80	85	310	270	290	373	360	367	314	301	308
ZHLY-4B	120	90	105	350	350	350	464	450	457	318	378	348
ZHLY-4Q	120	120	120	310	310	310	518	478	498	440	406	423
JLQ-1	60	30	45	290	290	290	447	443	445	—	—	—

注：表中 P_{cr}—开裂荷载实测值；P_y—屈服荷载实测值；P_m—极限荷载实测值；P_u—破坏荷载实测值。

分析表 6-6 中数据，可得：

（1）开裂荷载。试件 ZHL-1、ZHL-3、ZHL-4 的开裂荷载非常接近，将钢筋替换为 CFRP 筋对构件的开裂荷载基本无影响，其开裂荷载主要由混凝土的抗拉强度决定。对 CFRP 筋施加预应力，可以显著提高开裂荷载。试件 ZHLY-4B 和试件 ZHLY-4Q 的开裂荷载，正向（推）荷载时，都为 120kN；反向（拉）荷载时，分别为 90kN、120kN，几乎比没有施加预应力试件 ZHL-1、ZHL-4 的开裂荷载提高了 30%。由于中间墙肢的传力作用，布置三肢剪力墙的试件 JLQ-1 的转换梁跨中承受更大的拉力，其开裂荷载小于布置双肢剪力墙的试件 ZHL-4。

（2）屈服荷载。试件 ZHL-1、ZHL-2、ZHL-3、ZHL-4 的屈服荷载相差不大，将纵向受力钢筋全部替换为 CFRP 筋，屈服荷载会有所提高，但提高幅度不大。试件 ZHLY-4B、ZHLY-4Q 的屈服荷载亦相差不大，对 CFRP 筋施加预应力后，屈服荷载亦有所提高，但提高幅度不大。三肢剪力墙试件 JLQ-1 与双肢剪力墙试件 ZHL-4 的屈服荷载相当，可见墙肢布置对构件屈服荷载影响不大。

（3）极限荷载。在纵筋配筋率降低的情况下（试件 ZHL-1 的纵筋配筋率为 1.27%，试件 ZHL-2 以及试件 ZHL-3 的纵筋配筋率为 1.03%，试件 ZHL-4 的纵筋配筋率为 0.77%），配置了 CFRP 筋的试件 ZHL-2、ZHL-3、ZHL-4 比全钢筋混凝土试件 ZHL-1 的极限荷载略有增大，说明将钢筋替换为 CFRP 筋对提高构件的承载力提高有一定作用。对 CFRP 筋施加预应力后，极限荷载大幅提高，且预应力 CFRP 筋数量越多，提高幅度越大。增加中间墙肢后，构件的抗侧刚度增大，极限荷载得以提高。

（4）破坏荷载。由于 CFRP 筋的塑性较差，将纵向受力钢筋全部替换为 CFRP 筋后，构件延性降低，破坏荷载下降。对 CFRP 筋施加预应力，可以显著提高构件的破坏荷载，且预应力 CFRP 筋数量越多，提高幅度越大。

6.3.5 承载力衰减

引用承载力降低因数 λ 来对混凝土转换梁框支剪力墙的承载力衰减进行对比分析。承载力降低因数 λ 由同一级加载各次循环所得的最大荷载比较所得，λ 计算公式如下：

$$\lambda = \frac{F_j^i}{F_j^{i-1}} \tag{6-1}$$

式中：F_j^i——位移延性系数为 j 时，第 i 次循环峰值点荷载；

F_j^{i-1}——位移延性系数为 j 时，第 $i-1$ 次循环峰值点荷载。

试验每级位移控制加载完成了两次循环过程。在位移加载两次循环过程中，试件 ZHL-1、ZHL-3、ZHL-4、ZHLY-4B、ZHLY-4Q、JLQ-1 的正、反向平均承载力降低因数计算及对比如图 6-46 和表 6-7 所示。

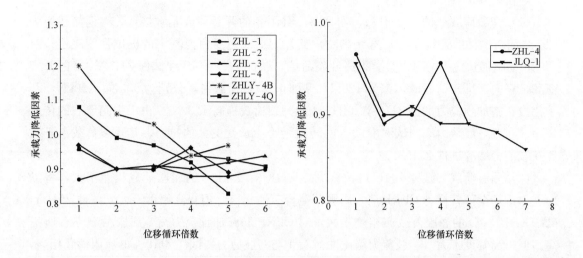

图 6-46　各试件承载力降低因数对比

各试件承载力降低因数　　　　　　　　　　　　　　　　表 6-7

编号	承载力降低因数		$1\Delta_y$	$2\Delta_y$	$3\Delta_y$	$4\Delta_y$	$5\Delta_y$	$6\Delta_y$	$7\Delta_y$
	正向	$F_j^2(kN)$	219	304.2	344	331.2	325	320	
		$F_j^1(kN)$	250.8	336.7	378	376	368	354	
		λ	0.87	0.90	0.91	0.88	0.88	0.90	
ZHL-1	反向	$F_j^2(kN)$	-246.4	-319.6	-326	-310	-281	-266	
		$F_j^1(kN)$	-261	-354.6	-366	-357	-337	-311	
		λ	0.94	0.90	0.89	0.87	0.83	0.86	
	λ 均值		0.91	0.90	0.90	0.87	0.86	0.88	
	正向	$F_j^2(kN)$	340	364	401	346	313	292	
		$F_j^1(kN)$	360	415	440	374	335	310	
		λ	0.94	0.88	0.91	0.93	0.93	0.94	
ZHL-2	反向	$F_j^2(kN)$	217	309	327	311	283	252	
		$F_j^1(kN)$	224	334	365	327	306	289	
		λ	0.97	0.93	0.90	0.95	0.92	0.87	
	λ 均值		0.96	0.90	0.90	0.94	0.93	0.91	
	正向	$F_j^2(kN)$	237.2	316.4	363.7	369.1	369.8	359.7	
		$F_j^1(kN)$	243.4	357.1	399.3	407.3	394.1	382.5	
		λ	0.97	0.88	0.91	0.90	0.93	0.94	
ZHL-3	反向	$F_j^2(kN)$	-239.5	-331.2	-351.7	-338	-336	-331	
		$F_j^1(kN)$	-249.2	-353.6	-381.6	-370	-362	-346	
		λ	0.96	0.93	0.92	0.91	0.92	0.95	
	λ 均值		0.96	0.90	0.91	0.90	0.92	0.94	

续表

编号	承载力降低因数		$1\Delta_y$	$2\Delta_y$	$3\Delta_y$	$4\Delta_y$	$5\Delta_y$	$6\Delta_y$	$7\Delta_y$
ZHL-4	正向	$F_j^2(kN)$	266	329.8	346.6	314.6	286		
		$F_j^1(kN)$	268.5	353.3	361.5	373	327		
		λ	0.99	0.93	0.95	0.84	0.87		
	反向	$F_j^2(kN)$	-244.5	-302.8	-307.6	-316.7	306		
		$F_j^1(kN)$	-257	-341.3	-360	-355.3	338		
		λ	0.95	0.88	0.85	0.89	0.91		
	λ 均值		0.97	0.90	0.90	0.86	0.89		
ZHLY-4B	正向	$F_j^2(kN)$	351	424	442	441	420		
		$F_j^1(kN)$	292	449	394	464	431		
		λ	1.20	0.94	1.12	0.95	0.97		
	反向	$F_j^2(kN)$	302	378	413	413	378		
		$F_j^1(kN)$	254	306	438	450	391		
		λ	1.19	1.24	0.94	0.92	0.97		
	λ 均值		1.20	1.09	1.03	0.94	0.97		
ZHLY-4Q	正向	$F_j^2(kN)$	206	399	494	483	438		
		$F_j^1(kN)$	178	393	496	518	498		
		λ	1.16	1.02	0.99	0.93	0.88		
	反向	$F_j^2(kN)$	329	412	448	429	333		
		$F_j^1(kN)$	332	432	470	478	431		
		λ	0.99	0.95	0.95	0.90	0.77		
	λ 均值		1.08	0.99	0.97	0.92	0.83		
JLQ-1	正向	$F_j^2(kN)$	280.6	336	370.6	381.5	381	379	359.1
		$F_j^1(kN)$	292	369.6	407	445.2	439	442.9	421.3
		λ	0.96	0.91	0.91	0.86	0.87	0.86	0.85
	反向	$F_j^2(kN)$	-248.9	-337.4	-382.5	-401.3	-389.2	-386.3	-373
		$F_j^1(kN)$	-260.8	-386.8	-425	-443	-433.5	-431.2	-429.5
		λ	0.95	0.87	0.90	0.91	0.90	0.90	0.87
	λ 均值		0.96	0.89	0.91	0.89	0.89	0.88	0.86

由图 6-46 和表 6-7 可见，随着位移加载循环倍数的增加，各试件的承载力降低因数都是逐渐衰减的，加载初期衰减幅度较大，随着塑性铰的形成和发展，加载后期衰减幅度减小并趋于平稳，临近破坏时，部分试件的承载力降低因素小幅提高。

相比之下，试件 ZHL-1 的承载力降低因数变化曲线最平缓，其次为试件 ZHL-2、ZHL-3、ZHL-4，再次为试件 ZHLY-4B、ZHLY-4Q。试件 ZHL-4、JLQ-1 的承载力降低因数变化曲线基本一致。

由此说明，将钢筋替换为 CFRP 筋，以及对 CFRP 筋施加预应力，虽可提高构件的承载力，但随着位移加载循环倍数的增加，承载力的衰减幅度更大，尽管如此，加载后期构件的承载力衰减趋于平缓，并未因变形增加和刚度退化而发生承载力陡降现象，在破坏前仍能保持较高的承载力。而墙肢布置的改变对承载力衰减变化规律的影响不明显。

6.3.6 破坏机制

通过对试验整个过程的观察，试件 ZHL-1、ZHL-3、ZHL-4、ZHLY-4B、ZHLY-4Q 及 JLQ-1 的开裂位置、裂缝发展过程以及破坏机制都类似，只是开裂荷载、屈服荷载以及极限荷载有所不同。试件的破坏机制描述如下：

施加水平反向荷载，靠近 A 柱转换梁下部开裂

施加水平正向荷载，靠近 B 柱转换梁下部开裂

水平反向荷载增大，A、B 柱下端开裂

水平反向荷载继续增大，靠近 A 柱转换梁下部筋材屈服，梁铰形成

水平正向荷载继续增大，靠近 B 柱转换梁下部筋材屈服，梁铰形成

水平正向荷载继续增大，A、B 柱上端筋材屈服，柱铰形成

水平荷载继续增大，A、B 柱下端筋材屈服，柱铰形成

接近极限荷载时，梁端出现混凝土大量脱落，纵筋受压屈曲

梁端、柱端混凝土压碎，构件破坏

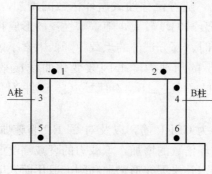

图 6-47 塑性铰出现次序图

图 6-47 中，1～6 表示梁端、柱端出现塑性铰的先后次序，数字越小，塑性铰越早出现。可见，梁端先于柱端出现塑性铰，柱上端先于柱下端出现塑性铰。接近极限荷载时，柱下端出现塑性铰，达到破坏荷载时，转换梁柱节点混凝土压碎，试件破坏。采用 CFRP 筋替代钢筋，以及对 CFRP 筋施加预应力，构件仍呈现出比较合理的延性破坏机制。

对于试件 JLQ-1 而言，由于在转换梁跨中之上还布置有剪力墙，因而与试件 ZHL-4 相比，在相同荷载条件下，试件 JLQ-1 的中间剪力墙和框支柱的破坏更为严重，尤其框支柱还表现出一定的剪切破坏特征。在实际工程设计中，应加强中间剪力墙和框支柱的抗剪能力，避免结构出现非延性的脆性破坏。

6.3.7 墙肢布置影响

（1）由于中间墙肢布置在转换梁跨中，试件 JLQ-1 中间墙肢上方竖向荷载全部传给转换梁，试件 JLQ-1 转换梁跨中截面拉应力比试件 ZHL-4 转换梁跨中截面拉应力更大。在相同的竖向荷载和水平荷载作用下，试件 JLQ-1 要比试件 ZHL-4 要早开裂，开裂荷载降低了约 80%。

（2）由于试件 JLQ-1 中间墙肢两端无边缘构件约束，不论其抗弯刚度还是抗剪刚度都要比墙肢 A、B 要弱，因此中间墙肢明显比墙肢 A、B 的裂缝开展剧烈，且以沿对角发展的交叉斜裂缝为主。而试件 ZHL-4 墙肢 A、B 的裂缝在整个试验过程中均开展得较少。

（3）对比试件 ZHL-4 和试件 JLQ-1 受力工作全过程的发展变化规律，在水平荷载作用下，两个试件都是先在梁端出现塑性铰，随着水平荷载的增大，框支柱上端形成塑性铰，接近极限荷载时，框支柱下端最终也形成塑性铰，达到破坏荷载时，梁端、柱端混凝土压碎，试件破坏失效。从试件屈服破坏机制可以看出，试件 ZHL-4 和试件 JLQ-1 都属于延性破坏机制，但两个试件的破坏特征有所不同，尤其试件 JLQ-1 框支柱的破坏比试件 ZHL-4 的更为严重。

（4）对比试件 ZHL-4 和试件 JLQ-1 转换梁筋材的应变分布，两个试件的应变分布规律具有一定的相似性，转换梁上应变峰值区都在梁端，不同之处在于，试件 JLQ-1 转换梁跨中布置了短肢剪力墙，由于墙梁共同作用，转换梁跨中也都表现为受拉，而试件 ZHL-4 转换梁跨中表现为受压为主。

（5）对比试件 ZHL-4 和试件 JLQ-1 框支柱纵筋的应变分布，可以看出两个试件框支柱上下端应变明显较大，表明框支柱上下端的受力更大，应力更集中，是结构薄弱部位。因此框支柱上下端截面应该是结构设计的控制截面。另外，在水平推拉荷载作用下，框支柱纵筋的应变曲线还呈现出较为明显的对称特性。

（6）对比试件 ZHL-4 和试件 JLQ-1 短肢剪力墙分布筋的应变分布，试件 ZHL-4 墙肢 A、B 的应变分布较为对称，而试件 JLQ-1 由于需要采用两根分配钢梁形成三个竖向荷载来实现竖向施加，但分配钢梁的刚度极易对力的分配以及竖向荷载的传递产生影响，从而导致墙肢 A、B 的应变分布规律略显杂乱。另外，试件 JLQ-1 中间墙肢无边缘构件约束，不论其抗弯刚度还是抗剪刚度都要比墙肢 A、B 要弱，在整个加载过程中，中间墙肢分布筋应变明显大于两侧剪力墙分布筋的应变。

6.3.8　试验小结

（1）在低周反复荷载作用下，各试件均因梁端、柱端形成塑性铰，最终导致混凝土压碎而发生破坏，采用 CFRP 替代钢筋，对 CFRP 筋施加预应力，构件仍表现出为较合理的延性破坏机制，但随着预应力 CFRP 筋数量的增加，构件的破坏则会呈现一定脆性。

（2）对 CFRP 筋施加预应力，试件在加载各阶段，无论框支转换梁、框支柱还是上部剪力墙中的筋材应变明显要小一些，且随着预应力 CFRP 筋根数的增加，筋材应变减小的趋势更加明显。

（3）各试件的应变分布图与裂缝开展分布图表现出一致的规律，即应变大的地方，裂缝就开展剧烈。无论框支转换梁、框支柱还是上部剪力墙中的裂缝及应变都表现出明显的反对称性。

（4）对 CFRP 筋施加预应力，可以显著提高构件的极限荷载和破坏荷载，且预应力 CFRP 筋数量越多，这种现象越明显；对 CFRP 筋施加预应力，亦可显著提高构件的抗裂承载力，推迟构件开裂，抑制裂缝开展，且预应力 CFRP 筋根数越多，这种现象越明显；对 CFRP 筋施加预应力，屈服荷载提高程度有限。

（5）采用 CFRP 替代钢筋，构件的开裂荷载基本无变化，屈服荷载和极限荷载提高程度有限，而由于构件延性的削弱，破坏荷载则降低。

（6）将钢筋替换为 CFRP 筋，以及对 CFRP 筋施加预应力，加载初期构件的承载力衰减更加明显，而加载后期构件的承载力衰减趋于平缓，未发生陡降现象，在破坏前仍能保持较高的承载力。而墙肢布置的改变对承载力衰减变化规律的影响不明显。

（7）增加中间墙肢后，由于转换梁跨中受力状态的变化，构件的开裂荷载减小，而由于抗侧力刚度的增加，构件的极限荷载随之增大，屈服荷载则无明显变化。墙肢布置的改变对承载力衰减变化规律的影响不明显。

（8）增加中间墙肢后，墙肢上（尤其是中间墙肢）裂缝数量更多、裂缝开展加剧，且以沿对角发展的交叉斜裂缝为主。布置三肢剪力墙的试件与布置双肢剪力墙的试件均表现为延性破坏机制，其控制截面均为框支柱上下端截面，但前者框支柱的破坏更加严重。

6.4　抗震性能指标分析

6.4.1　延性

延性是反映结构抗震性能的重要指标，在地震作用中，一个延性好的结构能够充分耗散地震作用产生的能量，防止结构倒塌。前文已指出，由于 CFRP 筋为无屈服点的线弹性材料，传统的延性系数计算方法并不适用于预应力 CFRP 筋（预应力 CFRP 筋)-钢筋混合配筋混凝土转换梁框支剪力墙，应采用综合性能指标系数来全面反映构件的延性。因此，对试件 ZHL-2、ZHL-3、ZHL-4、ZHLY-4B、ZHLY-4Q、JLQ-1，采用综合性能指

标计算其延性系数，计算公式为

$$\mu = F_u \Delta_u / F_y \Delta_y \qquad (6\text{-}2)$$

式中：F_u——破坏荷载实测值；

F_y——屈服荷载实测值；

Δ_u——破坏位移实测值；

Δ_y——屈服位移实测值。

为满足可比性要求，对全钢筋混凝土转换梁框支剪力墙试件 ZHL-1，也采用上述公式计算其延性系数。计算结果如表 6-8 所示。

试件正向及反向位移及延性系数实测值　　表 6-8

试件编号	加载方向	屈服点		破坏荷载点		延性系数
		P_y(kN)	Δ_y(mm)	P_u(kN)	Δ_u(mm)	μ
ZHL-1	正向	260	7	320	42	7.4
	反向	270	7	273.3	35	5.1
ZHL-2	正向	340	9	335	36	3.9
	反向	270	7	289	28	4.3
ZHL-3	正向	260	5.5	349	22	5.4
	反向	260	7	323	28	5
ZHL-4	正向	310	10	314.6	40	4.1
	反向	270	9	300.8	36	4.5
ZHLY-4B	正向	350	8.5	318	42.5	4.5
	反向	350	9	378	42.5	5.1
ZHLY-4Q	正向	310	10.5	440	42.5	5.7
	反向	310	10.5	406	42.5	5.3
JLQ-1	正向	290	10	361.2	62	7.7
	反向	290	9.5	335.8	62.5	7.6

由表 6-8 可见，与试件 ZHL-1 相比，试件 ZHL-2、ZHL-3、ZHL-4、ZHLY-4B、ZHLY-4Q 的延性系数普遍要低一些，但未出现因配置 CFRP 筋而导致构件延性不足的现象，说明采用 CFRP 替换钢筋，以及对 CFRP 筋施加预应力，虽然试件的延性有所降低，但仍具有足够的延性，各试件的延性系数均大于 3，满足抗震规范对结构延性的要求。

对比试件 ZHL-2、ZHL-3、ZHL-4 的延性系数，以及试件 ZHL-4、ZHLY-4B、ZH-LY-4Q 的延性系数可见，对 CFRP 筋施加预应力，可在一定程度上提高构件的延性，随着 CFRP 筋数量的减少或预应力 CFRP 筋数量的增加，构件的延性有所提高。

对比试件 ZHL-4、JLQ-1 的延性系数可见，墙肢布置对构件的延性有较大影响，增加墙肢数量有利于增大构件的抗侧移刚度，从而大幅提高构件的延性。

6.4.2　刚度退化

结构刚度是反映结构的变形能力和结构累积损伤的主要性能指标，开展结构的刚度退化分析是研究结构动力特性的一个重要工作。从滞回曲线可以看出，在水平荷载作用下试件的刚度存在不断退化的现象，因此结构的刚度用割线刚度来表示，割线刚度计算公式如下：

$$K_\Delta = F/U_\Delta \qquad (6\text{-}3)$$
$$\theta_\Delta = U_\Delta/H \qquad (6\text{-}4)$$

式中：K_Δ——结构顶点侧移刚度；

θ_Δ——结构传力梁中心点位移角均值；

F——各级循环中第一次正向或反向峰值点水平荷载；

U_Δ——各级循环中第一次正向或反向峰值荷载时传力梁截面中心位置水平位移；

H——传力梁截面中心到地梁顶面的距离。

各试件随水平位移循环加载倍数的增加，刚度衰减的实测数据如表 6-9～表 6-15 所示。图 6-47 中，K_Δ-θ_Δ 关系曲线表示了各试件的结构侧移刚度衰减速度与结构顶点位移角之间的关系。

ZHL-1 刚度衰减的实测数据　　　表 6-9

位移循环	正向加载				反向加载			
	F (kN)	U_Δ (mm)	θ_Δ	K	F (kN)	U_Δ (mm)	θ_Δ	K
$1\Delta_y$	250.8	9	0.0037	27.9	−261	−9	0.0037	29
$2\Delta_y$	336.7	18	0.0074	18.71	−354.6	−18	0.0074	19.7
$3\Delta_y$	378.6	26	0.0107	14.56	−366	−26.5	0.0109	13.81
$4\Delta_y$	381	34	0.0140	11.21	−357	−34.5	0.0142	10.35
$5\Delta_y$	368	40.5	0.0167	9.09	−337	−41.5	0.0171	8.12
$6\Delta_y$	354	47.5	0.0196	7.45	−311	48.5	0.0200	6.41

ZHL-2 刚度衰减的实测数据　　　表 6-10

位移循环	正向加载				反向加载			
	F (kN)	U_Δ (mm)	θ_Δ	K	F (kN)	U_Δ (mm)	θ_Δ	K
$1\Delta_y$	340	9	0.0037	37.8	−217	−7	0.0029	31.0
$2\Delta_y$	364	18	0.0074	20.2	−334	−14	0.0058	23.9
$3\Delta_y$	440	27	0.0112	16.3	−365	−21	0.0087	17.4
$4\Delta_y$	374	36	0.0149	10.4	−327	−28	0.0116	11.7
$5\Delta_y$	335	45	0.0186	7.4	−306	−35	0.0145	8.7
$6\Delta_y$	310	53	0.0219	5.8	−289	−41	0.0169	7.0

ZHL-3 刚度衰减的实测数据　　　表 6-11

位移循环	正向加载				反向加载			
	F (kN)	U_Δ (mm)	θ_Δ	K	F (kN)	U_Δ (mm)	θ_Δ	K
$1\Delta_y$	243.4	7.5	0.0031	32.45	−249.2	−9	0.0037	27.69
$2\Delta_y$	357.1	15.5	0.0064	23.04	−353.6	−18	0.0074	19.64
$3\Delta_y$	399.3	21	0.0087	19.01	−381.6	−27	0.0111	14.13
$4\Delta_y$	407.3	28	0.0115	14.55	−370	−34.5	0.0142	10.72
$5\Delta_y$	394.1	32.5	0.0134	12.13	−362	−42	0.0173	8.62
$6\Delta_y$	382.5	38.5	0.0159	9.94	−346	−45	0.0186	7.69

ZHL-4 刚度衰减的实测数据 表 6-12

位移循环	正向加载				反向加载			
	F (kN)	U_Δ (mm)	θ_Δ	K	F (kN)	U_Δ (mm)	θ_Δ	K
$1\Delta_y$	268.5	13.5	0.0056	19.88	-257	-12	0.0049	21.42
$2\Delta_y$	373	26	0.011	14.54	-341.3	-24.5	0.010	13.93
$3\Delta_y$	361.5	37.5	0.0155	9.64	-360	-35.5	0.0146	10.14
$4\Delta_y$	373	47	0.0194	7.9	-355.3	-46	0.0190	7.72
$5\Delta_y$	327.0	56	0.0231	5.84	-338	-55.5	0.0229	6.09
$6\Delta_y$	286.1	65.5	0.027	4.37	-306.4	-65	0.0268	4.71

ZHLY-4B 刚度衰减的实测数据 表 6-13

位移循环	正向加载				反向加载			
	F (kN)	U_Δ (mm)	θ_Δ	K	F (kN)	U_Δ (mm)	θ_Δ	K
$1\Delta_y$	350.5	8.5	0.0035	41.2	-302	-8.5	0.0035	35.5
$2\Delta_y$	449	17	0.007	26.4	-378	-17	0.007	22.2
$3\Delta_y$	442	25.5	0.0105	17.3	-438	-25.5	0.0105	17.2
$4\Delta_y$	463.5	34	0.0141	13.6	-450	-34	0.0141	13.2
$5\Delta_y$	431	42.5	0.0175	10.1	-391	-42.5	0.0175	9.2
$6\Delta_y$	318.2	51	0.0209	6.2				

ZHLY-4Q 刚度衰减的实测数据 表 6-14

位移循环	正向加载				反向加载			
	F (kN)	U_Δ (mm)	θ_Δ	K	F (kN)	U_Δ (mm)	θ_Δ	K
$1\Delta_y$	206.1	8.5	0.0035	24.2	-332.5	-8.5	0.0035	39.1
$2\Delta_y$	399.3	17	0.007	23.5	-432.4	-17	0.007	25.4
$3\Delta_y$	496.1	25.5	0.0105	19.5	-469.8	-25.5	0.0105	18.4
$4\Delta_y$	518	34	0.0141	15.2	-478.1	-34	0.0141	14.1
$5\Delta_y$	498.2	42.5	0.0175	11.7	-430.6	-42.5	0.0175	10.1

JLQ-1 刚度衰减的实测数据 表 6-15

位移循环	正向加载				反向加载			
	F (kN)	U_Δ (mm)	θ_Δ	K	F (kN)	U_Δ (mm)	θ_Δ	K
$1\Delta_y$	292	9	0.0037	32.444	-260.8	-8.5	0.0035	30.682
$2\Delta_y$	369.6	15.5	0.0064	23.845	-378.2	-16	0.0066	23.638
$3\Delta_y$	407	22	0.0091	18.500	-425	-23	0.0095	18.478
$4\Delta_y$	445.2	31	0.0128	14.361	-451.2	-31	0.0128	14.555
$5\Delta_y$	439	36	0.0148	12.194	-433.5	-37.5	0.0155	11.560
$6\Delta_y$	442.9	44.5	0.0184	9.953	-431.2	-44	0.0181	9.800
$7\Delta_y$	421.3	50.5	0.0208	8.343	-429.5	-50.5	0.0208	8.505
$8\Delta_y$	388	55.5	0.0229	6.991	-390	-57.5	0.0237	6.783
$9\Delta_y$	360.1	62	0.0256	5.808	-340.2	-62.5	0.0258	5.443

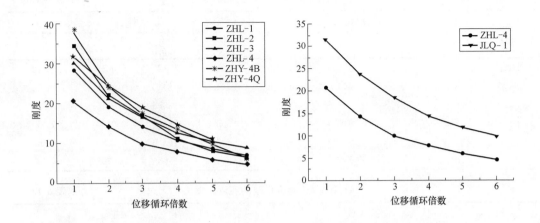

图 6-48　$K_\Delta - \theta_\Delta$ 关系曲线

由图 6-48 可见，各试件刚度退化的趋势基本一致，加载初期，刚度退化明显，加载后期，刚度退化趋于平缓，且均未发生陡降。

采用 CFRP 筋替代钢筋，构件的初始刚度降低，且随着 CFRP 筋数量的增加，这种趋势更加明显。对 CFRP 筋施加预应力，构件的初始刚度大幅提高，且随着预应力 CFRP 筋数量的增加，这种趋势更加明显。采用 CFRP 筋替代钢筋，对 CFRP 筋施加预应力后，构件的刚度退化则更加明显。

增加中间墙肢后，由于构件的抗侧力刚度增大，构件的初始刚度亦大幅提高，构件的刚度退化则略微明显，但总体而言，三肢剪力墙试件与双肢剪力墙试件的刚度退化趋势相差不大。

6.4.3　滞回曲线

滞回曲线描述了水平低周往复荷载作用下构件所承受的水平荷载和平位移的关系。滞回曲线可以很好地反映构件在水平低周往复荷载下试件的变形性能、结构耗能以及刚度退化等特征。图 6-48 为框支转换梁的 P-Δ 滞回关系曲线，P 为水平力，Δ 为水平位移。图 6-49 的骨架曲线是滞回曲线峰点所连成的包络线。

由图 6-49 可见，试件 ZHL-1、ZHL-3、ZHL-4 的滞回曲线形状相似，总体上均较饱满，捏缩程度相差不大，但相比之下，试件 ZHL-3、ZHL-4 的滞回曲线斜率更大一些，说明采用 CFRP 筋替代钢筋，虽然构件的刚度退化会更明显，但不会显著改变构件的变形性能和耗能能力，构件仍具有较好的抗震性能。

与试件 ZHL-4 相比，试件 ZHLY-4B、ZHLY-4Q 的滞回曲线饱满性较差，捏缩更加明显，斜率更小，说明对 CFRP 筋施加预应力，构件的刚度退化更加明显，变形性能和耗能能力均降低，且随着预应力 CFRP 筋数量的增加，这种现象则更加明显。总的来说，构件的刚度、变形、耗能等性能虽有削弱，但仍具有滞回特性，构件抗震性能仍然比较充分。

试件 ZHL-4、JLQ-1 的滞回曲线均较饱满，但试件 JLQ-1 的滞回曲线捏缩更加明显，

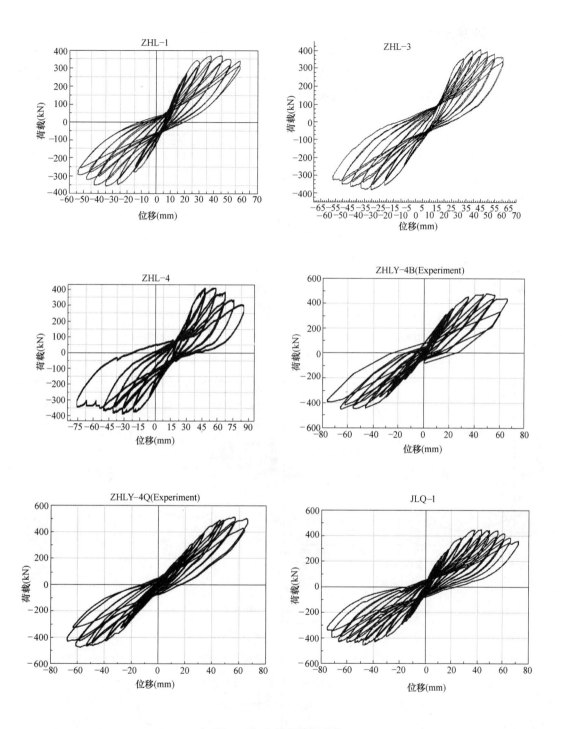

图 6-49 各试件滞回曲线

斜率也更大，说明三肢剪力墙试件与双肢剪力墙试件均具有较好的变形性能和耗能能力，但由于中间墙肢对转换梁受力的不利影响，三肢剪力墙试件的刚度退化更加明显，可见墙肢布置对构件的抗震性能有着较大影响。

6.4.4　骨架曲线

骨架曲线是滞回曲线上每一级加载时第一次循环的峰值点连接而成的包络线，骨架曲线可以很好地反映结构的承载力以及延性性能，各试件的骨架曲线如图 6-50 所示。

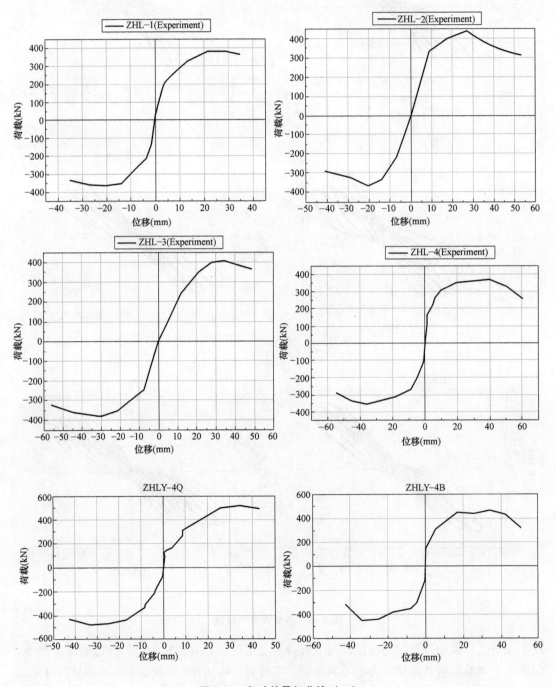

图 6-50　各试件骨架曲线（一）

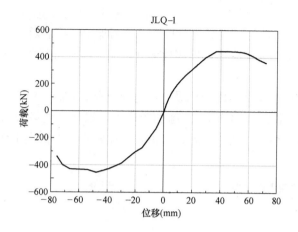

图 6-50　各试件骨架曲线（二）

由图 6-50 可见，试件 ZHL-1 在达到峰值荷载后，骨架曲线仍比较平缓，试件 ZHL-2、ZHL-3、ZHL-4、ZHL-4B、ZHLY-4Q 在达到最大极限荷载后，骨架曲线有一定的下降，整个曲线的走势不够平稳，但曲线没有明显剧烈的下降，总体比较平缓。试件 ZHL-4、ZHLY-4Q 的骨架曲线也稍微有些区别，试件 ZHLY-4Q 在达到最大极限荷载后骨架曲线下降更加明显。由此说明，采用 CFRP 筋替代钢筋，对 CFRP 筋施加预应力，会在一定程度上降低构件的延性性能和塑性变形能力。

对比试件 ZHL-4、JLQ-1 的骨架曲线可见，两者差异主要在于试件 JLQ-1 的极限承载力高于试件 ZHL-4，试件 JLQ-1 的骨架曲线斜率大于试件 ZHL-4，说明增加中间墙肢后，构件的抗侧力刚度增大，极限承载力得以提高，但构件的刚度退化更加明显，延性相对变差。

但总体来讲，各试件的骨架曲线总体比较平缓，在达到极限荷载后，没有出现明显的陡降，说明采用 CFRP 筋替代钢筋，对 CFRP 筋施加预应力，以及改变墙肢布置，虽然会在一定程度上削弱构件的延性性能和塑性变形能力，但仍具有比较充分的抗震工作性能。

6.4.5　抗震性能指标分析小结

（1）采用 CFRP 筋替代钢筋，对 CFRP 筋施加预应力，试件的延性会在一定程度上降低，但仍然比较充分，能满足抗震规范要求，且随着 CFRP 筋数量的减少或预应力 CFRP 筋数量的增加，试件的延性有增大趋势。增加中间墙肢后，随着构件抗侧力刚度的增大，延性亦大幅提高。

（2）采用 CFRP 筋替代钢筋，构件的初始刚度下降，且随着 CFRP 筋数量的增加，下降程度更大。对 CFRP 筋施加预应力，试件的初始刚度大幅提高，且随着预应力 CFRP 筋数量的增加，提高幅度更大。采用 CFRP 筋替代钢筋，对 CFRP 筋施加预应力，试件的刚度退化速度加快。三肢剪力墙试件与双肢剪力墙试件的刚度退化速度相差不大，但三肢剪力墙试件的初始刚度更大。

（3）采用 CFRP 筋替代钢筋，对 CFRP 筋施加预应力，试件的刚度、变形性能和耗能能力均有所削弱，但仍具有滞回特性，试件抗震性能仍然比较充分，相比之下，对 CFRP 筋施加预应力，试件的刚度退化更加明显。增加中间墙肢后，由于转换梁受力状态的变化，试件的刚度退化更加明显，抗震性能和耗能能力有所削弱，但仍具有较好的变形性能和耗能能力。

（4）各试件的骨架曲线总体比较平缓，在达到极限荷载后，没有出现明显的陡降，说明采用 CFRP 筋替代钢筋，对 CFRP 筋施加预应力，以及改变墙肢布置，虽然会在不同程度上削弱试件的延性和塑性变形能力，但仍具有比较充分的抗震工作性能。

6.5　恢复力模型构建

地震对结构的作用常呈现反复交替的形式，在非线性地震反应分析中，为了获取地震作用下混凝土结构的承载力、刚度、延性、耗散能力与破坏形式等的变化规律，开展混凝土结构恢复力特性的研究并建立混凝土结构在低周往复荷载下的恢复力模型具有十分重要的意义，这是结构地震反应弹塑性分析的基础。

从 20 世纪 70 年代至今，地震工程界进行了大量的有关混凝土结构恢复力特性的试验及理论研究，众多学者尝试建立了不同受荷条件下的恢复力模型，促进了混凝土结构抗震性能的研究。随着建筑业的发展，高性能混凝土、纤维混凝土、纤维筋增强混凝土等新材料、新结构的研究应用日益深入，复杂新型结构也随之出现，采用传统的恢复力模型用来分析这些新结构的弹塑性地震反应显然不再合理，尤其是对于诸如混凝土转换梁框支剪力墙这类复杂混凝土结构，更需要开展针对性的恢复力特性研究，建立相应的恢复力模型。

建立恢复力模型的方法是通过研究骨架曲线、标准滞回环以及刚度退化，将试验获得的滞回曲线加以模型化，然后再把它们组合起来。但经过数据整理后发现无法应用一个统一的公式来表达所有试件各自的最大承载力和相应位移，因此需要将试验数据采用无量纲坐标表示，由此获得很好的规律性关系。所谓无量纲化即以 P/P_y-Δ/Δ_y 坐标表示骨架曲线以及其他曲线。

本节依据试件 ZHL-1、ZHL-4、ZHLY-4B、ZHLY-4Q 的试验数据，进行恢复力特性理论分析。

6.5.1　恢复力模型特性分析

6.5.1.1　骨架曲线模型

将试件 ZHL-1、ZHL-4、ZHLY-4B、ZHLY-4Q 的试验数据进行无量纲整理后，绘制在 P/P_y-Δ/Δ_y 坐标上。考虑到非预应力试件 ZHL 和预应力试件 ZHLY 的数据点分布存在较大差异，因此，对非预应力试件 ZHL 和预应力试件 ZHLY 分别进行数据拟合，找出屈服点 A（a）、极限点 B（b）。利用回归分析得到的骨架曲线模型如图 6-51所示。

由于三折线 ABC、abc 具有一定共性，因此引入参数 n，得到骨架曲线公式如下。对于非预应力试件 ZHL，$n=0$；对于预应力试件 ZHLY，$n=1$。

$$\text{OA：}\frac{P}{P_y} = (4.28 - 2.44n)\frac{\Delta}{\Delta_y} \quad (6-5)$$

$$\text{AB：}\frac{P}{P_y} = (0.97 - 0.20n)\frac{\Delta}{\Delta_y} + 0.43 - 0.08n \quad (6-6)$$

$$\text{BC：}\frac{P}{P_y} = (-0.23 - 0.08n)\frac{\Delta}{\Delta_y} + 0.80 + 0.41n \quad (6-7)$$

从骨架曲线模型中可以看出试件 ZHL、ZHLY 的屈服点及极限点的差异，预应力

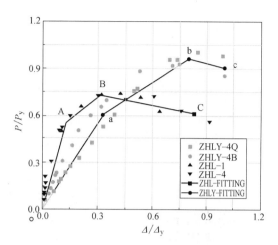

图 6-51　骨架曲线模型

ZHLY 的屈服点及极限点要高于非预应力试件 ZHL，特别是极限点要高出许多，而在 BC、bc 下降段时，二者都较为平缓，无显著差异。

6.5.1.2　标准滞回环模型

选取近屈服点处及近极限点处的两种滞回环，对试件 ZHL-1、ZHL-4、ZHLY-4Q、ZHLY-4B 的试验数据进行无量纲化后，绘制在 P/P_y-Δ/Δ_y 坐标上。对非预应力试件 ZHL 和预应力试件 ZHLY 分别进行数据拟合，得到近屈服的标准滞回环模型及近极限的标准滞回环模型，如图 6-52、图 6-53 所示。

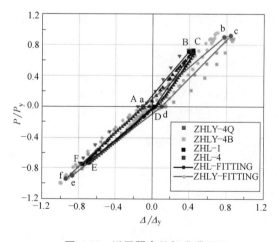

图 6-52　近屈服点处标准滞回环

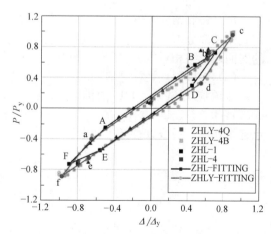

图 6-53　近极限点处标准滞回环

（1）近屈服点处标准滞回环

非预应力试件 ZHL 的滞回曲线由 A（-0.100，0）、B（0.390，0.710）、C（0.440，0.730）、D（0.025，0）、E（-0.700，-0.736）、F（-0.760，-0.750）六个关键点连线构成，其各段方程如下所示：

$$\begin{cases} \text{BC：} & \dfrac{P}{P_y} = 0.4\dfrac{\Delta}{\Delta_y} + 0.554 \\[2mm] \text{CD：} & \dfrac{P}{P_y} = 1.76\dfrac{\Delta}{\Delta_y} - 0.044 \\[2mm] \text{DE：} & \dfrac{P}{P_y} = 1.02\dfrac{\Delta}{\Delta_y} - 0.026 \\[2mm] \text{EF：} & \dfrac{P}{P_y} = 0.17\dfrac{\Delta}{\Delta_y} - 0.621 \\[2mm] \text{FA：} & \dfrac{P}{P_y} = 1.14\dfrac{\Delta}{\Delta_y} + 0.114 \\[2mm] \text{AB：} & \dfrac{P}{P_y} = 1.45\dfrac{\Delta}{\Delta_y} + 0.145 \end{cases} \tag{6-8}$$

预应力试件 ZHLY 的滞回曲线由 a（-0.100，0）、b（0.770，0.900）、c（0.840，0.920）、d（0.100，0）、e（-0.870，-0.900）、f（-0.940，-0.940）六个关键点连线构成，其各段方程如下所示：

$$\begin{cases} \text{ab：} & \dfrac{P}{P_y} = 1.12\dfrac{\Delta}{\Delta_y} + 0.112 \\[2mm] \text{bc：} & \dfrac{P}{P_y} = 1.03\dfrac{\Delta}{\Delta_y} + 0.103 \\[2mm] \text{cd：} & \dfrac{P}{P_y} = 0.286\dfrac{\Delta}{\Delta_y} + 0.680 \\[2mm] \text{de：} & \dfrac{P}{P_y} = 1.240\dfrac{\Delta}{\Delta_y} - 0.124 \\[2mm] \text{ef：} & \dfrac{P}{P_y} = 0.930\dfrac{\Delta}{\Delta_y} - 0.093 \\[2mm] \text{fa：} & \dfrac{P}{P_y} = 0.570\dfrac{\Delta}{\Delta_y} + 1.476 \end{cases} \tag{6-9}$$

可见，非预应力试件 ZHL 和预应力试件 ZHLY 在近屈服点处的标准滞回环，在反向荷载作用部分形状比较接近，但在正向荷载作用部分存在较大偏移，预应力试件 ZHLY 的滞回环包络相对较大。

（2）近极限点处标准滞回环

非预应力试件 ZHL 的滞回曲线由 A（-0.50，-0.25）、B（0.48，0.57）、C（0.71，0.73）、D（0.45，0.30）、E（-0.56，-0.55）；F（-0.89，-0.73）六个关键点连线构成，各段方程如下所示：

$$\begin{cases} \text{BC：} & \dfrac{P}{P_y} = 0.696\dfrac{\Delta}{\Delta_y} + 0.236 \\[2mm] \text{CD：} & \dfrac{P}{P_y} = 1.654\dfrac{\Delta}{\Delta_y} - 0.444 \\[2mm] \text{DE：} & \dfrac{P}{P_y} = 0.84\dfrac{\Delta}{\Delta_y} - 0.078 \\[2mm] \text{EF：} & \dfrac{P}{P_y} = 0.545\dfrac{\Delta}{\Delta_y} - 0.245 \\[2mm] \text{FA：} & \dfrac{P}{P_y} = 1.23\dfrac{\Delta}{\Delta_y} + 0.365 \\[2mm] \text{AB：} & \dfrac{P}{P_y} = 0.837\dfrac{\Delta}{\Delta_y} + 0.168 \end{cases} \tag{6-10}$$

预应力试件 ZHLY 的滞回曲线由 a（−0.65，−0.40）、b（0.62，0.65）、c（0.90，0.96）、d（0.55，0.33）、e（−0.68，−0.65）、f（−0.97，−0.89）六个关键点连线构成，其各段方程如下所示：

$$
\begin{cases}
ab: & \dfrac{P}{P_y}=0.827\dfrac{\Delta}{\Delta_y}+0.137 \\[2mm]
bc: & \dfrac{P}{P_y}=1.11\dfrac{\Delta}{\Delta_y}-0.038 \\[2mm]
cd: & \dfrac{P}{P_y}=1.8\dfrac{\Delta}{\Delta_y}-0.66 \\[2mm]
de: & \dfrac{P}{P_y}=0.867\dfrac{\Delta}{\Delta_y}-0.147 \\[2mm]
ef: & \dfrac{P}{P_y}=0.83\dfrac{\Delta}{\Delta_y}-0.085 \\[2mm]
fa: & \dfrac{P}{P_y}=1.53\dfrac{\Delta}{\Delta_y}+0.595
\end{cases}
\tag{6-11}
$$

可见，非预应力试件 ZHL 和预应力试件 ZHLY 在近极限点处的标准滞回环形状接近，但预应力试件 ZHLY 的滞回环包络范围明显较大。由于"捏缩"效应，两者在近极限点处的标准滞回环受到了一定的滑移影响。

6.5.1.3 刚度退化规律

将 6.4.2 节中的刚度退化数据绘制到 $K_\Delta-\theta_\Delta$ 坐标中，分别对正向加载和负向加载的数据点进行拟合，利用回归分析，得到非预应力试件 ZHL 和预应力试件 ZHLY 的刚度退化拟合曲线和拟合公式，如图 6-54 和式（6-12）～式（6-15）所示。

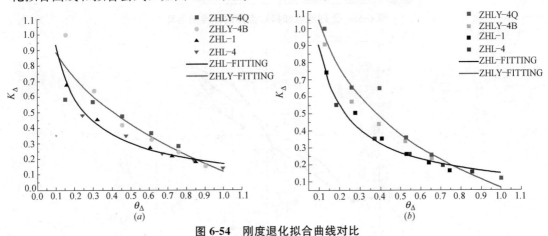

图 6-54 刚度退化拟合曲线对比

（a）正向荷载刚度退化拟合曲线对比；（b）反向荷载刚度退化拟合曲线对比

对于非预应力试件 ZHL

正向荷载：

$$
K_\Delta=0.3622\times\theta_\Delta^{-0.5178}\times e^{-0.7511\times\theta_\Delta^{0.4822}}
\tag{6-12}
$$

反向荷载：

$$
K_\Delta=0.3286\times\theta_\Delta^{-0.5693}\times e^{-0.7883\times\theta_\Delta^{0.4169}}
\tag{6-13}
$$

对于预应力试件 ZHLY

正向荷载：

$$K_\Delta = -1.312 \times \theta_\Delta^{0.3826} + 1.431 \tag{6-14}$$

反向荷载：

$$K_\Delta = -6.415 \times \theta_\Delta^{0.07235} + 6.48 \tag{6-15}$$

6.5.1.4　恢复力模型的建立

通过以上分析所建立的骨架曲线、屈服标准滞回环、极限标准滞回环的模型和公式，同时考虑刚度退化规律，可以组合得到构件的恢复力模型，如图 6-56 所示。将图 6-55 中两个标准滞回环之间相应的拐点连起来，即为图 6-56 所示环间拐点的轨迹。

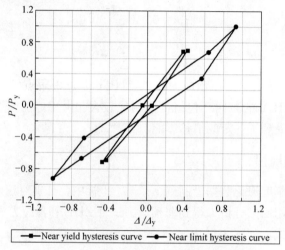

图 6-55　近屈服点和极限点处的标准滞回环

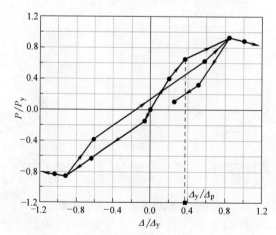

图 6-56　近屈服点和极限点处环间拐点轨迹

6.5.2　恢复力模型验证

采用文中建立的恢复力模型，得到各试件的骨架曲线和试件 ZHLY-4Q 的滞回曲线，与拟静力试验所得到的曲线进行对比,如图 6-57、图 6-58 所示。可见,模型曲线与试验曲线较为接近,文中建立的恢复力模型能较好地反映构件的荷载-位移关系、滞回性能,以及骨架曲线的变化规律,采用折线简化后的模型骨架曲线与试验骨架曲线吻合较好。

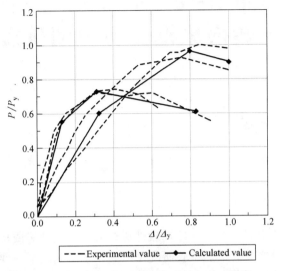

图 6-57 骨架曲线模型与试验曲线对比

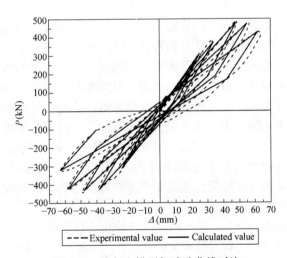

图 6-58 恢复力模型与试验曲线对比

7 基于 OpenSees 的 CFRP 筋-钢筋混合配筋混凝土转换梁框支剪力墙抗震性能分析

7.1 OpenSees 建模

7.1.1 OpenSees 简介

随着计算机技术的发展，有限元计算软件逐渐成为研究结构或构件在地震作用下非线性响应分析的重要手段之一。虽然试验研究是目前科学研究的最主要方法，但往往耗时费力，且有时又受到场地、周期、设备等的影响，无法做到面面俱到。而数值分析，作为研究结构或构件抗震特性的重要方法之一，可用来辅助试验研究，对不同参数进行研究并总结出结构或构件在外加荷载作用下的抗震性能规律，进一步对试验进行补充。

OpenSees 全称为"开放的地震工程模拟系统（Open System for Earthquake Engineering Simulation）"，是由美国太平洋地震工程研究中心与美国加州大学伯克利分校共同开发和研究的新一代采用面向对象技术的有限元软件框架。使用者通过 tcl 脚本语言进行仿真计算，这种语言具有良好的开放性和模块化特点，在已经具有的对象如材料模型、单元、求解方法等基础上，脚本语言能够提供一个开放的平台供使用者进行二次开发。

OpenSees 基于杆系结构的纤维截面模型，能较好地反映结构整体的非线性响应，纤维模型将构件沿截面离散为钢筋和混凝土纤维，通过对不同纤维赋予不同的材料本构关系，细化了截面的变形和受力特征。相比于实体单元在强非线性下收敛困难，纤维模型具有计算量小，收敛速度快等优点。

OpenSees 适用于结构的静力及动力的非线性分析、特征值分析的求解。同时，OpenSees 具有突出的强非线性功能，以及针对非线性问题的求解算法，如线性迭代、Newton 迭代法、修正 Newton 迭代法、加速收敛的 Krylov-Newton 迭代法，根据问题的不同选择不同的算法，既可满足分析结果的精确要求，又能提高计算效率。此外，OpenSees 的非线性材料本构和单元库丰富，仅单轴材料本构就包括 6 种混凝土本构和 3 种钢材本构，可广泛应用于地震作用下结构的非线性响应计算和基于性能的地震工程研究。

7.1.2 单元类型的确定

7.1.2.1 非线性梁柱单元

基于刚度法理论的非线性梁柱单元允许构件的刚度沿杆长发生变化。Displacement

Beamcolum 单元先将单元沿构件长度划分为若干个积分区段，并根据节点位移求得相应的单元杆端位移，再通过 Hermit 多项式插值型函数计算出截面的变形，并由截面的应力-应变关系求出相应截面的抗力向量和切线刚度矩阵，最后利用 Gauss-Lobatto 四边形积分法则沿杆长得到整个单元的刚度矩阵和抗力向量。

其中仅考虑材料非线性的 Displacement Beamcolum 单元刚度矩阵可以表示为：

$$[K]^e = \int_l [B(x)]^T [k(x)]^s [B(x)] dx \tag{7-1}$$

式中：$[B(x)]$——单元位移插值型函数；

$[k(x)]^s$——截面切线刚度矩阵。

单元抗力向量可以表示为：

$$[Q]^e = \int_l [B(x)]^T [D_R(x)]^s [B(x)] dx \tag{7-2}$$

式中：$[B(x)]$——单元位移插值型函数；

$[D_R(x)]^s$——截面抗力矩阵。

7.1.2.2 零长度单元

零长度单元也是基于纤维截面模型，在 OpenSees 建模中，零长度弹簧单元由两个位置坐标相同的节点组成，如图 7-1 所示，虽然其实际长度为零，然而在涉及构件的变形计算时却将其长度取为 1。由于单元内部仅有一个高斯积分点，故截面的变形等于单元变形。零长度单元不仅可以用来模拟杆件端部弯矩、剪力、轴力等的恢复力关系，也可以将几者进行叠加，用单独的向量分别描述各种受力下的变形特征及机理，从而真实反映杆件端部复杂的受力特征和变形特点。

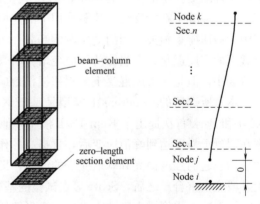

图 7-1 零长度单元

7.1.2.3 truss 单元

在 OpenSees 程序中，truss 单元主要是用来模拟构件的轴向受力，不能模拟弯矩。其定义主要由两种，一是定义一个区域及赋予相应的单轴本构，二是通过截面来定义。

7.1.3 材料本构关系的选取

7.1.3.1 混凝土本构关系

OpenSees 程序中主要提供了 3 种混凝土单轴本构，即不考虑混凝土拉伸强度的 Concrete01 模型、考虑混凝土受拉软化效应且受拉软化阶段为线性变化的 Concrete02 和考虑混凝土受拉软化效应且受拉软化阶段为非线性变化的 Concrete03 模型。目前 Concrete01

模型和 Concrete02 模型得到广泛地使用，而本章选用 Concrete01 模型作为混凝土本构，其单轴本构关系如图 7-2 所示。在正反交替荷载作用下，混凝土将处于不断地受拉-受压的循环交替中，其应力-应变的滞回关系如图 7-3 所示。

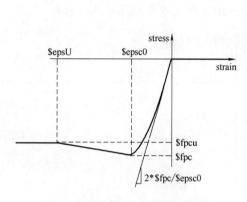

图 7-2　Concrete01 单轴本构关系　　　　图 7-3　Concrete01 应力-应变滞回关系

Concrete01 模型的特点主要为：（1）模型未考虑混凝土的受拉强度，即在反复荷载下，试件的受拉全部由筋材承担；（2）模型的参数少，物理意义清晰明确，数值稳定性好；（3）混凝土在正反交替荷载作用下的滞回规则较为简单，但忽略混凝土在加、卸载过程中的滞回能量损失，因而受压时的卸载和再加载线重合；（4）可合理考虑混凝土在往复荷载下的刚度退化，即当卸荷压应变增大时，滞回本构模型的卸载线、再加载线的斜率都有所变小，但是未考虑混凝土的累积损伤效应所引起的强度退化。

本章所选用的 Concrete01 模型是基于 Kent-Park 的单轴混凝土强度模型。1971 年，Kent 和 Park 首次提出了 Kent-Park 模型，他们认为矩形箍筋对混凝土强度的提高主要体现在混凝土强度达到峰值应变后，且提高的作用较小，所以未考虑混凝土由于箍筋的约束效应而引起的强度提高和峰值应变的改变，即约束混凝土和非约束混凝土两者骨架曲线的上升段完全重合。之后，Scott 等在试验的基础上，对原有的混凝土本构模型进行了修正，引入了混凝土强度增大系数 k 来考虑矩形箍筋对混凝土强度的提高，残余强度仍取为峰值荷载的 20%，但该模型也存在明显不足，即未考虑不同配箍形式对混凝土强度的影响。

Concrete01 模型的骨架曲线主要由上升段抛物线和下降直线段两部分构成，如图 7-4 所示。

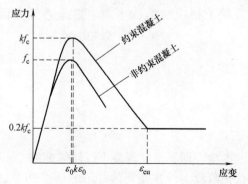

图 7-4　修正的 Kent-Park 模型

当 $\varepsilon_c \leqslant 0.002k$ 时，上升段抛物线的方程为：

$$\sigma_c = k f'_c \left[\frac{2\varepsilon_c}{0.002k} - \left(\frac{\varepsilon_r}{0.002k} \right)^2 \right] \quad (7-3)$$

当 $0.002k < \varepsilon_c \leqslant \varepsilon_{cu}$ 时，下降直线段的方程为：

$$\sigma_c = k f'_c \left[1 - Z_m (\varepsilon_c - 0.002k) \right] \quad (7-4)$$

当 $\varepsilon_c > \varepsilon_{cu}$ 时（一般默认为 0.004），水平直线段的方程为：

$$\sigma_c = 0.2 k f'_c \quad (7-5)$$

其中，k 表示混凝土由于箍筋约束效应产生的强度提高系数：

$$k=1+\frac{\rho_{\mathrm{s}}f_{\mathrm{vs}}}{f'_{\mathrm{c}}} \tag{7-6}$$

Z_{m} 为受压软化段的斜率：

$$Z_{\mathrm{m}}=\frac{0.5}{\dfrac{3+0.29f'_{\mathrm{c}}}{145f'_{\mathrm{c}}+0.75\rho_{\mathrm{s}}\sqrt{\dfrac{h''}{s}}}-0.002k} \tag{7-7}$$

对于受约束混凝土，其峰值应变 $0.002k$ 所对应的强度为非受限混凝土受压强度乘以 k，而其相应的极限压应变 $\varepsilon_{\mathrm{cu}}$ 按 Scott 建议确定：

$$\varepsilon_{\mathrm{cu}}=0.004+0.9\rho_{\mathrm{s}}(f_{\mathrm{yh}}/300) \tag{7-8}$$

式中：ρ_{s}——体积配箍率；

f_{yh}——箍筋的屈服强度；

f'_{c}——混凝土圆柱体的抗压强度；

h''——核心区混凝土宽度；

s——箍筋间距；

ε_0——峰值应变，取为 $0.002k$。

由于在试验过程中，混凝土保护层会随着荷载的增大而逐渐压碎和剥落，因此，为了更加真实地模拟试验，本章在定义非核心区混凝土（又称保护层混凝土）的本构关系时，一旦非核心区混凝土的压应变大于 0.004 时，就令其应力值为零。

7.1.3.2 钢筋本构关系

钢筋本构选取 OpenSees 中的 Steel02 模型，它是由 Filippou 修正的 Giufffre-Menegotto-Pinto 模型，其滞回本构如图 7-5 所示。该模型考虑了往复循环荷载作用过程中钢筋的等向应变硬化所引起的效应。在 OpenSees 程序中，Steel02 的命令流为：uniaxialMaterial Steel02 \$matTag \$Fy \$E \$b \$R0 \$cR1 \$cR2 \$a1 \$a2 \$a3 \$a4。由于 Steel02 模型采取了显示的应变函数表达式，因此不仅计算效率快、模拟精度高，而且还可以反映钢筋的包辛格效应。

加载和卸载路径的双折线方程表示如下：

$$\sigma*=b\varepsilon*+\frac{(1-b)\varepsilon*}{(1+\varepsilon*^R)^{1/R}} \tag{7-9}$$

$$\varepsilon*=\frac{\varepsilon-\varepsilon_{\mathrm{r}}}{\varepsilon_0-\varepsilon_{\mathrm{r}}} \tag{7-10}$$

$$\sigma*=\frac{\sigma-\sigma_{\mathrm{r}}}{\sigma_0-\sigma_{\mathrm{r}}} \tag{7-11}$$

其中，钢筋的应变硬化率 $b=E_1/E_0$，即硬化刚度 E_1 与初始弹性模量 E_0 的比值。a_1 和 a_2 表示材料常数。R 表示影响过渡曲线的参数，主要用

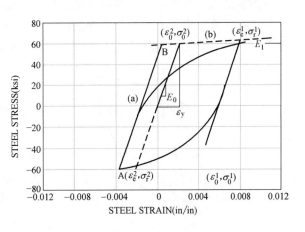

图 7-5 **Steel02 本构关系**

来考虑钢筋的包辛格效应，其表达式为：

$$R=R_0-\frac{a_1\zeta}{a_2+\zeta} \tag{7-12}$$

基于课题组完成的 4 榀转换梁框支剪力墙试验得到的钢筋应变数据及钢筋的材性试验，在本章中将钢筋的应变硬化率取为 0.01，而对于控制钢材从弹性到塑性过渡的参数 \$R0、\$cR1、\$cR2，根据 OpenSees 用户手册的建议取为 10～20，本章中取 \$R0 = 18.5，\$cR1 =0.925，\$cR2= 0.15；对命令中的各向同性异化参数 \$a1 \$a2 \$a3 \$a4 取为默认值，即 \$a1= \$a3= \$a4 =0，\$a2=1。

7.1.3.3 CFRP 筋本构关系

CFRP 筋采用 OpenSees 中的 Elastic 材料模型，单元类型采用 truss 单元模拟。由于 CFRP 筋为线弹性材料，无明显屈服点，其应力-应变关系一般取为线弹性。

$$\sigma_f=E_f\varepsilon_f,0\leqslant\varepsilon_f\leqslant\varepsilon_{fu} \tag{7-13}$$

式中：σ_f——CFRP 筋的拉应力；

   E_f——拉伸弹性模量；

   ε_f——CFRP 筋的拉应变；

   ε_{fu}——CFRP 筋的极限拉应变。

7.1.3.4 粘结滑移模型

大量试验表明，混凝土结构或构件在往复循环荷载作用下，往往存在着钢筋滑移的现象，即经过滑移段之后，荷载才会逐渐上升，在滞回曲线上则表现出反 S 形。此外，当试件出现斜裂缝之后，剪切变形也随之发生，从而影响到加载后期试件的承载力变化。因此，为了研究钢筋粘结滑移和剪切变形对试件在水平荷载下的承载能力和耗能能力的影响，本章将滑移本构和剪切本构引入到数值模型中。

纵筋在柱端因滑移引起的变形会对构件的刚度、强度和变形性能等产生明显的影响。基于现有的试验研究，OpenSees 程序中考虑钢筋滑移变形的本构主要有两种：Pinching4 Material 和 Bond_SP01。Pinching4 Material 模型主要从多线性加载路径、三线性加卸载路径和控制加载路径的三损伤准则体现正反交替荷载作用下试件的刚度和强度退化，参数多而复杂，适合于用来模拟节点处钢筋的应力-应变渗透现象，比如重庆大学杨红教授利用该模型改进和分析了钢筋混凝土梁柱节点在地震作用下的应力分布和非弹性变形，并且

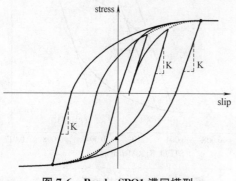

图 7-6 Bond_SP01 滞回模型

取得了较好的模拟效果。而 Bond_SP01 模型由于参数较少，且物理意义明确，受到广大用户的青睐。

为了考虑纵筋滑移产生的影响，本章采用零长度单元模拟试件柱底处的变形，并赋予这种零长度单元截面 Bond_SP01 材料本构，其滞回本构模型如图 7-6 所示。

粘结滑移骨架曲线主要由两部分组成，钢筋屈服前为直线段，屈服后则变为曲线段，如

图 7-7 所示。钢筋滑移本构在 OpenSees 中的定义如下：uniaxialMaterial Bond_SP01 $matTag $Fy $Sy $Fu $Su $b $R。其中，$F_y$ 表示钢筋的屈服强度，F_u 为极限强度，b 代表刚度折减系数，一般取为 0.3～0.5，S_y 为屈服滑移量，计算公式如式（7-14），S_u 为极限滑移量，R 代表往复荷载下钢筋的捏缩系数。

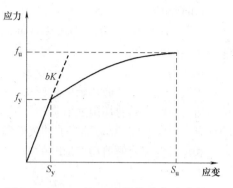

图 7-7 **Bond_SP01 中钢筋应力-应变关系**

$$S_y = 0.1 \left(\frac{d_b}{4} \cdot \frac{f_y}{\sqrt{f'_c}} (2\alpha - 1) \right)^{1/\alpha} + 0.013 \tag{7-14}$$

式中：d_b——纵筋直径；

f'_c——混凝土轴心抗压强度；

α——局部粘结滑移参数，可取为 0.4。

另按照经验，$S_u = （30～40）S_y$，R 取 0.5～1.0。在本章中，定义 Bond_SP01 模型参数如下：uniaxialMaterial Bond_SP01 $SlipTag 432.5 0.6012 531.7 24.05 0.3 0.6。

7.1.3.5 剪切本构模型

选用 OpenSees 用户手册中的 Limit State Material 本构和极限剪切曲线定义试件的剪切本构模型，如图 7-8 所示。在 OpenSees 程序中，用户可以基于延性系数和能量损伤计算出卸载刚度退化系数 Kdeg，并可根据命令流中的再加载阶段控制应变的参数 $pinchX 和再加载阶段控制应力的参数 $pinchY 综合考虑捏缩效应，本章中 pinchX 取为 0.5，pinchY 取为 0.4。

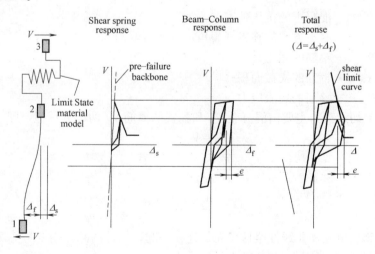

图 7-8 **剪切弹簧本构**

在 OpenSees 中，剪切极限曲线的定义如下：

limitCurve Shear $curveTag $eleTag $rho $fc $b $h $d $Fsw $Kdeg $Fres $defType $forType ＜$ndI $ndJ $dof $perpDirn $delta＞.

Limit State Material 的定义如下：

uniaxialMaterial LimitState \$ matTag \$ s1p \$ e1p \$ s2p \$ e2p \$ s3p \$ e3p \$ s1n \$ e1n \$ s2n \$ e2n \$ s3n \$ e3n \$ pinchX \$ pinchY \$ damage1 \$ damage2 \$ beta \$ curveTag \$ curveType.

由于剪切本构模型涉及参数较多，各参数的具体物理意义在此不一一解释，具体可参照用户手册。为了定义剪切破坏和剪切极限曲线，需确定并计算剪切破坏时骨架曲线的斜率。试验研究表明，当剪切强度下降到零附近时，往往会伴随着轴向破坏。因此，试件剪切刚度的计算，可参照图 7-8。即当剪切失效发生时，结构或构件的总响应由纤维梁柱单元的弯曲响应和零长度单元的剪切变形时的响应组成，总响应的刚度退化系数可由下式计算，即

$$K_{\text{deg}}^{\text{t}} = \frac{V_u}{\Delta_a - \Delta_s} \tag{7-15}$$

式中：V_u——柱子的极限剪切承载力；

Δ_s——剪切失效时的位移；

Δ_a——竖向荷载作用下的位移。

$$\left(\frac{\Delta_s}{L}\right) = \frac{3}{100} + 4\rho'' - \frac{1}{40} \cdot \frac{v}{\sqrt{f_c'}} - \frac{1}{40} \cdot \frac{P}{A_g f_c'} \geq \frac{1}{100} \tag{7-16}$$

$$\left(\frac{\Delta_a}{L}\right) = \frac{4}{100} \cdot \frac{1 + (\tan\theta)^2}{\tan\theta + P\left(\dfrac{s}{A_{\text{st}} F_{\text{yt}} d_c \tan\theta}\right)} \tag{7-17}$$

式中：$\left(\dfrac{\Delta_s}{L}\right)$——剪切破坏时的滑移率；

$\left(\dfrac{\Delta_a}{L}\right)$——竖向荷载作用下柱子的滑移率；

ρ——箍筋配筋率；

v——名义剪切力；

f_c'——混凝土的抗压强度；

θ——水平方向的临界开裂角，一般可取为 65°；

s——箍筋的间距；

A_{st}——箍筋的横截面积；

F_{yt}——箍筋的屈服应力。

柱的极限剪切承载力主要由混凝土 V_c 和配置的箍筋 V_s 两部分承担，即

$$V_u = V_c + V_s \tag{7-18}$$

$$V_c = \left\{ \frac{6\sqrt{f_c'}}{a/d} \cdot \sqrt{1 + \frac{P}{6A_g\sqrt{f_c'}}} \right\} A_g \tag{7-19}$$

$$V_s = \frac{A_{\text{sw}} \cdot f_y \cdot d}{s} \tag{7-20}$$

由于剪切弹簧单元和非线性梁柱单元是连在一起，构件的总体刚度是剪切弹簧和梁柱单元的叠加。因此，柱的剪切卸载刚度可表示为：

$$K_{\text{deg}} = \left(\frac{1}{K_{\text{deg}}^{\text{t}}} - \frac{1}{K_{\text{unload}}}\right)^{-1} \tag{7-21}$$

K_{unload} 表示梁柱单元的卸载刚度，它由柱的边界条件决定，对于悬臂柱，可取为 $\dfrac{3EI}{L^3}$，L 为柱高，EI 表示有效弯曲刚度。

利用 Matlab 编程计算，输入截面和相应材料参数，即可得到柱的剪切卸载刚度 K_{deg} 为 4.6057e03N/mm。

7.1.4 数值模型的建立

在 OpenSees 程序中建立数值模型主要有三种方式：（1）在 OpenSees 的 DOS 界面直接输入命令流；（2）批处理模式，即先在 OpenSees 的 DOS 界面输入命令流再调用外部已经编辑好的分析命令处理；（3）通过 tcl 脚本语言编辑器输入命令流，形成文件并进行分析。本章在模型建立过程中，借鉴陈学伟教授的研究思路，即采用多高层建筑软件 ETABS 软件建立钢筋混凝土转换梁框支剪力墙的几何模型，如图 7-9 所示，再通过 ETO 程序将其转换成 tcl 脚本语言，最后直接在 tcl 脚本编辑器中进行局部修改，包括材料本构、单元类型、结果记录等。在程序运行过程中，tcl 脚本编辑器可时时检查并定位建模过程中存在的问题，及时发现错误，大大方便了用户。

选取基于刚度法理论的非线性梁柱单元模拟普通钢筋混凝土的弯曲变形。对于纵筋滑移变形的影响，本章在柱端添加一个零长度转动弹簧，该单元是建立在纤维截面模型基础上，截面内的钢筋本构采取 Bond＿SP01 本构，通过柱高和零长度转动弹簧单元的曲率可算出柱中纵筋的滑移量。

为了反映试件在反复荷载下的剪切变形特征，在柱顶添加一零长度剪切弹簧单元。该单元仍以纤维截面模型为基础，并且与梁柱单元拥有相同的尺寸和纤维划分方式，唯一区别在于前者截面内的筋材本构采取 Limit State Materia 本构，并利用 shear limit curve 来监测节点的变形是否超过剪切破坏时所需要的位移，而后者采用的是 Steel02 本构。

由于纤维截面的划分直接影响到模拟结果的精确度，纤维截面划分越细，计算结果越精确，但同时又会增加模型的计算量。陈建伟等研究了纤维截面数量、单元划分数量等对数值模拟结果的影响，基于此，图 7-10 表示钢筋混凝土框支剪力墙中转换梁构件的纤维截面划分示意图，包括核心区、非核心区混凝土纤维以及钢筋纤维，分别对应着相应的受约束混凝土、

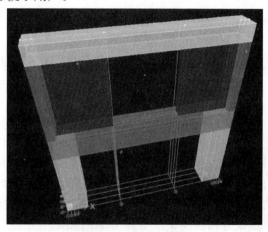

图 7-9　ETABS 模型

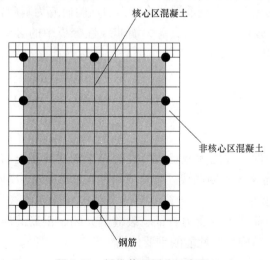

图 7-10　纤维截面划分示意图

核心区混凝土

非核心区混凝土

钢筋

无约束混凝土和钢筋的材料性能。

其中，试件保护层混凝土和核心区混凝土的划分均采用 OpenSees 用户手册中的 "Quadrilateral Patch Command"，如本章中转换梁核心区混凝土划分为 20×20 段纤维。上下非核心区混凝土沿截面高度划分为 20×2 段纤维，左右非核心区混凝土部分则划分为 1×10 段纤维。钢筋的划分采用 OpenSees 用户手册中的 "Straight Layer Command"，即每根钢筋都单独划分成一段纤维。

此外，基于刚度法的纤维单元在计算其轴向位移时一般采取一次插值函数，因而整个单元只存在一个轴向应变，而横向位移则是通过三次插值函数求解的。不同截面的曲率往往是不同的，所以导致轴向变形和弯曲变形之间难以做到完全协调。因此，为了减少插值函数迭代误差，并解决模型计算速度慢，本章在建模过程中对转换梁和柱构件适当细分单元。艾庆华等指出，当单元数目划分为 3～7 时，数值积分形成的误差基本不再显著。而塑性铰一般都出现在构件的端部，故本章将塑性铰长度取为构件截面高度，由于刚度法的纤维模型要求单元长度小于塑性铰长度，因此将转换梁和柱构件都划分 5 段单元，端部两段单元长度取为构件截面高度，中间单元均等划分。

7.2 基于 OpenSees 的钢筋混凝土转换梁框支剪力墙有限元分析

对于转换梁框支剪力墙抗震性能的有限元模型主要有两种，实体模型和杆系模型。但已有的大部分模型存在以下两个问题：一是忽略了钢筋与混凝土之间的粘结滑移影响，模拟分析得到的滞回曲线过于饱满，与试验存在较大误差；二是即使考虑纵筋粘结滑移的影响，但对于试件在往复荷载下由于交叉斜裂缝产生的剪切变形却无法计算，即难以得到转换梁框支剪力墙的极限变形能力。而杆系有限元模型对结构整体的弹塑性分析具有较好的适用性，且程序中提供的零长度单元简洁清晰，存储要求低，数值稳定性好。

因此，本次非线性分析以课题组前期已完成的钢筋混凝支剪力墙试验研究为基础，运用 OpenSees 程序，验证纵筋粘结滑移和剪切变形在框支剪力墙非线性分析中的必要性，为研究 CFRP 筋混凝土转换梁框支剪力墙在正反交替荷载作用下的抗震性能做准备。试件 ZHL-1 的试验概况详见 6.2.1 节。

7.2.1 滞回特性对比及分析

结构或构件在往复荷载作用下的变形性能称之为恢复力特性。对于钢筋混凝土结构，一般将广义力-广义位移之间形成的曲线定义为滞回曲线。结构或构件在加载-卸载-反向加载-卸载的循环过程中，荷载与位移构成多个滞回环，最终就形成了结构的滞回曲线。滞回曲线可综合反映结构或构件在正反交替荷载下的受力特征、裂缝的开闭、钢筋的屈服、刚度退化、强度降低及耗能等等，是评价结构抗震性能的重要依据。

根据课题组完成的钢筋混凝土转换梁框支剪力墙的往复荷载试验，本章利用基于刚度法理论的非线性梁柱单元建立了仅包括弯曲成分的数值分析模型 1，通过非线性梁柱单元并结合零长度转动弹簧单元建立了包括弯曲成分和纵筋滑移变形的模型 2，及在模型 2 的基础上引入零长度剪切弹簧单元建立了包括弯曲成分、纵筋滑移和剪切作用的模型 3。各模型模拟得到的水平荷载-位移的恢复力曲线及试验结果的对比如图 7-11 所示。

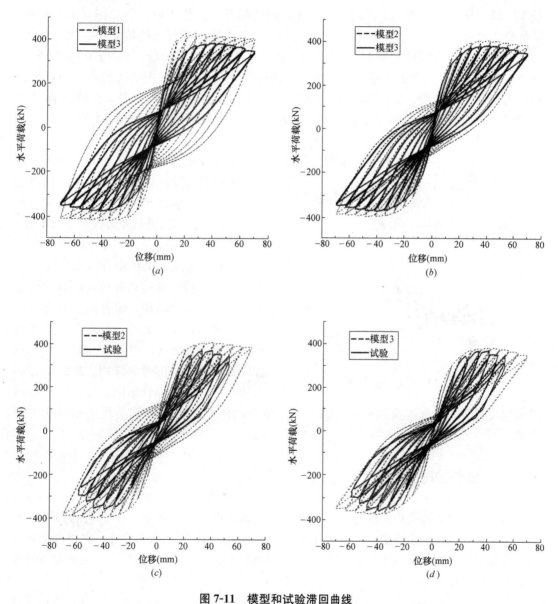

图 7-11 模型和试验滞回曲线

(a) 模型 1 和模型 3；(b) 模型 2 和模型 3；(c) 模型 2 和试验；(d) 模型 3 和试验

总体看来，数值模型 2 和模型 3 得到的结果与试验结果较为接近，这是因为试验过程中，框支剪力墙破坏主当转换梁端部出现塑要以弯曲破坏为主，剪力墙上的交叉斜裂缝大部分出现在墙肢底部，且数目较少。出现塑性铰后，墙肢上的裂缝基本不再发展。因此，考虑了柱底纵筋粘结滑移的模型 2 和考虑了粘结滑移变形与剪切变形的模型 3 能较好地模拟正反交替荷载下整个试件的捏拢现象和刚度退化等特性。对比图 7-11（*a*），未考虑纵筋粘结滑移和剪切作用的模型 1 所得到的滞回曲线过于饱满，捏缩效应不明显，与试验结果相差较大；对比图 7-11（*b*）可以得出，若忽略试件剪切变形，则难以准确模拟出试件破坏阶段的退化行为，从而高估试件后期的水平承载力。

从图 7-11（*c*）看，试件屈服前，水平荷载与位移呈线性变化，整个滞回曲线为狭长型。随着荷载的增大，试件的加载和卸载刚度都开始慢慢下降，各滞回环出现拐点。从恢复力曲线的斜率变化可以看出：正、反向加载曲线均表现出刚度先小后大的趋势，而卸载曲线表现出刚度先大后小的趋势。此外，对比图 7-11（*c*）和（*d*）可以得出，相比于模型 2，综合考虑了粘结和剪切变形的模型 3 与试验结果更为接近，且能较好地模拟出试件的下降段。但试验时，由于加载设备油温过高，出现报警，致使正向加载未降至最大荷载的 85% 就停止了试验，试验的正向极限位移与模拟偏差较大，而反向则误差相对较小。

根据水平荷载-位移的恢复力曲线获得的试件骨架曲线如图 7-12 所示。可以看出，基

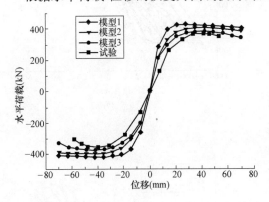

图 7-12 骨架曲线对比

于纤维截面的数值模型 2 和模型 3 获得的骨架曲线与试验结果基本吻合。与单调加载类似，试件骨架曲线主要经历了弹性段、屈服段、水平强化段和强度下降段。随着水平位移的增大，试件由弹性阶段进入屈服阶段，之后变形增加较快，但应力增长变缓。位移继续增加，试件的承载力也进一步增大。相比于试验，数值模拟结果得到的强化段更显著，主要原因是 OpenSees 程序不能合理考虑弯曲作用、粘结滑移和剪切变形三者的耦合影响，使试件屈服后

的强化段明显。但极限荷载后，考虑了剪切成分的模型 3 与试验都呈现了相同的下降趋势。

7.2.2 延性对比及分析

延性能反映结构或构件的非弹性变形能力，即在保持一定承载力下结构的塑性变形能，它是衡量结构抗震性能的重要参数之一。延性一般用延性系数来描述，主要可分为三类：位移延性、转角延性和曲率延性。由于本章研究主要针对整个转换梁框支剪力墙的延性分析，故采用位移延性系数 μ，其计算公式为：

$$\mu = \Delta_u / \Delta_y \tag{7-22}$$

式中：Δ_u——试件破坏荷载所对应的位移；

Δ_y——试件的等效屈服位移。

试验和数值模型 3 得到的延性系数见表 7-1。从表中可以看出，有限元计算的平均延性系数和试验基本接近，且两者得到的正、反向延性系数均大于 3，说明试件 ZHL-1 变形能力较强，具有较好的延性。

延性系数						表 7-1
名称	屈服位移(mm)		破坏位移(mm)		延性系数 μ		
	正向	反向	正向	反向	正向	反向	均值
试验	7.0	7.0	53.0	58.88	7.57	8.41	7.99
模型 3	8.01	8.52	68.98	69.56	8.61	8.16	8.39
误差	14.4%	21.7%	30.2%	18.1%	13.7%	2.9%	5.0%

7.2.3 残余位移对比及分析

残余位移是指结构或构件在受力后残留的变形,是研究结构弹塑性变形的重要成分之一,是结构的正常使用和震后修复的重要参考依据。在地震作用下,当钢筋、混凝土进入塑性阶段后会出现不可恢复的变形,因此结构在震后往往会呈现出一定程度的残余位移。

结构进行抗震设计时,为确保结构或构件不突然发生脆性破坏,往往需要保证结构具有足够的延性,虽然大延性的建筑在地震作用下并未倒塌,但是过大的残余位移使得震后建筑难以恢复到原状,有时甚至必须推倒重建。因此,结构的弹塑性分析中,有必要考虑残余位移的影响。

图 7-13 为各模型在相同循环次数下,有限元模拟与试验得到的残余位移的对比。从图中可以看出,模型 2 和模型 3 分析得到的残余位移大体相近,且模型 3 更接近试验结果,主要原因是试

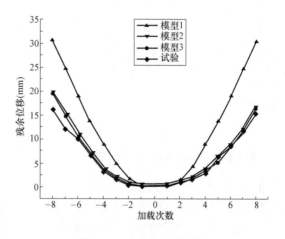

图 7-13 残余位移的对比

件破坏以弯曲响应为主,剪切变形所占成分较小,因而剪切刚度在结构的总响应中表现不明显。模型 1 得到的残余位移与试验相差较大,一是该模型未考虑纵筋粘结滑移,模拟得到的整体刚度比试验偏大;另外,模型在加载后期强度变化较小,未能真实反映试件实际的受力特征。综上,框支剪力墙结构进行有限元分析时,需要考虑滑移变形和剪切作用的影响。

7.2.4 耗能性能对比及分析

结构在受往复水平荷载作用下,由于结构构件的变形,会不断地吸收和耗散部分能量,耗能能力是评估试件抗震性能的一项重要指标,主要由弹性应变能和不可恢复的塑性应变两部分组成。耗能能力越强,表明构件或结构的抗震性能越好。已有的衡量结构耗能能力的指标通常包括:能量耗散系数、等效黏滞阻尼系数、耗能比等,由于目前尚未有统一的标准,本章选取等效黏滞阻尼系数 h_e 来判别试件的耗能能力,h_e 越大,说明结构的

耗能能力越强。

等效黏滞阻尼系数可用图 7-14 中各部分阴影面积之比来表示，其计算公式如下：

$$h_e = \frac{1}{2\pi} \cdot \frac{S_{ABCDEA}}{S_{OBM} + S_{ODN}} \tag{7-23}$$

式中，SABCDEA 表示一个完整滞回环所包围的面积，即一次加载循环中所吸收的能量，SOBM、SODN 表示正反向加载中三角形 OBM、ODN 的面积。

根据试验和模拟结果计算得到的等效黏滞阻尼系数如图 7-15 所示。

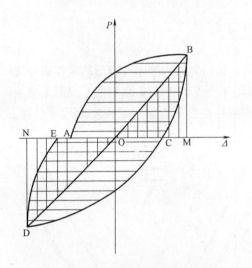

图 7-14　等效黏滞阻尼系数计算图　　　　图 7-15　试件的等效黏滞阻尼系数

由于模型 1 的滞回曲线过于饱满，与误差相差较大，故未统计和计算其等效黏滞阻尼系数。从图 7-15 可以得出，试件的等效黏滞阻尼系数随水平位移的增加而逐渐增大。到加载后期，试验得到的黏滞阻尼系数增长开始变缓，而模型 2 和模型 3 略有减缓，这主要由于有限元模型未考虑纵向钢筋屈曲，导致在加载后期未能准确模拟出试件的强度和刚度退化，因而有限元分析的耗能比试验结果偏大。

7.2.5　刚度退化对比及分析

混凝土试件在往复荷载作用下，结构内部会随着加载次数的增加产生累积损伤，总体呈现为承载力和刚度的逐渐减小，试件抵抗变形的能力也随之减弱。本章采用割线刚度 K_i 来表示试件的刚度退化，其表达式如下：

$$K_i = \frac{(|+F_i| + |-F_i|)/2}{(|+X_i| + |-X_i|)/2} = \frac{F_i}{U_i} \tag{7-24}$$

式中：F_i——第 i 级荷载施加过程中第一次循环所达到的荷载峰值点；

X_i——第 i 级荷载第一次达到峰值荷载点所对应的位移。

以水平位移为横坐标，试件刚度为纵坐标，得到试件的刚度退化曲线，如图 7-16 所示。相比于试验结果，有限元分析所得到的刚度都偏大，一方面是由于试验水平加载时，试验室提供的反力三脚架存在滑移现象，并未完全固定，导致试件刚度比实际值偏小；另一方面，由于有限元模拟时无法有效考虑混凝土开裂后截面刚度的退化，因而模拟得到的试件刚度略偏大。到了加载后期，试件的刚度趋于稳定，变化不大，有利于结构的抗震。

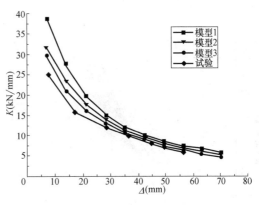

7.2.6　有限元影响因素分析

图 7-16　试件刚度退化曲线

7.2.6.1　$P\text{-}\Delta$ 二阶效应

二阶效应是结构受力时的普遍现象，指竖向荷载由于水平力引起的侧向位移而产生的附加弯矩。在结构有限元分析中也称其为几何非线性。因此，对于同时受到竖向荷载和水平荷载的混凝土构件进行弹塑性分析时，应考虑二阶效应对其内力和位移的不利影响。

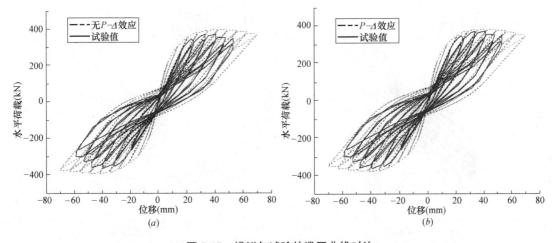

图 7-17　模拟与试验的滞回曲线对比

（a）未考虑 $P\text{-}\Delta$ 效应与试验值；（b）考虑 $P\text{-}\Delta$ 效应与试验值

在 OpenSees 程序的局部坐标中，用户可以直接定义构件的二阶效应。图 7-17 为考虑几何非线性和不考虑几何非线的情况下，试验和模拟的水平荷载-位移恢复力曲线对比。从图中可以看出，在加载初期，$P\text{-}\Delta$ 效应对试件模拟结果影响不大，但对于试件进入强化阶段后，不考虑 $P\text{-}\Delta$ 效应会造成试件承载力和刚度略偏大，从而高估试件的抗震性能。

7.2.6.2　积分点个数

在 OpenSees 程序中，积分点数量代表了纤维模型对所选单元的计算截面数量。若积分点数量设置合理，可提高计算效率和模拟精度。本章以积分点数量为 1～6，探讨积分点数量对有限元分析结果的影响。

图 7-18 为积分点数量为 2～5 时，数值模拟与试验得到的荷载-位移恢复力曲线，而当积分点数量为 1 和 6 时，程序内部运行时间较长，最后直接不收敛，因此积分点数量过

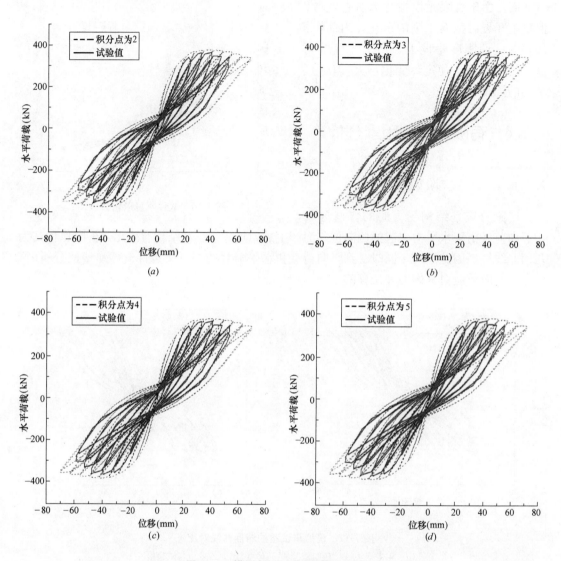

图 7-18　模拟与试验的滞回曲线对比

(*a*) 积分点为 2 和试验对比；(*b*) 积分点为 3 和试验对比；(*c*) 积分点为 4 和试验对比；(*d*) 积分点为 5 和试验对比

多或过少会使模型收敛困难甚至发生错误。对比图中滞回曲线，积分点数量取为 2～5 时，可以取得较为理想的模拟结果，这与 Filippou 在混凝土杆系结构有限元分析中得出的结论类似。

7.3　OpenSees 在 CFRP 筋混凝土转换梁框支剪力墙抗震分析中的应用

目前，针对配 CFRP 筋的框支剪力墙抗震性能的研究还较少，基于此，课题组开展了部分 CFRP 筋转换梁框支剪力墙在正反交替荷载作用下的抗震性能试验研究，但对其理论分析仍有待深入研究。因此，本章在前文分析的基础上，继续利用 OpenSees 程序以课题组完成的 3 榀 CFRP 筋转换梁框支剪力墙的拟静力试验为原型进行有限元建模分析，并将模拟结果与试验进行对比，发现两者具有较高的吻合度，进一步验证了数值模型的可靠性，表明 OpenSees 软件在一定条件下可代替试验对 CFRP 筋转换梁框支剪力墙开展抗震性能分析。同时，本章还对比总结了普通钢筋与配 CFRP 筋的转换梁框支剪力墙在抗震方面的差异，为 CFRP 筋应用到框支剪力墙中提供了一定的依据。

7.3.1 滞回曲线

滞回曲线能较为全面地反映结构的抗震特性，也是结构进行弹塑性分析的重要依据。常见的结构或构件荷载-位移滞回曲线的形状特征如图 7-19 所示，梭形形状非常饱满，表明整个结构或构件的塑性变形能力很强，耗能能力好，且构件不发生剪切破坏；弓形中部表现出"捏缩"效应，主要是钢筋粘结滑移引起的；反 S 形捏缩更加显著，表明试件受到粘结滑移和剪切变形的影响更大；Z 形说明构件产生了极大的滑移影响，其耗能能力很差。

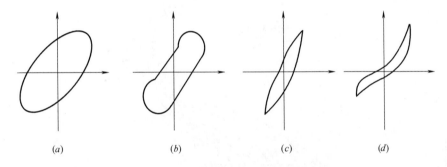

(a) (b) (c) (d)

图 7-19 典型的滞回曲线示意图

低周反复荷载下，3 榀配 CFRP 筋混凝土转换梁框支剪力墙的滞回曲线及模拟结果的对比如图 7-20 所示（ZHL-2 由于操作人员失误，未保存试验的滞回曲线，故只给出了模拟值）。从整体来看，有限元分析得出的结果与试验吻合较好，尤其是对于滞回曲线的捏缩效应，这进一步表明本章选用的滑移本构模型和剪切模型能较为合理地模拟试验过程中纵筋产生的粘结滑移及由于交叉斜裂缝形成的剪切变形。

根据各试件的滞回曲线并结合试验现象，可以总结出以下共同点：

（1）加载初期，试件未产生裂缝，水平荷载与位移呈线性变化，此时所有试件的整体刚度大体保持不变，加卸载曲线基本重叠，而滞回曲线形状较为狭长，滞回环的面积非常小。

（2）随着水平荷载的增大，所有试件的转换梁正反面上出现了首批裂缝，荷载继续增加，原有的裂缝不断地扩展延伸，同时转换梁和柱端也不断有新的裂缝产生，试件的刚度有所减小，转换梁产生的残余位移逐渐变大，此时滞回曲线略呈"弓形"，滞回曲线所围成的面积逐渐增大。

（3）试件屈服后，梁柱交接区产生新裂缝，剪力墙墙肢出现斜裂缝，水平荷载-位移滞回曲线的斜率变小，表明试件的刚度开始逐渐下降。位移加载倍数继续增大，裂缝发展数量不断增多，宽度也不断增大，试件的刚度退化明显，滞回曲线捏缩现象更为严重，但试件的水平承载能力仍有一定程度的提高，当荷载达到峰值荷载后，试件的水平承载力开始慢慢降低，直至结构破坏。

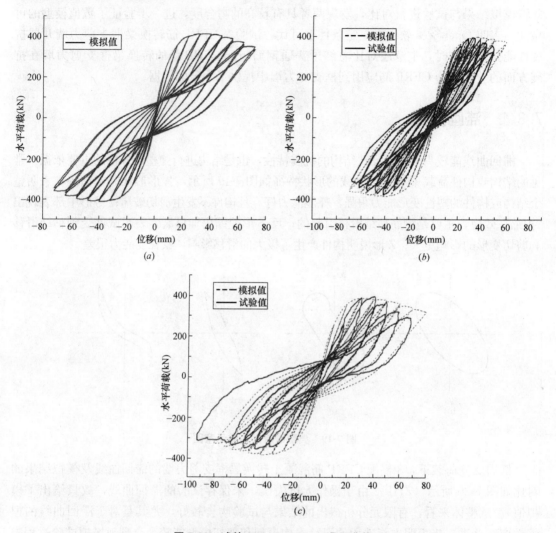

图 7-20　试件 ZHL-2～ZHL-4 滞回曲线

(*a*) 试件 ZHL-2　(*b*) 试件 ZHL-3；(*c*) 试件 ZHL-4

综上，试验和模拟的滞回曲线捏缩现象的产生主要可概括为以下三点：

（1）钢筋的粘结滑移

当构件内部的纵筋与混凝土之间出现滑移时，试件实际受到的水平荷载基本保持不变，滞回曲线的坡度较为平缓，经过一定时间且滑移段稳定后，试件的荷载才会慢慢上升，滞回曲线的斜率也逐渐变大。

（2）剪切变形

试件在往复荷载作用下出现的交叉斜裂缝引起的剪切变形会使试件的刚度逐渐降低，进而也会影响到滞回曲线斜率的变化趋势。

（3）裂缝的开启和闭合

从滞回曲线的斜率变化可以看出：试件屈服后，正、反向加载曲线均表现出刚度先小后大的趋势，而卸载曲线表现出刚度先大后小的趋势。以反向加载为例，在前一个正向位移加载过程中，转换梁下部纵筋已进入受拉屈服阶段，当卸去正向位移后，下部纵筋可立即恢复其弹性部分，但塑性伸长却不能恢复。因此反向加载时，由于混凝土原有裂缝尚未闭合，不能参与受压，下部只有钢筋受压，所以截面刚度很小，曲线较为平缓。随着负向加载的进一步增大，下部钢筋受压屈服后，使裂缝逐渐闭合，混凝土重新参与受压，因此截面的刚度重新大起来，滞回曲线开始变陡。

然而反向卸载过程中，上部受拉钢筋先恢复弹性变形，但塑性变形未恢复；同时，下部钢筋与混凝土同时恢复其弹性变形，但因混凝土压应变小，所以先恢复到零应变状态，接着钢筋继续恢复其压应变。因此，使卸载曲线呈现出先大后小。

7.3.2 受力特征

由试件的水平荷载-位移恢复力曲线的外包络线绘制得到其骨架曲线如图 7-21 所示。相比于试验，有限元分析得到的滞回曲线和相应的骨架曲线更为对称。一是试验设计时虽然采用的是对称配筋，但试验过程中由于钢筋的放置、混凝土振捣不密实等，导致试件在推、拉荷载往复作用下的受力并非完全一致；另一方面，数值模拟是在较为理想的情况下，可以排除人为因素和试验中其他不确定因素的影响，因此，数值模拟分析的结果更为对称。

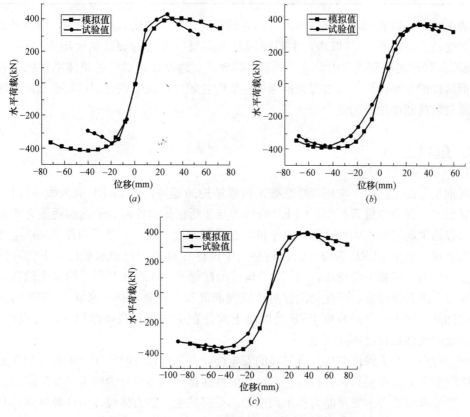

图 7-21 模拟与试验的骨架曲线对比
(*a*) ZHL-2；(*b*) ZHL-3；(*c*) ZHL-4

从模拟分析与试验结果看，各试件骨架曲线主要可分为弹性、弹塑性和极限破坏等三个阶段，且骨架曲线的走势与试件单调加载类似。随着加载位移的增大，试件超过其弹性极限进入弹塑性，裂缝不断产生与发展，此时试件刚度开始逐渐降低，残余位移逐渐增加。水平位移继续增加时，筋材继续参与工作，故试件的承载能力仍有所提高。但相比于试验，数值模拟得到的强化段更显著，主要原因是 OpenSees 程序无法模拟钢筋的受压屈曲影响，且不能合理考虑弯曲-粘结-剪切三者的耦合影响，使试件加载后期的强化段明显。但极限荷载后各试件都呈现了相同的下降趋势。

从骨架曲线上可得到试件的承载力特征值，包括屈服荷载、水平极限荷载和破坏荷载（取极限荷载的 85%）。根据试验获得的正反向荷载存在一定的差异，故对数据进行了平均，数值模拟和试验得到的各试件承载力值见表 7-2。

试件承载力对比　　　　　　　　　　　　　　　　表 7-2

试件编号	屈服荷载(kN)			极限荷载(kN)			破坏荷载(kN)	
	试验值	模拟值	误差(%)	试验值	模拟值	误差(%)	试验值	模拟值
ZHL-2	305.0	314.8	3.22	402.54	412.24	2.42	312	350.40
ZHL-3	260.0	291.9	10.9	394.0	391.82	0.01	336	333.55
ZHL-4	290.0	306.7	5.75	367.0	390.56	6.03	308	331.98

从表 7.2 中可以看出，各试件模拟得到的屈服荷载整体都比试验值偏大，但误差基本属于可接受范围，均在 13% 以内，主要原因是本章模拟采用的加载制度均为位移控制，且 OpenSees 程序无法有效考虑混凝土开裂后的效应，致使模拟试件的整体刚度比试验值偏大。但试件的水平极限承载力模拟值与试验值吻合较好，说明该模型可较准确地反映试件在正反交替荷载作用下的受力特征。

7.3.3　延性分析

针对钢筋混凝土结构，常用延性系数来衡量结构的延性，但 CFRP 筋为线弹性材料，无明显屈服点，且余晗健等指出，CFRP 筋构件与普通钢筋构件两者的抗震耗能方式是不一样的。普通钢筋混凝土构件往往是由于试件在弹塑性变形过程，基于构件端部产生塑性铰来耗散能量，而配 CFRP 筋构件的抗震是由于试件在具备相当的水平位移下仍有较高的承载能力储备。冯鹏等也指出，CFRP 筋构件的性能不仅体现在变形上的安全储备，还包括承载力上的安全储备，因此仍用针对传统钢筋混凝土的延性指标来评价 FRP 筋混凝土构件的性能，则不能合理反映 FRP 筋混凝土构件在正反交替荷载作用下的抗震性能。因此，传统的延性指标已不能适用。

实际工程中，为了保证结构具有较高的安全性，在进行设计时往往以承载力和变形作为衡量结构安全的最重要指标。目前，对结构的性能指标大体可分为四类：变形能力、承载能力、能量吸收能力、变形能力和承载能力。足够的变形能力体现在构件破坏前具有明显的可观测的变形征兆，较高的承载能力表明构件承载力上的安全储备，即能够承受一定程度上的意外超载，而后两者主要是从整体上评价结构的安全储备。为了较为全面合理地考虑配置 CFRP 筋的结构的不同受力特征和变形性能，参照冯鹏和 Mufti 等提出的包含承载能力和变形能力的综合性能指标计算方法，利用改进后的延性系数 λ 来反映 CFRP 筋混凝土转换梁框支剪力墙的延性，即

承载力系数：

$$S = F_u / F_y \qquad (7-25)$$

变形系数：

$$D = \Delta_u / \Delta_y \qquad (7-26)$$

改进延性系数：

$$\lambda = S \cdot D \qquad (7-27)$$

式中：S——承载力系数；

D——变形系数；

F_u——破坏荷载；

F_y——屈服荷载；

Δ_y——屈服时转换梁中心处对应的位移；

Δ_u——破坏荷载时转换梁中心处所对应的位移。

各试件数值模拟和试验计算所得改进延性系数如表 7-3 所示。

试件的改进延性系数　　　　　　　表 7-3

试件编号		F_y(kN)	F_u(kN)	S	Δ_y	Δ_u	D	λ
ZHL-2	试验值	305	312.0	1.12	7.75	58.85	7.59	8.52
	模拟值	314.82	350.4	1.11	12.57	73.18	5.82	6.39
ZHL-3	试验值	260.0	336.0	1.21	6.5	52.75	7.82	9.48
	模拟值	291.93	333.55	1.14	12.06	67.53	5.60	6.45
ZHL-4	试验值	290.0	308.0	1.10	9.5	66.02	6.95	7.63
	模拟值	306.67	331.98	1.08	14.05	77.23	5.50	5.95

从表 7-3 可知，试验试件 ZHL-3 改进延性系数最大，ZHL-2 次之，ZHL-4 的最小，且各试件的改进延性系数在 7.63～9.48 之间，均大于 3，表明在低周反复荷载作用下，三榀配 CFRP 筋混凝土转换梁框支剪力墙仍具有较好的延性。而有限元结果得到各试件的改进延性系数都比试验值小，在 5.95～6.45 之间，但总体也都大于 3。因此，有限元和试验结果均表明，将 CFRP 筋运用到转换梁框支剪力墙中，试件仍可满足延性要求。

7.3.4 刚度退化

根据试验数据和有限元分析结果计算得到各试件的刚度变化情况如图 7-22 所示。

从刚度退化曲线来看，3 个试件在加载初期的的刚度退化显著，之后下降速度逐渐变慢，主要原因是试件在开裂之后整体刚度会突然下降。随着裂缝的发展和加载循环的次数，试件的累积损伤不断增加，故在整个加载过程中，试件的刚度在不断减小。当水平荷

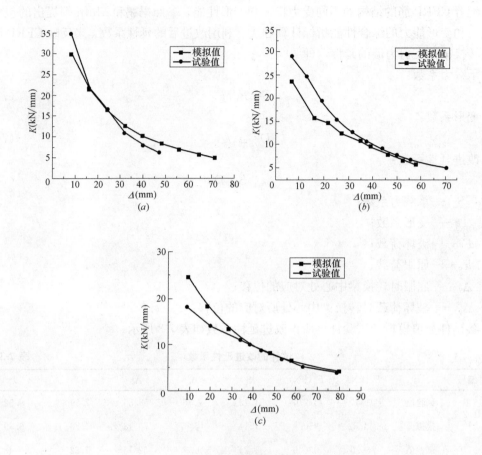

图 7-22 刚度退化曲线

(a) ZHL-2；(b) ZHL-3；(c) ZHL-4

载到达峰值荷载后，转换梁上的裂缝开展明显，而柱脚的变形也较大，所以后期试件刚度基本变化不大，有限元结果也较好地反映了这一变化规律。

7.3.5 耗能性能

本节仍然采用等效黏滞阻尼系数来评价 CFRP 筋混凝土转换梁框支剪力墙在正反交替荷载下的耗能能力。各试件模拟和试验计算得到的等效黏滞阻尼系如图 7-23 所示。

从图中可以看出，各试件等效黏滞阻尼系数均随水平位移的增加而大致呈线性增长趋势，但有限元分析计算所得的等效黏滞阻尼系数整体都比试验值偏小，即有限元计算得到试件的耗能能力偏于保守，造成这一现象的主要原因是材料本构模型的不足，即混凝土本构模型未考虑混凝土加、卸载过程中的滞回耗能以及在反复加载循环过程中累积损伤而导致的强度降低等。加载后期，所有试件的等效黏滞阻尼系数仍有所增大，但增大速率较加载前期有所减缓，主要是后期试件裂缝开展逐渐趋于稳定，并且随着塑性铰的产生，试件逐渐破坏。

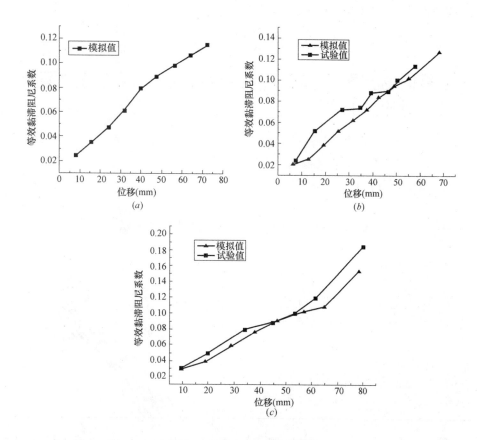

图 7-23 试件的等效黏滞阻尼系数

(a) ZHL-2; (b) ZHL-3; (c) ZHL-4

7.3.6 误差分析

将 3 个试件的有限元计算结果与试验进行了对比分析，整体看来，本章选取的数值模型能较好地反映试件在低周反复荷载下的抗震特性，但两者仍存在一定误差，其主要原因可归结如下：

（1）材料层次。本章选用的 Concrete01 模型是基于 Kent-Park 的单轴混凝土强度模型，该模型可考虑混凝土在往复循环荷载过程中的刚度退化，但滞回规则较为简单，未涉及混凝土的累积损伤效应所引起的强度退化，且无法合理考虑混凝土的裂面效应。此外，采用修正的 Giufffre-Pinto 钢筋本构模型认为箍筋的间距足够小，可以保证钢筋在受压时不发生受压屈曲。

（2）构件层次。在确定纤维截面的恢复力关系时，采用了平截面假定，但在实际受力过程中，当结构进入非线性阶段后，剪切和扭转作用会影响试件的整体变形。

（3）加载制度。试验采用的加载方式是力和位移混合控制，但有限元模拟全过程都是采用位移控制加载，缺少力控寻找试件的开裂荷载和屈服荷载的过程。

同时，目前 OpenSees 程序中有多种包含剪切及纵筋粘结滑移的滞回本构模型，但针对剪切与纵筋粘结滑移成分计算，以及对于弯曲-滑移-剪切三者间的耦合作用尚未很好解决。

7.4 普通钢筋与配 CFRP 筋混凝土转换梁框支剪力墙抗震性能的对比分析

7.4.1 滞回特性对比

各试件在位移控制加载段的滞回曲线如图 7-24 和图 7-25 所示。

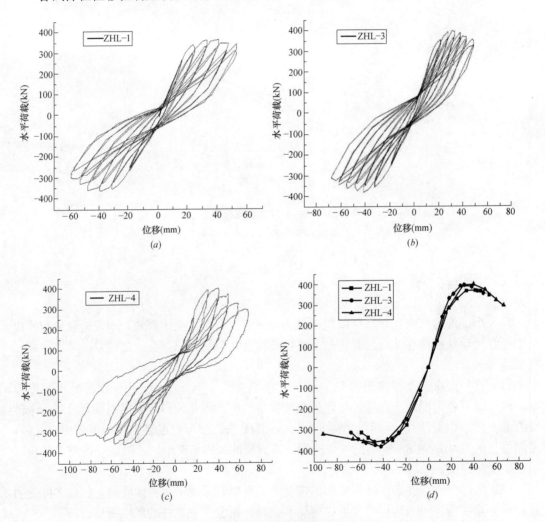

图 7-24 试验滞回特性

(*a*) ZHL-1；(*b*) ZHL-3；(*c*) ZHL-4；(*d*) 骨架曲线

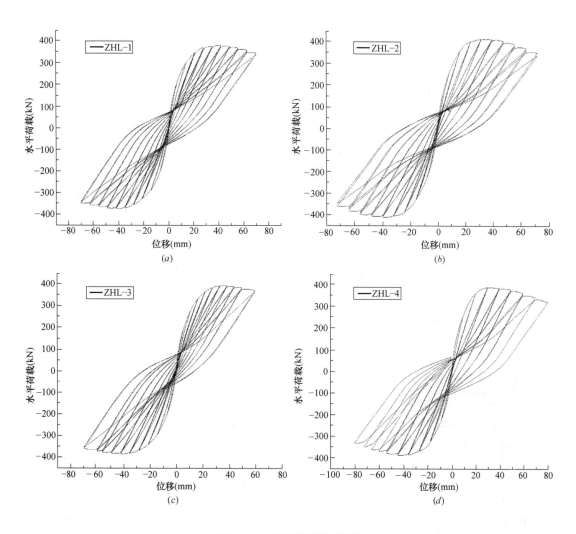

图 7-25 有限元模型滞回特性
(a) ZHL-1；(b) ZHL-2；(c) ZHL-3；(d) ZHL-4

　　从试验滞回曲线看，所有试件的荷载位移恢复力曲线均出现了一定的捏缩现象，说明在试验过程中筋材出现了滑移变形。对比图 7-24（a）和（b），ZHL-1 的滞回曲线两端较为饱满，且其包围的面积大于 ZHL-3，说明 ZHL-1 的耗能能力强于 ZHL-3。在同样荷载下，ZHL-1 的水平位移比 ZHL-3 大，表明 ZHL-1 的变形储备能力比 ZHL-3 好。对比图7-24（a）和（c），ZHL-4 的滞回曲线形状为"反 S 形"，而 ZHL-1 在加载前期主要为"梭形"，在 3 倍位移后滞回曲线逐渐变为"反 S 形"。相比于 ZHL-1，ZHL-4 的捏缩更为严重，其耗能能力相对较弱。

　　虽然有限元模拟与试验存在一定的误差，但从有限元结果看，本章建立的数值模型均能较好地模拟试件在正反交替下滞回曲线的捏缩特性。同时，通过对比普通钢筋与 CFRP 筋混凝土转换梁剪力墙结构的水平荷载-位移恢复力曲线，可得出与试验类似的结论。

7.4.2 承载力对比

试验和有限元计算所得各试件承载力特征值的对比见表 7-4 和 7-5。对比试验和有限元分析结果,各试件的正、反向屈服荷载相差不大,说明在反复加载过程中,试件未发生明显的平面外扭转。

对比表 7-4 中数据,试件 ZHL-4 的水平极限荷载均值比 ZHL-1 提高了 3.5%,试件 ZHL-3 比 ZHL-1 提高了 6.7%,两者提高的幅度较为有限,而 ZHL-2 的水平极限荷载比 ZHL-1 增大了 10.6%,主要原因是其混凝土强度稍大于其他试件。因此,将 CFRP 筋部分代替钢筋运用到转换层结构中,可以保证结构的承载力大体相当,甚至有所提高。虽然有限元计算得到各试件的极限荷载比试验值都偏大,但通过对比可以发现,有限元分析结果得出的规律基本与试验一致。

试验承载力对比   表 7-4

试件编号	屈服荷载(kN)			极限荷载(kN)		
	正向	反向	均值	正向	反向	均值
ZHL-1	260	270	265	378	366	372.0
ZHL-2	340	270	305	440	365	402.5
ZHL-3	260	260	260	407	381	394.0
ZHL-4	310	270	290	373	360	366.5

有限元承载力对比   表 7-5

试件编号	屈服荷载(kN)			极限荷载(kN)		
	正向	反向	均值	正向	反向	均值
ZHL-1	269.2	282.8	276.0	382.8	375.4	379.1
ZHL-2	307.5	322.1	314.8	410.5	413.9	412.2
ZHL-3	299.4	284.5	291.9	399.2	384.4	391.8
ZHL-4	322.2	291.2	306.7	392.9	388.2	390.6

7.4.3 延性对比

本节仍选取改进延性系数法来计算转换梁的延性,试验和有限元分析得到各试件的改进延性系数如表 7-6 和表 7-7 所示。从表 7-6 可知,所有试件的变形系数均值在 7.02 ~ 7.99 之间,承载力系数均值在 1.1~1.23 之间,改进延性系数均值介于 7.74~9.78 之间,表明普通钢筋与 CFRP 筋混凝土转换梁框支剪力墙具有较高的承载能力储备和变形能力储备。而变形系数 D 明显大于结构的承载能力系数 S,说明在结构的耗能过程中,塑性变形耗散的能量处于主导作用,但也不能因此而忽略承载力储备的贡献。试件的正向改进延性系数大于 ZHL-2 及 ZHL-4,但反向改进延性系数较为接近,且有限元计算得到的四榀试件的改进延性系数均值相差较小,因此,用 CFRP 筋替代转换梁中的普通钢筋后,试件仍然具有较好的延性。

试验改进延性系数对比 表 7-6

试件编号	变形系数 D			承载力系数 S			改进延性系数 λ		
	正向	反向	均值	正向	反向	均值	正向	反向	均值
ZHL-1	7.57	8.41	7.99	1.34	1.12	1.23	10.10	9.42	9.78
ZHL-2	6.94	8.29	7.62	1.10	1.15	1.13	7.63	9.53	8.58
ZHL-3	7.91	7.73	7.82	1.21	1.22	1.22	9.57	9.43	9.50
ZHL-4	5.69	8.34	7.02	1.08	1.12	1.10	6.15	9.34	7.74

有限元改进延性系数对比 表 7-7

试件编号	变形系数 D			承载力系数 S			改进延性系数 λ		
	正向	反向	均值	正向	反向	均值	正向	反向	均值
ZHL-1	6.11	5.93	6.02	1.21	1.13	1.17	7.39	6.70	7.05
ZHL-2	5.91	5.60	5.75	1.13	1.09	1.11	6.67	6.10	6.39
ZHL-3	4.87	6.51	5.69	1.13	1.15	1.14	5.50	7.49	6.50
ZHL-4	4.77	6.40	5.59	1.04	1.13	1.09	4.96	7.23	6.10

7.4.4 刚度退化对比

根据试验和有限元模型计算得到各试件的刚度退化曲线如图 7-26 所示。从试验刚度退化曲线看，试件 ZHL-1 与 ZHL-3 的初始刚度比 ZHL-4 大，且在 2 倍位移循环时，试件 ZHL-1 与 ZHL-3 的刚度退化显著，结构的弹塑性变形不断增大，结合试验现象，此时各构件均产生较多裂缝，且裂缝的宽度和长度也在不断增大，因此试件的刚度下降显著。加载后期，各试件的刚度较为接近，退化趋势基本相当。

对比有限元分析结果，可以发现，随着水平位移的增加，试件的刚度均在不断减小，加载前期，由于试件开裂后其刚度会有一个陡降过程，因此试件初期的刚度下降幅度较大。而后期各试件裂缝开展明显，且构件的变形也逐步趋于稳定，因此，刚度下降趋势较为平缓。由于各试件自身构造基本相同，因此在相同水平位移下，各试件刚度基本一致，这与试验得出的结论较为一致。

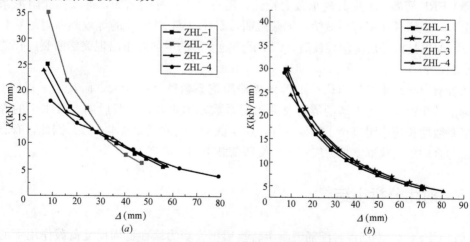

图 7-26 试验与有限元刚度退化曲线
(a) 试验值；(b) 模拟值

7.4.5 耗能能力对比

当结构在地震反复作用下由弹性阶段进入塑性阶段后，结构通过自身的滞回耗能不断地消耗地震传输给结构的能量，因此滞回耗能可作为衡量结构抗震性能分析的一个关键指标。一般情况下，RC 结构的滞回耗能主要依靠钢筋，混凝土起次要作用，但 CFRP 筋较普通钢筋的性能有较大的差异，CFRP 耗能主要是体现在加载后期。为了对比普通钢筋与 CFRP 筋混凝土转换梁框支剪力墙的耗能能力，本章以等效黏滞阻尼系数为纵坐标，以水平位移为横坐标，得到各试件的耗能性能如图 7-27 所示。

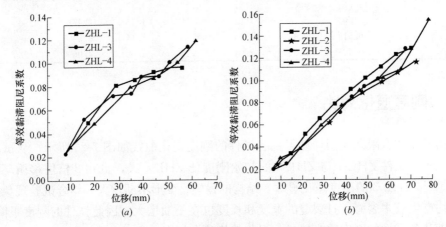

图 7-27　试验与有限元的等效黏滞阻尼系数
（*a*）试验值；（*b*）模拟值

从图 7-27 看，加载前期，各试件的等效黏滞阻尼系数均随着水平位移的增加而逐渐增大，且试件 ZHL-1 的增长速率大于 ZHL-3 与 ZHL-4，说明同一水平位移下，普通钢筋转换层结构的耗能强于 CFRP 筋结构，主要原因是此阶段试件的耗能主要以塑性变形为主，而 CFRP 筋尚未发生其高承载力特性；随着水平位移的增大，等效黏滞阻尼系数仍继续上升，但增长速率有所减缓；加载后期，ZHL-3 与 ZHL-4 的等效黏滞阻尼系数大于 ZHL-1，原因是试件出现塑性铰后，CFRP 筋随变形的增加并未出现突然断裂，仍能继续参与承载。

结合有限元结果看，ZHL-1 的等效黏滞阻尼系数整体都偏大，而其他三榀配 CFRP 筋混凝土转换梁框支剪力墙的等效黏滞阻尼系数基本重合，加载后期，ZHL-1 的等效黏滞阻尼系数增长速率明显小于其他试件，这与试验得到的规律基本一致。因此，有限元模型能较为合理地反映框支剪力墙在正反交替荷载下的耗能规律。

7.4.6 对比分析小结

通过 CFRP 筋-钢筋混合配筋混凝土转换梁框支剪力墙在低周反复荷载作用下的有限元模拟结果和试验结果的对比分析，以及钢筋混凝土转换梁框支剪力墙和 CFRP 筋混凝土转换梁框支剪力墙抗震性能的对比分析，可以得到以下结论：

（1）从所有试件的滞回曲线看，各滞回曲线均呈现出了较为明显的捏缩现象，说明该数值模型较为真实地反映了滞回曲线斜率的变化，能合理模拟试件在正反交替荷载下的滞回耗能。对比试件的特征荷载值，虽然各试件模拟得到的屈服荷载整体都比试验值偏大，误差在13%内，但属于可接受范围，且试件的极限承载力模拟值与试验值吻合较好。因此，数值模型可靠性较强，在一定条件下可利用 OpenSees 软件代替试验对 CFRP 筋转换梁框支剪力墙开展抗震性能分析，作为试验的有效辅助与补充。

（2）有限元分析和试验研究得到的各榀配 CFRP 筋的转换梁框支剪力墙的改进延性系数均大于3，表明在低周反复荷载作用下，CFRP 筋转换梁框支剪力墙具有较好的延性，将 CFRP 筋运用到转换梁框支剪力墙中，试件仍可满足延性要求。

（3）有限元分析结果和试验结果表明，所有试件在加载初期的刚度退化显著，随着水平位移的增加，刚度下降速度逐渐变慢，而在加载后期，试件的刚度基本变化不大。同时，通过等效黏滞阻尼系数分析了各试件的耗能性能，由于有限元分析中材料本构模型的不足，致使有限元分析所得的等效黏滞阻尼系数整体都比试验值偏小，即有限元分析得到的试件的耗能能力偏于保守。

（4）全钢筋构件与混合配筋构件抗震性能的对比分析表明，所有试件在试验过程中均产生了筋材的粘结滑移变形，因而各滞回曲线都呈现出一定的捏缩效应，尤其是试件 ZHL-4 的捏缩现象更为严重，表明其耗能能力相对较弱。而从承载力特征看，将 CFRP 筋部分代替普通钢筋运用到转换层结构中，可以保证结构的承载力大体相当，甚至有所提高。

（5）对比强度衰减系数可知，试件 ZHL-3 和 ZHL-4 在同一位移加载循环时的强度衰减系数略大于 ZHL-1，表明混合配筋构件的承载力降低幅度略小于全钢筋构件，从而避免了试件在加载后期水平承载力的突然下降。

（6）采用等效黏滞阻尼系数衡量了试件的耗能能力。总体看来，虽然全钢筋构件与混合配筋构件在耗能方式上有所区别，但两者的耗能能力基本相当。因此，用 CFRP 筋部分代替转换梁中的普通钢筋后，试件仍然具有较好的抗震性能。

8 基于 ABAQUS 的 CFRP 筋-钢筋混合配筋混凝土转换梁框支剪力墙抗震性能分析

8.1 ABAQUS 建模

8.1.1 ABAQUS 简介

在混凝土结构的研究中，理论分析、试验研究、计算机仿真三者都具有各自的优点与不足，试验研究由于经费、设备、时间等因素限制，无法做到面面俱到，而数值模拟具有快速、代价低和易于实现等诸多优点，可以辅助试验研究，进行不同参数分析，弥补了试验的不足。尽管数值模拟仍存有不足，但是，目前的有限元开发技术足以满足较为简单模型的求解功能，能够在宏观层面开展判断，得出与试验相符的现象及结果，进一步满足研究需求。

作为适用于工程模拟的有限元分析软件，ABAQUS 在工程结构分析领域的应用非常广泛。ABAQUS 软件能够解决包括从线性分析到诸多复杂的非线性问题，它自带丰富的单元库及各种类型的材料模型库，能够模拟工程材料的弹塑性及损伤行为。同时，能够提供大量的结构反应信息，例如应力、变形的全过程。

ABAQUS 求解功能庞大，且操作使用简单，许多复杂问题能够通过各种装配件组合快速模拟。例如，对于多个构件问题的模拟是通过分别定义材料选项块和材料性质选型块，然后将两者结合。非线性分析过程中，ABAQUS 能自动对荷载增量及收敛限度取值，一方面它可以调整合理参数，另一方面还可以不间断调节参数，跟踪运算过程，确保分析的精确度及正确性。

ABAQUS 自带 ABAQUS/Standard 和 ABAQUS/Explicit 两个主求解器模块，ABAQUS 包含人机交互前后处理模块—ABAQUS/CAE 的图形用户接口。

ABAQUS 软件分析过程分为：前处理、运算分析以及后处理。

1. 前处理（ABAQUS/CAE）

前处理包括模型几何形状创建、材料及截面属性定义、装配件定义、分析步设置、边界条件及荷载定义及网格划分。

2. 分析运算（ABAQUS/Standard）

模拟计算以二进制文件保存，完成一个求解过程所需时间与问题的复杂程度及计算机性能有关，可以从几秒到几天不等。

3. 后处理（ABAQUS/Viewer）

后处理用于读取分析结果数据，分析结果包括变形图、矢量图及 XY 曲线图，动画显示等多种结果。

自由度是分析计算中的基本变量，对于梁单元的应力/位移模型分析，自由度是每一节点处的平动和转动，ABAQUS中自由度如图8-1所示。

8.1.2 单元类型的选取

8.1.2.1 混凝土单元

ABAQUS 自带多种三维实体单元，包括实体单元（solid element）、壳体单元（shell element）、杆单元（truss element）、梁单元（beam element）、薄膜单元（membrane element）、刚体单元（rigid element）、弹簧单元（springs and dashpots element）等。本章有限元分析涉及实体单元、杆单元。

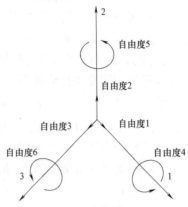

图 8-1　6 个基本自由度

对于四边形单元（Quad）和六面体单元（Hex），ABAQUS/CAE 默认为线性减缩积分单元（linear reduced-integration），其优点是：能够得出较为精确的位移值，网格扭曲变形对分析精度影响不大，弯曲荷载作用下不容易发生剪切自锁。因此，混凝土材料选用 C3D8R（8 节点六面体线性减缩积分单元）。

8.1.2.2 筋材单元

模拟加强筋的方法有两种，一种是 REBAR 单元，另一种是 Truss 单元。由于在 ABAQUS 后处理中，使用 REBAR 单元模拟筋材无法显示应力、应变等结果，因此，选用 Truss 单元模拟筋材。钢筋及 CFRP 筋采用 T3D2（空间二节点线性桁架）单元，该单元只能承受拉伸和压缩作用，每个节点分垂直位移及水平位移两个自由度，按线性内插法确定位置及位移，节点之间应力均为常量。

8.1.3 材料本构关系

ABAQUS 在混凝土结构分析上有很强的能力。ABAQUS 有限元分析软件提供了弥散裂缝模型（Concrete Smeared Cracking）和损伤塑性模型（Concrete Damaged Plasticity）两种混凝土本构模型。两种模型都可以模拟混凝土等其他准脆性材料，适用于钢筋混凝土结构，也可以模拟素混凝土。

其中，弥散裂缝模型基于弹塑性力学理论，混凝土受拉行为靠固定弥散裂纹模型模拟，适合模拟处于低围压状态下的单调加载混凝土，通过引入弹塑性损伤描述混凝土开裂后的弹性行为。损伤塑性模型基于塑性混凝土各向同性损伤模型，用压碎与拉裂来描述混凝土的破坏，引入受压损伤因子与受拉损伤因子来描述混凝土应力-应变曲线进入软化段后，由于混凝土损伤引起的刚度退化，该模型具有较好的收敛性，适合模拟地震作用下混凝土的材料力学性能。本章采用损伤塑性（简称 CDP）模型对混凝土进行数值模拟。

8.1.3.1 混凝土本构关系

本章以混凝土单轴应力-应变曲线为基础，考虑混凝土损伤来模拟混凝土在重复荷载作用下的本构关系。混凝土单轴受压和受拉应力-应变曲线方程按《混凝土结构设计规范》GB 50010—2010 采用。

1. CDP 模型参数的确定

CDP 模型中的参数包括膨胀角 ψ、流动偏角 ε、混凝土双轴极限抗压强度与单轴受压强度的比值 α_f，缺省项取 1.16，第二应力不变量在拉压子午线上的比值 K_c 及黏性系数 μ。流动势函数 G 的现状通过参数 ψ、ε 描述，屈服面通过 α_f、K_c 而形成。

CDP 模型的流动势函数采用的是 Drucker-Prager 双曲线函数：

$$G=\sqrt{(\varepsilon \cdot \sigma_{t0} \cdot \tan\psi)^2+\overline{q}^2}-\overline{p} \cdot \tan\psi \tag{8-1}$$

式中：ψ——由 p-q 平面最高受限压力测得的膨胀角，默认值取 30°；

σ_{t0}——破坏时单轴拉伸应力；

ε——塑性势能的流动偏角，缺省项为 0.1，表明在较大的围压下混凝土的膨胀角几乎没有变化；

$\overline{p}$——有效静压力；

$\overline{q}$——Mises 等效有效应力。

流动势及加载面的形状由 ψ、ε、α_f、K_c、μ 确定，参数 K_c 决定屈服面在偏量面上的形状，过镇海所著《混凝土的强度和本构关系-原理与应用》建议取 0.667，混凝土的黏性系数 μ 越大，结构越硬，而 μ 越小，计算时间长，收敛难。ABAQUS 理论手册取不同值对混凝土悬臂梁进行分析得出，取 0.005 效果比较好。

2. 混凝土损伤的定义

混凝土材料进入塑性状态伴随着刚度的降低，在 ABAQUS 中，CDP 模型引入了损伤参数 d，以此来描述混凝土在循环荷载下产生的刚度退化及恢复效应，混凝土单轴拉伸、压缩塑性损伤曲线如图 8-2 所示。

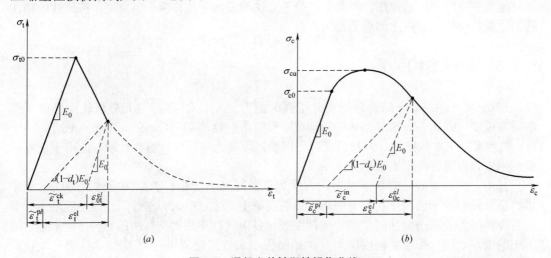

图 8-2 混凝土单轴塑性损伤曲线

（a）混凝土单轴拉伸；（b）混凝土单轴压缩

由图 8-2 看出，在线弹性阶段，混凝土的初始无损伤弹性模量为常数 E_0，塑性阶段的弹性模量 E 通过损伤参数 d（拉伸损伤参数为 d_t，压缩损伤参数为 d_c）来描述，由于混凝土损伤塑性模型中没有单元开裂的概念，一次通过塑性损伤变量反映。其中，d_t，d_c

是塑性应变、温度及场变量的函数：

$$d_t = d_t(\tilde{\varepsilon}_t^{pl}, \theta, f_i)\,(0 \leqslant d_t \leqslant 1)$$

$$d_c = d_c(\tilde{\varepsilon}_c^{pl}, \theta, f_i)\,(0 \leqslant d_c \leqslant 1) \tag{8-2}$$

其中，拉伸等效塑性应变 $\tilde{\varepsilon}_t^{pl}$ 和压缩等效塑性应变 $\tilde{\varepsilon}_c^{pl}$ 控制屈服或破坏面的演化，θ 为温度，f_i（$i = 1，2，\cdots$）是其他影响变量。

由图 8-2（a）所示，达到峰值应力（即屈服应力）σ_{t0} 前混凝土处于线弹性状态，峰值之后曲线开始下降，表明材料刚度开始退化，曲线下降段描述了软化阶段的屈服应力与开裂应变之间的关系，由图可得：

$$\tilde{\varepsilon}_t^{pl} = \tilde{\varepsilon}_t^{ck} - \frac{d_t}{(1 - d_t)}\frac{\sigma_t}{E_0} \tag{8-3}$$

其中，$\tilde{\varepsilon}_t^{ck}$——开裂应变（$\tilde{\varepsilon}_t^{ck} = \varepsilon_t - \varepsilon_{0t}^{el}$，$\varepsilon_{0t}^{el} = \sigma_t/E_0$）；

$\tilde{\varepsilon}_t^{pl}$——受拉塑性应变。

由图 8-2（b）所示，初始屈服应力 σ_{c0} 前混凝土处于线弹性状态，到极限应力 σ_{cu} 间为强化阶段，曲线下降段为软化阶段。非弹性应变、塑性应变与应力之间的关系为：

$$\tilde{\varepsilon}_c^{pl} = \tilde{\varepsilon}_c^{in} - \frac{d_c}{(1 - d_c)}\frac{\sigma_c}{E_0} \tag{8-4}$$

其中，$\tilde{\varepsilon}_c^{in}$——非弹性应变（$\tilde{\varepsilon}_c^{in} = \varepsilon_c - \varepsilon_{0c}^{el}$，$\varepsilon_{0c}^{el} = \sigma_c/E_0$）；

$\tilde{\varepsilon}_c^{pl}$——受压塑性应变。

因此，单轴拉伸和压缩下的混凝土应力应变表达式为：

$$\sigma_t = (1 - d_t) \cdot E_0 \cdot (\varepsilon_t - \tilde{\varepsilon}_t^{pl})$$

$$\sigma_c = (1 - d_c) \cdot E_0 \cdot (\varepsilon_c - \tilde{\varepsilon}_c^{pl}) \tag{8-5}$$

当混凝土受到单轴拉伸荷载作用时，裂缝的方向与应力垂直，裂缝的扩展导致界面有效承载面积的缩小，因此有效应力增大；单轴压缩荷载作用下，由于裂缝扩展方向与加载方向平行，损伤没有拉伸时明显，但是，当受压高度增大，压碎发展比较厉害时有效承载面积会显著减小。因此，给出有效单轴拉应力、有效压应力作为屈服面或破坏面的判断依据：

$$\bar{\sigma}_t = \frac{\sigma_t}{(1 - d_t)} = E_0 \cdot (\varepsilon_t - \tilde{\varepsilon}_t^{pl})$$

$$\bar{\sigma}_c = \frac{\sigma_c}{(1 - d_c)} = E_0 \cdot (\varepsilon_c - \tilde{\varepsilon}_c^{pl}) \tag{8-6}$$

单轴循环加载下，材料刚度退化机制复杂，涉及初始裂纹的开闭问题和裂纹间的相互作用问题。ABAQUS 中 CDP 模型假定混凝土刚度退化是各向同性，弹性模量按标量减小，变量 d 退化：

$$E = (1 - d)E_0 \tag{8-7}$$

上式在拉伸与压缩曲线中都成立，材料刚度退化，变量 d 是应力状态及单轴损伤变量 d_t、d_c 的函数，ABAQUS 假定在单轴循环荷载作用下有：

$$(1 - d) = (1 - s_t d_c)(1 - s_c d_t), 0 \leqslant s_t, s_c \leqslant 1 \tag{8-8}$$

其中，s_t、s_c 是应力状态的函数，描述了反向加载时刚度的恢复效应，它们定义为：

$$s_t = 1 - w_t \gamma^*(\bar{\sigma}_{11}); 0 \leqslant w_t \leqslant 1$$
$$s_c = 1 - w_c(1 - \gamma^*(\bar{\sigma}_{11})); 0 \leqslant w_c \leqslant 1$$

(8-9)

其中

$$\gamma^*(\bar{\sigma}_{11}) = H(\bar{\sigma}_{11}) = \begin{cases} 1 \cdots if \cdot \bar{\sigma}_{11} > 0 \\ 0 \cdots if \cdot \bar{\sigma}_{11} < 0 \end{cases}$$

(8-10)

权系数 w_t、w_c 是与材料属性有关的参数，它们控制应力反向时的材料刚度恢复能力。例如，如图 8-3 所示单轴应力循环曲线图（拉-压-拉）时的情况。

假定混凝土材料没有初始预损伤，即 $\tilde{\varepsilon}_c^{pl} = 0$ 及 $d_c = 0$，此时就有

$$(1-d) = (1 - s_c d_t) = (1 - (1 - w_c(1 - \gamma^*))d_t)$$

(8-11)

拉应力 $(\bar{\sigma}_{11} > 0)$ 时 $\gamma^* = 1$，$d = d_t$；压应力 $(\bar{\sigma}_{11} < 0)$ 时 $\gamma^* = 0$，$d = (1 - w_c)d_t$。如果 $w_c = 1$，那么 $d = 0$，材料恢复到受压无损状态 $E = E_0$，反之，如果 $w_c = 0$，$d = d_t$，材料没有刚度恢复。

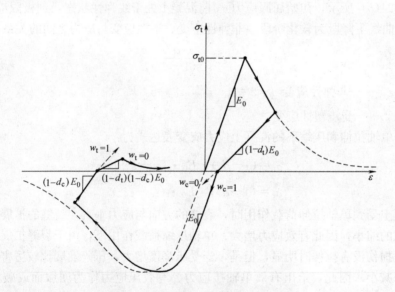

图 8-3 单轴应力循环曲线图（拉-压-拉）

荷载由拉伸转向压缩时，混凝土裂缝闭合，抗压刚度恢复，即 $w_c = 1$；反之，荷载由压缩变为拉伸时，材料抗拉刚度不恢复，即 $w_t = 0$。

3. 混凝土损伤参数的确定

在 ABAQUS 自带的混凝土损伤塑性模型中，并未给出具体的损伤定义，如果用户不使用损伤变量，模型会变成只带有强度硬化的塑性模型。

混凝土损伤参数由能量等效原理得出：

$$d = 1 - \sqrt{\frac{\sigma}{E_0 \varepsilon}}$$

(8-12)

根据混凝土单轴受拉、受压应力-应变曲线方程，结合能量等效性原理可以得到混凝土单轴受拉、受压的损伤方程。

单轴受拉损伤方程：

$$d_t = 0 \qquad\qquad x \leqslant 1 \qquad\qquad (8\text{-}13)$$

$$d_t = 1 - \sqrt{\frac{1}{[\alpha_t (x-1)^{1.7} + x]}} \qquad\qquad x > 1$$

单轴受压损伤方程：

$$d_c = 1 - \sqrt{\frac{1}{\alpha_a [\alpha_a + (3-2\alpha_a) x + (\alpha_a - 2) x^2]}} \qquad\qquad x \leqslant 1$$

$$d_c = 1 - \sqrt{\frac{1}{[\alpha_d (x-1)^2 + x]}} \qquad\qquad x > 1 \qquad\qquad (8\text{-}14)$$

其中，$0 \leqslant d \leqslant 1$。当 $d=0$ 时，混凝土无损伤；当 $d=1$ 时，混凝土完全损伤。

8.1.3.2 筋材本构关系

1. 单调荷载作用下钢筋的本构关系

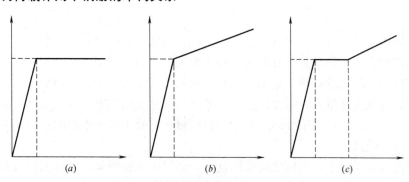

图 8-4 单调荷载作用下钢筋本构模型

（a）理想弹塑性模型；（b）二折线模型；（c）三折线模型

钢筋应力-应变模型包括理想弹塑性模型、弹塑性二折线线模型及完全弹塑性加硬化的三折线模型，见图 8-4。理想弹塑性模型适用于低强度钢材，而双斜线模型适用于没有明显流幅的高强度钢丝、钢绞线等，三折线钢筋模型更全面描述了钢筋的变形过程，又考虑了钢筋的硬化效应，本章采用该模型，其应力-应变关系如下：

当 $\varepsilon_s \leqslant \varepsilon_y$，$\varepsilon_y \leqslant \varepsilon_{s,h}$ 时

$$\sigma_s = E_s \varepsilon_s \qquad \left(E_s = \frac{f_y}{\varepsilon_y}\right) \qquad (8\text{-}15)$$

当 $\varepsilon_{s,h} \leqslant \varepsilon_s$ 时

$$f_s = f_y + (\varepsilon_s - \varepsilon_{s,h}) E'_s \qquad (\text{取 } E'_s = 0.01 E_s)$$

$$(8\text{-}16)$$

2. 反复荷载作用下钢筋的本构关系

反复荷载作用下，钢筋采用随动硬化本构模型，如图 8-5 所示。对试件施加低周反复荷载时，钢筋没有刚度退化，强化阶段的弹性模量 $E'_s = 0.01 E_{s0}$。

3. CFRP 筋的本构关系

CFRP 筋的材料性能测试表明，CFRP 筋为线

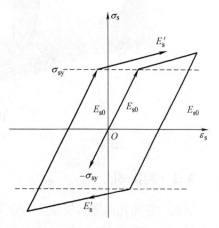

图 8-5 钢筋随动硬化本构模型

弹性材料，无塑性变形，无屈服点。因此，CFRP 筋受拉应力-应变关系为

$$\sigma_f = E_f \cdot \varepsilon_f (0 \leqslant \varepsilon_f \leqslant \varepsilon_{fu}) \tag{8-17}$$

其中，σ_f——CFRP 筋的拉应力；

$\quad E_f$——CFRP 筋的弹性模量；

$\quad \varepsilon_f$——CFRP 筋的拉应变；

$\quad \varepsilon_{fu}$——CFRP 筋的极限拉应变。

根据《复合纤维筋混凝土结构设计与施工》，CFRP 筋的名义屈服强度 f_{fy} 取其极限强度的 80%，ε_{fy} 为名义屈服强度对应的应变。

8.1.4 数值模型的建立

8.1.4.1 模型建立与简化

针对配筋混凝土，有限元中有三种方式模拟：整体式、分离式、组合式。

整体式模型中，将筋材弥散分布在混凝土单元里，这种形式在非线性处理中易收敛，但与实际筋材的布置比较有较大差别，同时，在后处理分析中无法得出应力应变关系；组合式模型将筋材视为杆单元，须保证混凝土节点与筋材节点位置一致，虽然与实际情况接近，但收敛难度大；本章采用分离式模型，将筋材和混凝土视为不同的单元来分析，各自划分网格，易于收敛。

试验中发现，混凝土与筋材之间粘结良好，未发生滑移现象，因此模拟过程中忽略两者的粘结影响。实体模型见图 8-6。

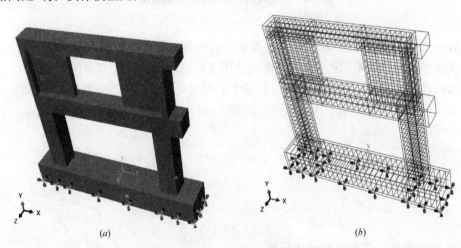

(a)   *(b)*

图 8-6 有限元模型

（*a*）混凝土模型；（*b*）筋材骨架模型

8.1.4.2 网格划分

该模型总体几何形状规则，结合文献以及通过本书进行的多次试模拟分析，发现模型网格划分尺寸大于 50mm 时，能够避免应力集中导致的错误。模型网格划分结果如图 8-7

所示，模型网格尺寸具体划分见表 8-1。

	转换梁	剪力墙	传力梁	框支柱	弹性钢垫
混凝土(mm)	50	100	100	100	100
筋材(mm)	50	100	100	100	100

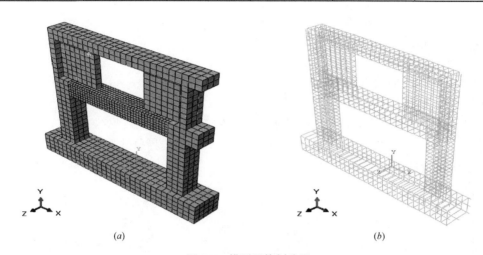

图 8-7　模型网格划分图

（a）混凝土网格划分；（b）筋材网格划分

8.1.4.3　边界条件与加载模拟

1. 边界条件模拟

试验中，采用四根地脚锚栓将基础梁固定，同时两边使用钢拉杆将反力架和门式钢架拉住，保证在施加水平低周反复荷载时整个构件不发生整体移动，在有限元分析模型中，将基础梁底面所有节点自由度限制为零，即 U1＝U2＝U3＝UR1＝UR2＝UR3＝0，以此模拟施加约束。

2. 加载模拟

（1）竖向荷载的模拟

在有限元模拟分析中，鉴于试件自重对承载力影响很小，可忽略自重对结构内力分布的影响，以轴压比 0.3 来确定竖向荷载模拟值的大小，竖向荷载的施加位置模拟在短肢剪力墙上方传力梁处。

$$\frac{N}{f_{ck}A}=0.3 \tag{8-18}$$

$$P_v=\frac{N}{A_v} \tag{8-19}$$

其中，N——竖向荷载设计值；

f_{ck}——混凝土抗压强度标准值；

A——上部短肢剪力墙截面面积；

A_v——竖向荷载作用面面积；

P_v——竖向均布面荷载。

（2）水平荷载的模拟

有限元分析时，施加集中荷载容易导致混凝土局部产生应力集中现象，因此在施荷处添一刚性垫块，施加均布荷载以此模拟水平荷载。

$$P_h = \frac{F}{A_h} \tag{8-20}$$

其中，F——水平集中荷载；

A_h——水平集中荷载作用面；

P_h——水平面荷载。

3. 加载方式与加载制度模拟

试验中，采用力-位移混合控制加载制度，有限元模拟分析则采用位移控制加载，即 $1\Delta_y$，$2\Delta_y$，$3\Delta_y$，$4\Delta_y$，$5\Delta_y$，一直位移加载到试件破坏。加载制度见图 8-8。

在竖向荷载与水平低周反复荷载作用下，有限元模拟边界条件与加载基本与拟静力试验情况一致，如图 8-9 所示。

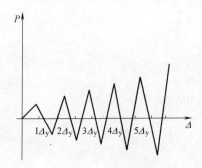

图 8-8　加载制度

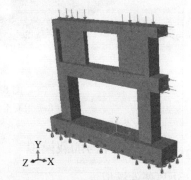

图 8-9　模型边界条件及加载模拟

8.1.4.4　求解方法

对于非线性问题，考虑作用在单元上的外荷载 P 与节点力 I，见图 8-10、图 8-11。为了保证物体处于平衡状态，作用在每个节点上的合力必须为零，因此有 $P-I=0$。在 ABAQUS/Standard 中采用 Newton-Raphson 算法解答非线性问题，通过增量步施加荷载，经过若干次平衡迭代逐步获得解答。本书采用的算法是增量与迭代混合法。

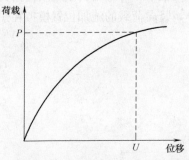

图 8-10　非线性荷载 P-位移 U 曲线

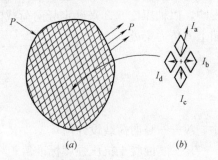

图 8-11　作用在单元上的外荷载与内部力

（a）外部荷载；（b）节点上的内力

8.2　基于 ABAQUS 有限元分析的过程及结果检验

8.2.1　裂缝发展规律

针对试件受力全过程的关键时刻（开裂、屈服、破坏），利用 ABAQUS 分析试件的塑性应变规律，与试验所得裂缝发展规律进行对比。

由于 ABAQUS 软件中的混凝土损伤塑性模型不能直接描述试件的裂缝开展情况，因此需要利用最大主塑性应变、等效塑性应变等其他参数对其进行间接描述。研究表明，当模型某处拉伸等效塑性应变值大于 0 且最大主塑性应变为正值时，则可判定模型在该处产生了首批裂缝，并且最大主塑性应变方向和裂纹面法向矢量平行。

8.2.1.1　试件开裂时

试件开裂时，有限元模拟得到的塑性应变分布云图和拟静力试验得到的裂缝开展情况的对比如图 8-12～图 8-15 所示。

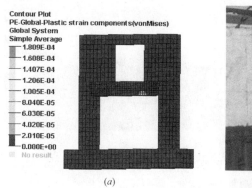

(a)　　　　　　　　　　　　　　　　(b)

图 8-12　试件 ZHL-1 开裂时裂缝发展规律对比
（a）试件 ZHL-1 开裂时塑性应变分布云图（$P_{cr}=76kN$）；（b）试件 ZHL-1 开裂时试验裂缝分布图（$P_{cr}=90kN$）

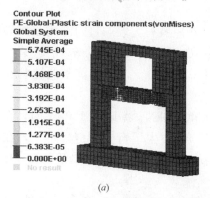
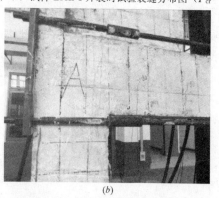

(a)　　　　　　　　　　　　　　　　(b)

图 8-13　试件 ZHL-4 开裂时裂缝发展规律对比
（a）试件 ZHL-4 开裂时塑性应变分布云图（$P_{cr}=76kN$）；（b）试件 ZHL-4 开裂时试验裂缝分布图（$P_{cr}=80kN$）

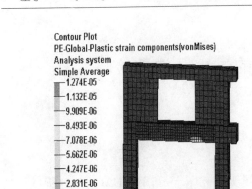 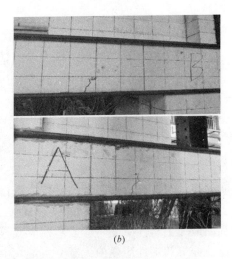

(a)   (b)

图 8-14 试件 ZHLY-4B 开裂时裂缝发展规律对比

(<i>a</i>) 试件 ZHLY-4B 开裂时塑性应变分布云图（P_{cr}=100kN）；

(<i>b</i>) 试件 ZHLY-4B 开裂时试验裂缝分布图（P_{cr}=90kN）

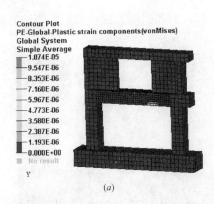 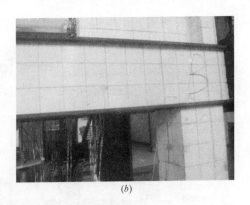

(a)   (b)

图 8-15 试件 ZHLY-4Q 开裂时裂缝发展规律对比

(<i>a</i>) 试件 ZHLY-4Q 开裂时塑性应变分布云图（P_{cr}=110kN）；

(<i>b</i>) 试件 ZHLY-4Q 开裂时试验裂缝分布图（P_{cr}=120kN）

由图 8-12～图 8-15 的对比可得：

有限元分析中，随着水平往复荷载的加大，在短肢剪力墙洞口边缘附近的转换梁下方，试件 ZHL-1、ZHL-4、ZHLY-4B、ZHLY-4Q 产生了较大的塑性应变，分别为 1.809×10^{-4}、5.0745×10^{-4}、1.274×10^{-5}、1.074×10^{-5}，说明首条裂缝将在此位置出现。

拟静力试验中，当水平荷载分别加载至 90kN、80kN、90kN、120kN 时，在相同的部位，试件 ZHL-1、ZHL-4、ZHLY-4B、ZHLY-4Q 产生了弯曲裂缝。可见，在初始加载阶段，对各种类型的试件，有限元分析得到的较大塑性应变位置与拟静力试验中产生首条裂缝的位置吻合。

试件 ZHL-4 即将开裂时的最大塑性应变（5.0745×10^{-4}）要大于试件 ZHLY-4B（1.274×10^{-5}）和试件 ZHLY-4Q（1.074×10^{-5}），相应的试件 ZHL-4 的开裂荷载

（$P_{cr}=80kN$）也小于试件 ZHLY-4B（$P_{cr}=90kN$）和试件 ZHLY-4Q（$P_{cr}=120kN$）。试件 ZHLY-4B 即将开裂时的最大塑性应变（1.274×10^{-5}）要大于试件 ZHLY-4Q（1.074×10^{-5}），相应的试件 ZHLY-4B 的开裂荷载（$P_{cr}=90kN$）也小于试件 ZHLY-4Q（$P_{cr}=120kN$）。这表明对 CFRP 筋施加预应力可以在一定程度上提高试件抗裂性能，且随着预应力 CFRP 筋数量的增加，构件的抗裂承载力亦随之提高。

8.2.1.2　试件屈服时

试件屈服时，有限元模拟得到的塑性应变分布云图和拟静力试验得到的裂缝开展情况的对比如图 8-16～图 8-19 所示。

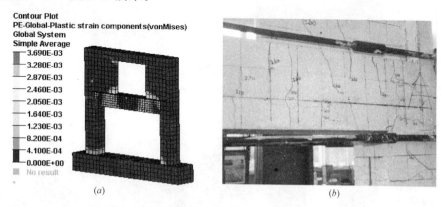

(a)　　　　　　　　　　　　　　(b)

图 8-16　试件 ZHL-1 屈服时裂缝发展规律对比

（a）试件 ZHL-1 屈服时塑性应变分布云图（$P_y=280kN$）；

（b）试件 ZHL-1 屈服时试验裂缝分布图（$P_y=265kN$）

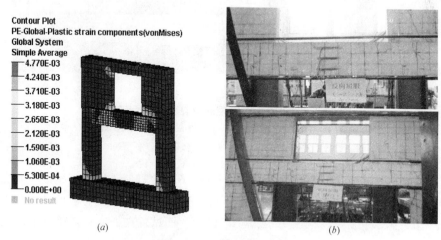

(a)　　　　　　　　　　　　　　(b)

图 8-17　试件 ZHL-4 屈服时裂缝发展规律对比

（a）试件 ZHL-4 屈服时塑性应变分布云图（$P_y=308kN$）；

（b）试件 ZHL-4 屈服时试验裂缝分布图（$P_y=290kN$）

图 8-16～图 8-19 的对比可得：

有限元分析中，随着水平正向（推）反向（拉）荷载的加大，与试件初裂时相比，试件上产生塑性应变的区域明显加大，塑性应变发展的部位主要集中在短肢剪力墙洞口下方

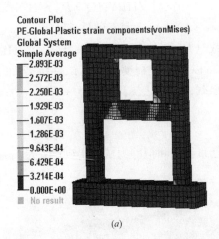
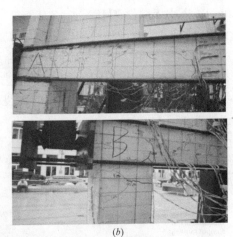

(a)   (b)

图 8-18　试件 ZHLY-4B 屈服时裂缝发展规律对比

(a) 试件 ZHLY-4B 屈服时塑性应变分布云图（P_y＝315kN）；

(b) 试件 ZHLY-4B 屈服时试验裂缝分布图（P_y＝350kN）

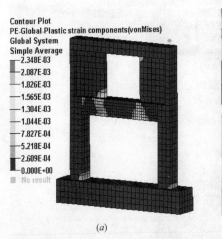
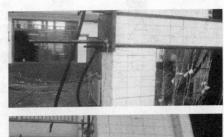
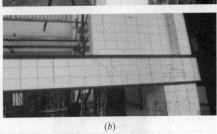

(a)   (b)

图 8-19　试件 ZHLY-4B 屈服时裂缝发展规律对比

(a) 试件 ZHLY-4Q 屈服时塑性应变分布云图（P_y＝304kN）；

(b) 试件 ZHLY-4Q 屈服时试验裂缝分布图（P_y＝310kN）

角部、框支柱与洞口之间的框支转换梁上、框支柱下端柱脚。试件最大塑性应变也有所增大，此时试件 ZHL-1、ZHL-4、ZHLY-4B、ZHLY-4Q 的最大塑性应变分别为 3.690×10^{-3}、4.770×10^{-3}、2.893×10^{-3}、2.348×10^{-3}。而试件在框支转换梁跨中、框支柱中部、短肢剪力墙墙体大部等部位的塑性应变都很小。

　　拟静力试验中，临近屈服时，裂缝开展明显加剧，预示着框支转换梁即将屈服。通过比较可见，屈服状态时，各试件有限元分析得到的塑性应变分布位置、区域与拟静力试验中裂缝产生扩展的位置、区域吻合。

　　屈服状态下，试件 ZHLY-4Q 的最大塑性应变（2.348×10^{-3}）小于试件 ZHLY-4B（2.893×10^{-3}）和试件 ZHL-4（4.770×10^{-3}）。拟静力试验中，各试件的裂缝发展也遵

循同样的规律，试件 ZHLY-4Q 的裂缝扩展区域要小于试件 ZHLY-4B、ZHL-4。这说明对 CFRP 筋施加预应力有助于减缓裂缝开展的速度，推迟裂缝开展的时间，减少裂缝开展的数量，且随着预应力 CFRP 筋数量的增加，这种效果更加明显。

8.2.1.3　试件破坏时

试件破坏时，有限元模拟得到的塑性应变分布云图和拟静力试验得到的裂缝开展情况的对比如图 8-20～图 8-23 所示。

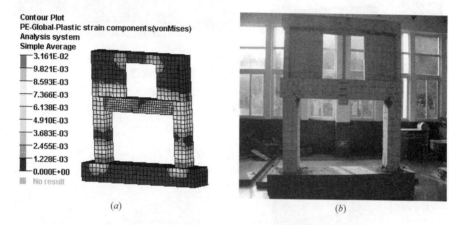

图 8-20　试件 ZHL-1 破坏时裂缝发展规律对比

(a) 试件 ZHL-1 破坏时塑性应变分布云图（$P_u=300$kN）；

(b) 试件 ZHL-1 破坏时试验裂缝分布图（$P_u=297$kN）

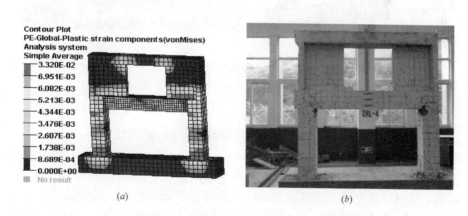

图 8-21　试件 ZHL-4 破坏时裂缝发展规律对比

(a) 试件 ZHL-4 破坏时塑性应变分布云图（$P_u=317$kN）；

(b) 试件 ZHL-4 破坏时试验裂缝分布图（$P_u=276$kN）

由图 8-20～图 8-23 的对比可得：

有限元分析中，试件水平加载至破坏时，塑性应变的位置持续扩大，主要分布在短支剪力墙下部 1/2 部位、短支剪力墙洞口角部、框支柱两端、框支柱与洞口之间的框支转换梁上。试件最大塑性也继续增大，此时试件 ZHL-1、ZHL-4、ZHLY-4B 和 ZHLY-4Q 的最大塑性应变分别为 3.161×10^{-2}、3.320×10^{-2}、2.316×10^{-2}、2.140×10^{-2}，混凝土

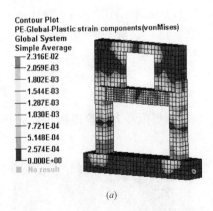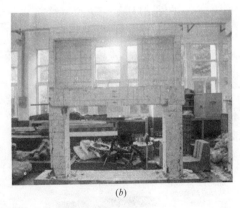

(a)　　　　　　　　　　　　　　(b)

图 8-22　试件 ZHLY-4B 破坏时裂缝发展规律对比

（a）试件 ZHLY-4B 破坏时塑性应变分布云图（P_u＝325kN）；

（b）试件 ZHLY-4B 破坏时试验裂缝分布图（P_u＝348kN）

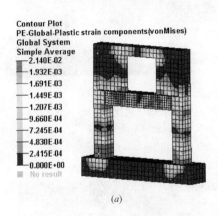

(a)　　　　　　　　　　　　　　(b)

图 8-23　试件 ZHLY-4Q 破坏时裂缝发展规律对比

（a）试件 ZHLY-4Q 破坏时塑性应变分布云图（P_u＝390kN）；

（b）试件 ZHLY-4Q 破坏时试验裂缝分布图（P_u＝423kN）

应变达到极限应变，损伤严重。而框支转换梁跨中部分、框支柱中部、短肢剪力墙上部 1/2 部位等部位塑性应变则很小。

　　拟静力试验中，各试件都表现为框支转换梁与框支柱交接处应变裂缝密集，梁铰、柱铰均已形成。通过比较可见，破坏状态时，各试件有限元分析得到的塑性应变分布位置、区域，塑性应变演化规律与拟静力试验中裂缝产生扩展的位置、区域，梁铰、柱铰产生的位置，试件破坏程度吻合。

　　破坏状态下，试件 ZHLY-4Q 的塑性应变区域要小于试件 ZHLY-4B、ZHL-4；试件 ZHLY-4Q 的最大塑性应变（$2.140×10^{-2}$）也要小于试件 ZHLY-4B（$2.316×10^{-2}$）和试件 ZHL-4（$3.320×10^{-2}$）。拟静力试验中，各试件的裂缝发展也遵从同样的规律，试件 ZHLY-4Q 的裂缝扩展区域要小于试件 ZHLY-4B、ZHL-4，试件 ZHLY-4Q 的裂缝开展数量也要少于试件 ZHLY-4B、ZHL-4。这再次说明对 CFRP 筋施加预应力有助于减缓裂缝开展的速度，推迟裂缝开展的时间，减少裂缝开展的数量，且随着预应力 CFRP 筋数量的增加，这种效果更加明显。

8.2.2 筋材应变

针对框支转换梁上、中、下部筋材，利用 ABAQUS 分析应变曲线，与拟静力试验的实测应变分布规律进行对比。以试件 ZHLY-4B 为例，对比分析如下。

8.2.2.1 框支转换梁上部

对框支转换梁上部筋材，有限元分析得到的应变曲线与拟静力试验的实测应变分布规律的对比如图 8-24～图 8-26 所示。

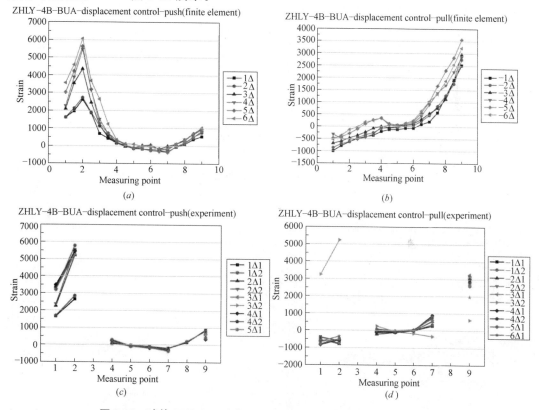

图 8-24 试件 ZHLY-4B 上部 CFRP 筋 BUA 应变分布对比（屈服后）

（a）正、反向位移加载时上部 CFRP 筋 BUA 应变分布（有限元）；
（b）正、反向位移加载时上部 CFRP 筋 BUA 应变分布（试验）

有限元分析中，正向（推）荷载时，在靠近框支柱 A 处，上部纵向 CFRP 筋应变应变最大，反向（拉）荷载时，在靠近框支柱 B 处，上部纵向 CFRP 筋应变应变最大。

拟静力试验中，除部分应变有漂移外，CFRP 筋的实测应变分布规律与有限元分析结果相近。正反向加载时，均在靠近框支柱 A、B 处产生初裂，与有限元分析得到的应变分布规律一致。

8.2.2.2 框支转换梁中部

对框支转换梁中部筋材，有限元分析得到的应变曲线与拟静力试验的实测应变分布规律的对比如图 8-27 所示。

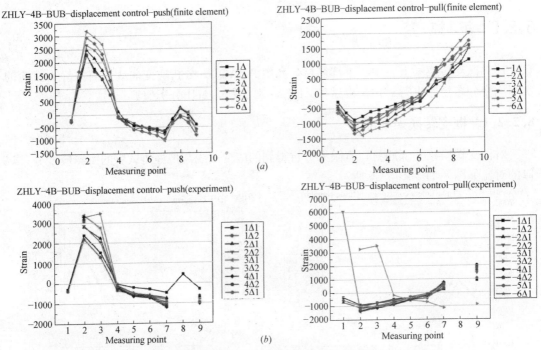

图 8-25 试件 ZHLY-4B 上部 CFRP 筋 BUB 应变分布对比（屈服后）

（*a*）正、反向位移加载时上部 CFRP 筋 BUB 应变分布（有限元）；

（*b*）正、反向位移加载时上部 CFRP 筋 BUB 应变分布（试验）

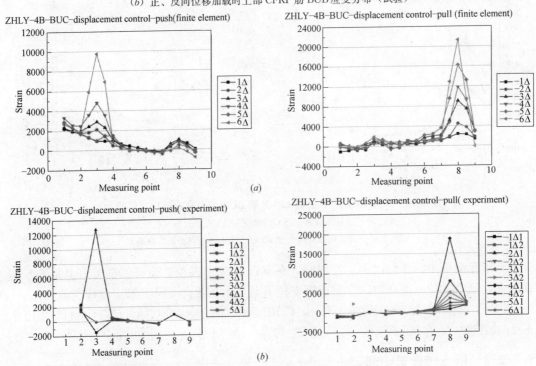

图 8-26 试件 ZHLY-4B 上部 CFRP 筋 BUC 应变分布对比（屈服后）

（*a*）正、反向位移加载时上部 CFRP 筋 BUC 应变分布（有限元）；

（*b*）正、反向位移加载时上部 CFRP 筋 BUC 应变分布（试验）

有限元分析中，框支转换梁中部纵向 CFRP 筋沿梁纵向的应变值普遍偏小，绝大多数应变未超过 $1000\mu\varepsilon$，更未达到 CFRP 筋屈服应变，只有在靠近框支柱 A 处 CFRP 筋应变有一定突变。

拟静力试验中，CFRP 筋的实测应变规律与有限元分析结果相似。有限元分析得到的最大应变位置与拟静力试验的实测最大应变位置、最大裂缝位置吻合。

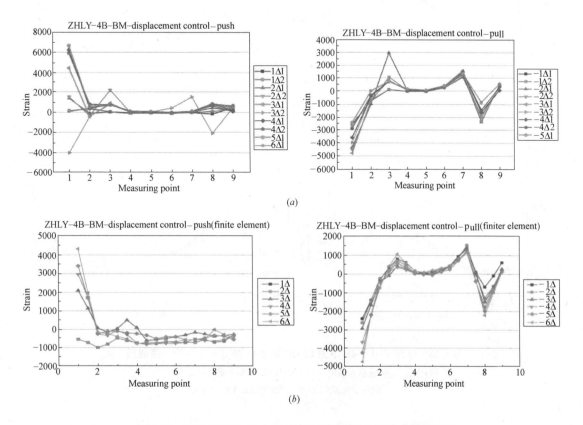

图 8-27　试件 ZHLY-4B 中部 CFRP 筋应变分布对比（屈服后）

（a）正、反向位移加载时中部 CFRP 筋应变分布（有限元）；

（b）正、反向位移加载时中部 CFRP 筋应变分布（试验）

8.2.2.3　试件框支转换梁下部筋材应变分布对比分析

对框支转换梁下部筋材，有限元分析得到的应变曲线与拟静力试验的实测应变分布规律的对比如图 8-28～图 8-30 所示。

有限元分析中，正向（推）荷载时，在靠近框支柱 B 处，框支转换梁下部纵向非 CFRP 筋的 BDA 与 BDC 应变最大，反向（拉）荷载时，下部纵向预应力 CFRP 筋的 BDB 应变略有异常，在靠近框支柱 B 处的应变偏大，而在靠近框支柱 A 处的应变偏小，与框支转换梁上裂缝发展规律不太吻合。

试验实测应变数据漂移较多，无法观察出规律。正反向加载时，均在靠近框支柱 A、B 处产生初裂，总体上与有限元分析得到的应变分布规律一致。

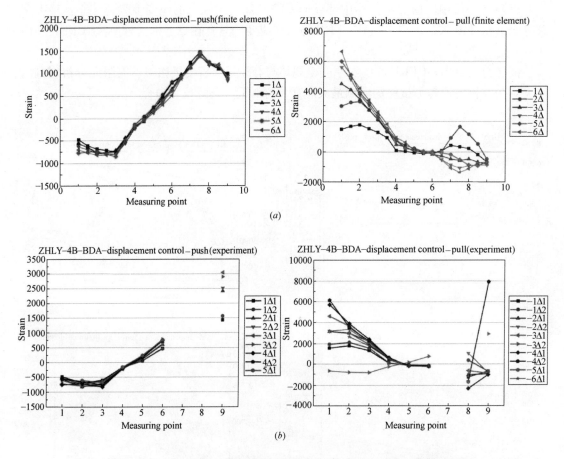

图 8-28　试件 ZHLY-4B 下部 CFRP 筋 BDA 应变分布对比（屈服后）

（a）正、反向位移加载时下部 CFRP 筋 BDA 应变分布（有限元）；

（b）正、反向位移加载时下部 CFRP 筋 BDA 应变分布（试验）

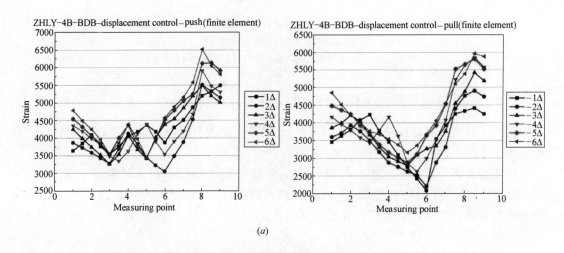

图 8-29　试件 ZHLY-4B 下部 CFRP 筋 BDB 应变分布对比（屈服后）（一）

（a）正、反向位移加载时下部 CFRP 筋 BDB 应变分布（有限元）

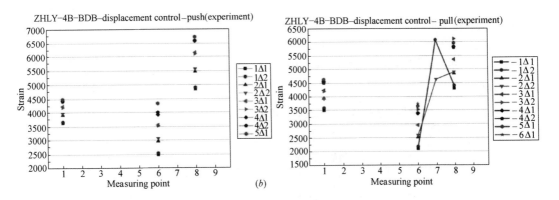

图 8-29 试件 ZHLY-4B 下部 CFRP 筋 BDB 应变分布对比（屈服后）（二）

（*b*）正、反向位移加载时下部 CFRP 筋 BDB 应变分布（试验）

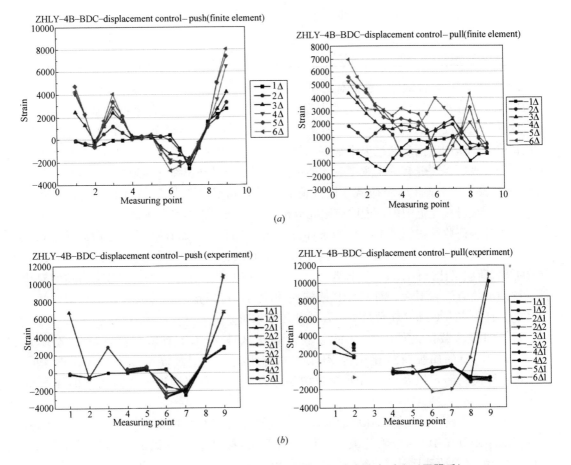

图 8-30 试件 ZHLY-4B 下部 CFRP 筋 BDC 应变分布对比（屈服后）

（*a*）正、反向位移加载时下部 CFRP 筋 BDC 应变分布（有限元）；

（*b*）正、反向位移加载时下部 CFRP 筋 BDC 应变分布（试验）

8.2.3　特征荷载

针对各试件的开裂荷载、屈服荷载、极限荷载和破坏荷载，有限元分析结果与试验结果的对比如表 8-2 所示。

试件开裂荷载、屈服荷载、极限荷载、破坏荷载的对比　　　　　表 8-2

试件编号		P_{cr}(kN)			P_y(kN)			P_e(kN)			P_u(kN)		
		正向	反向	均值	正向	反向	均值	正向	反向	均值	正向	反向	均值
ZHL-1	试验	90	90	90	260	270	265	378	366	372	320	273	297
	有限元	86	76	81	288	272	280	374	331	353	318	281	300
ZHL-4	试验	90	80	85	310	270	290	373	360	367	261	291	276
	有限元	84	76	80	310	306	308	384	361	273	327	306	317
ZHLY-4B	试验	120	90	105	350	350	350	464	450	457	318	378	348
	有限元	110	100	105	320	310	315	388	365	377	330	320	325
ZHLY-4Q	试验	120	120	120	310	310	310	518	478	498	440	406	423
	有限元	120	110	115	308	300	304	480	440	460	396	384	390

由表 8-2 可得，各试件开裂荷载的模拟值普遍比试验值小，误差在 3％～15％范围内。其原因在于，在有限元分析中，只要混凝土单元内部积分点上应力超过混凝土的抗拉强度，应变超过混凝土的极限拉应变，混凝土单元就会发生扭曲裂变，从而提示裂缝出现；而在拟静力试验中，则是通过肉眼观察试件初裂，从而判断开裂荷载，只有当裂缝明显发展到混凝土表面，裂缝有一定宽度时才能被观察到，有时开裂裂缝的观察还会受到温度收缩裂缝的影响。各试件屈服荷载、极限荷载、破坏荷载的模拟值与试验值的误差都在 15％以内，在可接受范围内，说明有限元分析结果具有一定的参考价值。

对于开裂荷载，在配筋率减少的条件下，试件 ZHL-1、ZHL-4 的开裂荷载接近，试件 ZHLY-4B、ZHLY-4Q 的开裂荷载均比试件 ZHL-1、ZHL-4 有所提高，而试件 ZHLY-4Q 的开裂荷载又比试件 ZHLY-4B 要高一些。由此说明，配筋率大小和增强筋类型对构件的抗裂承载力影响不大，对 CFRP 筋施加预应力，可以推迟构件开裂，提高构件的抗裂性能，且预应力 CFRP 筋数量越多，这种效果越明显。

对于屈服荷载，试件 ZHL-4 的屈服荷载比试件 ZHL-1 有所提高，试件 ZHLY-4B、ZHLY-4Q 的屈服荷载比试件 ZHL-4 亦有所提高，但提高幅度不大。说明采用 CFRP 筋替代钢筋，以及对 CFRP 筋施加预应力，可在一定程度上提高构件的屈服承载力。

对于极限荷载，在配筋率降低的前提下，试件 ZHL-4 的极限荷载比试件 ZHL-1 要高一些，试件 ZHLY-4Q 的极限荷载比试件 ZHLY-4B 提高了 10％以上，试件 ZHLY-4B、ZHLY-4Q 的极限荷载比试件 ZHL-4 提高了 30％以上。说明采用 CFRP 筋替代钢筋，以及对 CFRP 筋施加预应力，可较大幅度提高构件的屈服承载力。

总的说来，将框支转换梁的纵向受力钢筋全部替换为 CFRP 筋，可以改善构件的抗裂性能和承载能力。对 CFRP 筋施加预应力，可以明显提高构件的抗裂性能和承载能力，且预应力 CFRP 筋数量越多，这种效果越明显。

8.2.4 延性

针对各试件正向及反向加载时的屈服位移、极限位移、破坏位移和延性系数，有限元分析结果和试验结果的对比如表 8-3 所示。有限元分析时，配置了 CFRP 筋的混凝土转换梁框支剪力墙试件 ZHL-4、ZHLY-4B、ZHLY-4Q 的延性系数按综合性能指标系数法 $\mu = F_u \Delta_u / F_y \Delta_y$ 进行计算，而全钢筋混凝土转换梁框支剪力墙试件 ZHL-1 的延性系数仍采用传统的延性系数计算公式 $\mu = \Delta_u / \Delta_y$ 进行计算。

试件正反向屈服位移、极限位移、破坏位移和延性系数的对比　　表 8-3

试件编号		Δ_y(mm)		P_y(kN)		Δ_e(mm)		P_e(kN)		Δ_u(mm)		P_u(kN)		λ	
		正向	反向	正向	反向	正向	反向	正向	反向	正向	反向	正向	反向	正向	反向
ZHL-1	试验	7	7	260	270	28	21	378	366	42	35	320	273	6	5
	有限元	10	7	288	272	30	21	374.	331	50	35	318	281	5.8	5.1
ZHL-4	试验	10	9	310	270	30	27	373	360	40	36	314	301	4.1	4.5
	有限元	9	9	310	306	27	27	384	361	45	40	327	306	4.9	4.6
ZHLY-4B	试验	9	8.5	350	350	34	34	464	450	52.5	42.5	318	378	4.7	5
	有限元	9	8	320	310	31	29	388	365	55	46	330	320	5.0	5.2
ZHLY-4Q	试验	10.5	8.5	310	310	34	34	518	478	42.5	42.5	440	406	4.1	5
	有限元	9.5	9.5	308	300	27	27	480	440	41	41	374	340	4.3	4.3

由表 8-3 可得，各试件延性系数的模拟值与试验值的误差在 4%～15% 范围内，而且有限元分析与拟静力试验得到的延性系数规律一致。试件 ZHL-1 的延性系数最大，试件 ZHL-4、ZHLY-4B、ZHLY-4Q 的延性系数接近，且各试件的延性系数均大于 3，满足抗震规范对结构延性性能的要求。由此说明，将钢筋替换为 CFRP 筋，虽然构件延性有所降低，但仍具有充分延性，能满足抗震要求，对 CFRP 筋施加预应力，亦不会降低构件的延性性能。

8.2.5 滞回曲线

针对各试件框支转换梁的 P-Δ 滞回关系曲线（P 为由拉压千斤顶施加的总荷载，Δ 为框支转换梁端头中心处的水平位移），有限元分析结果与试验结果的对比如图 8-31～图 8-34 所示。

由图 8-31～图 8-34 可见，有限元分析结果和试验结果均表明，各试件的滞回曲线形状都比较接近，均在中间部分呈现出一定的捏缩现象，但总体还是比较饱满，说明采用 CFRP 筋替代钢筋，以及对 CFRP 筋施加预应力，均不会降低构件的抗震性能。但试件 ZHLY-4Q 在正反两个方向的极限位移值比试件 ZHLY-4B 略小，说明采用较少的预应力 CFRP 筋，可以获得更好的延性和耗能能力。对比可见，有限元分析得到的极限位移比拟静力试验得到的极限位移略小。

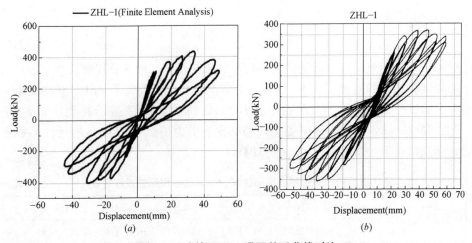

图 8-31　试件 ZHL-1 滞回关系曲线对比

（a）ZHL-1 滞回曲线（有限元）；（b）ZHL-1 滞回曲线（试验）

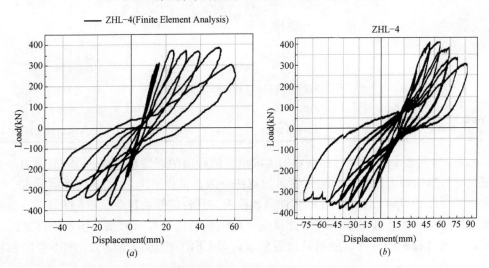

图 8-32　试件 ZHL-4 滞回关系曲线对比

（a）ZHL-4 滞回曲线（有限元）；（b）ZHLY-4 滞回曲线（试验）

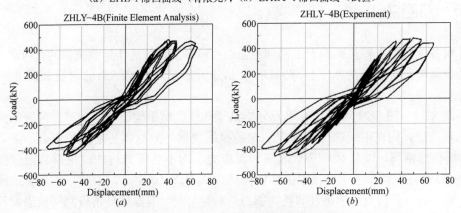

图 8-33　试件 ZHLY-4B 滞回关系曲线对比

（a）ZHLY-4B 滞回曲线（有限元）；（b）ZHLY-4B 滞回曲线（试验）

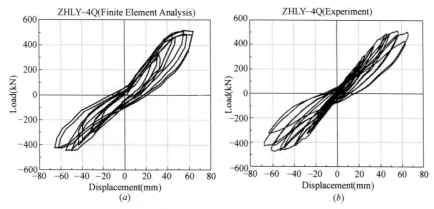

图 8-34 试件 ZHLY-4Q 滞回关系曲线对比

（*a*）ZHLY-4Q 滞回曲线（有限元）；（*b*）ZHLY-4Q 滞回曲线（试验）

8.2.6 骨架曲线

针对各试件的骨架曲线，有限元分析结果与试验结果的对比如图 8-35 所示。

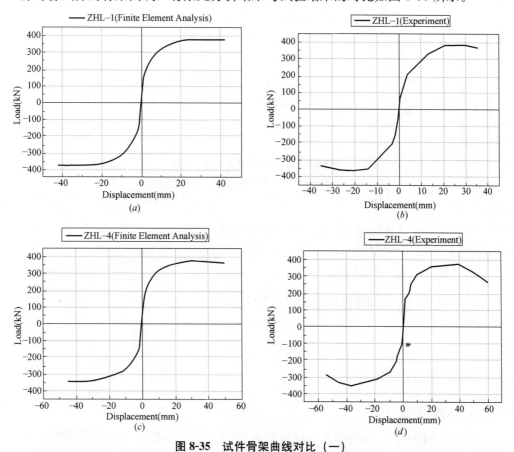

图 8-35 试件骨架曲线对比（一）

（*a*）ZHL-1 骨架曲线（有限元）；（*b*）ZHL-1 骨架曲线（试验）；

（*c*）ZHL-4 骨架曲线（有限元）；（*d*）ZHL-4 骨架曲线（试验）

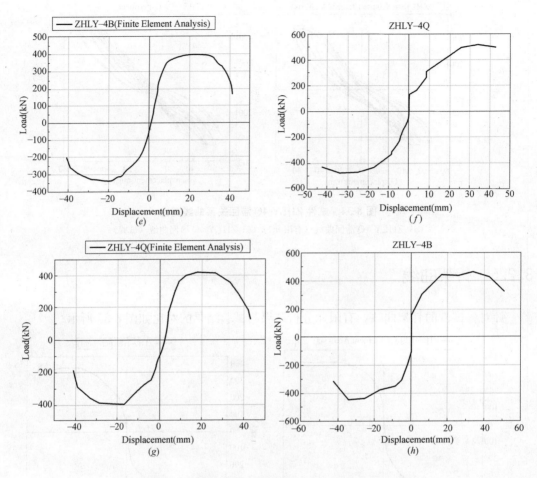

图 8-35　试件骨架曲线对比（二）

（*e*）ZHLY-4B 骨架曲线（有限元）；（*f*）ZHLY-4B 骨架曲线（试验）；

（*g*）ZHLY-4Q 骨架曲线（有限元）；（*h*）ZHLY-4B 骨架曲线（试验）

由图 8-35 中可见，有限元分析得到的骨架曲线与拟静力试验得到的骨架曲线呈现出相同的规律，曲线走势比较接近。

8.3　墙肢布置影响的有限元分析

8.3.1　裂缝发展规律

1. 竖向荷载作用

在有限元分析中，当竖向荷载加载至目标值时，试件 ZHL-4 没有产生塑性变形，最大主塑性应变与等效塑性应变均是 0，试件模型的受拉损伤参数也为 0，试件并没有发生损伤，如图 8-36 所示。表明试件上无裂缝产生，处在弹性工作阶段，这和拟静力试验情况一致。

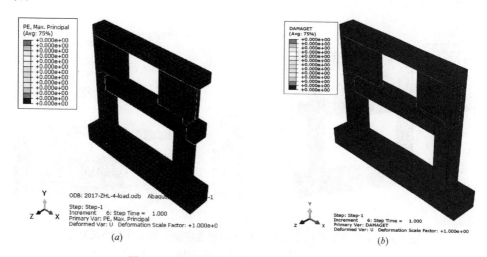

图 8-36　竖向荷载作用下试件 ZHL-4 损伤情况
（a）最大主塑性应变；（b）受拉损伤

而此时试件 JLQ-1 已发生塑性变形，最大主塑性应变与等效塑性应变均大于 0，中间墙肢处转换梁下方的混凝土受拉损伤参数已大于 0，损伤约三个网格（网格尺寸为 50mm），长度约为 150mm。图 8-37 所示为有限元分析中竖向荷载加载至 490kN 时试件 JLQ-1 的塑性应变和损伤情况。相比之下，有限元分析与拟静力试验中试件 JLQ-1 的裂缝开展部位一致，都在中间剪力墙处转换梁下部。

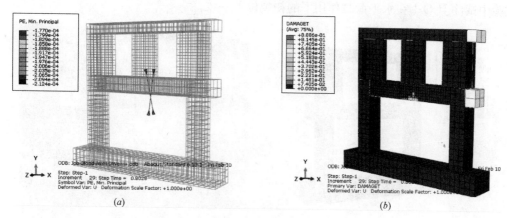

图 8-37　竖向荷载作用下试件 JLQ-1 损伤情况
（a）最大主塑性应变；（b）受拉损伤

2. 水平低周往复荷载作用

在水平低周往复荷载作用下，试件 ZHL-4 首批裂缝产生部位的对比如图 8-38 所示。在有限元分析中，由塑性应变云图中可见，随着水平荷载的持续增加，试件 ZHL-4 在洞口边缘附近转换梁下方产生较大塑性应变，如图 8-38（a）所示，表明在该部位试件有裂缝产生。在拟静力试验中，当水平反向荷载达到 80kN 时，试件 ZHL-4 在相同部位产生了两条垂直裂缝，如图 8-38（b）所示。可见，有限元分析和拟静力试验中试件 ZHL-4 在水平荷载作用下的初裂位置一致。

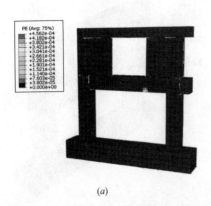
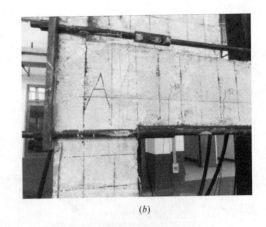

图 8-38　竖向荷载作用下试件 ZHL-4 的塑性应变云图与开裂情况对比

（a）开裂时塑性应变分布云图；（b）开裂时试验裂缝分布图

在水平荷载作用下，试件 JLQ-1 首批裂缝产生部位的对比如图 8-39 所示。在有限元分析中，由塑性应变云图中可见，由于试件 JLQ-1 在竖向荷载作用下于中间墙肢处转换梁下方已有裂缝产生，因此，随着水平荷载的不断增大，在部位形成了比较明显的塑性应变区域。而在洞口边缘附近转换梁上方新形成一小片塑性应变区域，如图 8-39（a）所示，表明在该部位试件有裂缝产生。在拟静力试验中，当水平正向荷载达到 60kN 时，试件 JLQ-1 在相同部位产生了一条裂缝，如图 8-39（b）所示。可见，有限元分析和拟静力试验中试件 JLQ-1 在水平荷载作用下的初裂位置一致。

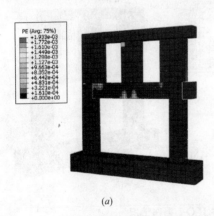
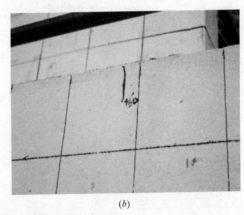

图 8-39　水平荷载作用下试件 JLQ-1 的塑性应变云图与开裂情况对比

（a）开裂时塑性应变分布云图；（b）开裂时试验裂缝分布图

通过试件 ZHL-4、JLQ-1 在水平荷载作用下的塑性应变云图和试验裂缝开展分布图的对比可见，在水平荷载作用下，不论是双肢剪力墙试件，还是三肢剪力墙试件，有限元分析得到的塑性应变位置和拟静力试验得到的开裂位置吻合较好。

此外，在水平荷载作用下，试件 JLQ-1 初裂时的塑性应变最大值为 1.288×10^{-3}，大于试件 ZHL-4 初裂时的塑性应变最大值。产生这个现象的主要原因是：在竖向荷载作用下，试件 JLQ-1 已产生塑性变形，由于塑性累积效应影响，施加水平荷载后则产生了更大的塑性应变。可见，与双肢剪力墙试件相比，三肢剪力墙试件的受力性能较差，墙肢布置对构件的裂缝开展和受力性能有较大影响。

屈服状态时，试件 ZHL-4 的塑性应变云图与裂缝开展情况的对比如图 8-40 所示，试件 JLQ-1 的塑性应变云图与裂缝开展情况的对比如图 8-41 所示。

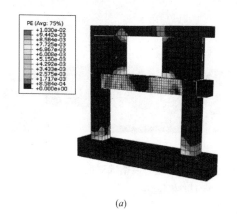

(a)   (b)

图 8-40　屈服时试件 ZHL-4 塑性应变云图与裂缝开展情况对比

（<i>a</i>）屈服时塑性应变分布云图；（<i>b</i>）屈服时试验裂缝分布图

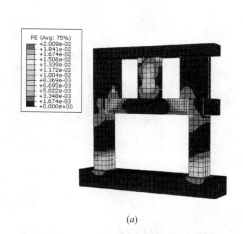

(a)   (b)

图 8-41　屈服时试件 JLQ-1 的塑性应变云图与裂缝开展情况对比

（<i>a</i>）屈服时塑性应变分布云图；（<i>b</i>）屈服时试验裂缝分布图

由图 8-40、图 8-41 可见，与试件刚开裂时的塑性应变区域相比，达到屈服状态时试件上的塑性应变区域明显扩展。有限元分析得到的塑性应变分布区域与拟静力试验得到的裂缝开展区域吻合较好。

试件 ZHL-4 的塑性应变区域主要集中在短肢剪力墙底部、框支柱与洞口之间的转换梁以及框支柱柱脚处。试件 JLQ-1 的塑性应变区域主要集中在中间短肢剪力墙、框支柱与洞口之间的转换梁、框支柱上端和柱脚处以及短肢剪力墙底部，并且两个试件的最大塑性应变也相应增大，而试件其他部位的塑性应变都不大，甚至仍然为 0。与拟静力试验中试件的裂缝开展情况相比，达到屈服状态时，试件裂缝开展明显更剧烈。

破坏状态时，试件 ZHL-4 的塑性应变云图与裂缝开展情况的对比如图 8-42 所示，试件 JLQ-1 的塑性应变云图与裂缝开展情况的对比如图 8-43 所示。

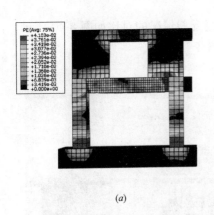
(a)

(b)

图 8-42 破坏时试件 ZHL-4 的塑性应变云图与裂缝开展情况对比
(a) 破坏时塑性应变分布云图；(b) 试件破坏形态

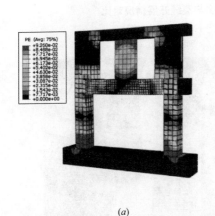
(a)

(b)

图 8-43 破坏时试件 JLQ-1 的塑性应变云图与裂缝开展情况对比
(a) 破坏时塑性应变分布云图；(b) 试件破坏形态

由图 8-42、图 8-43 可见，达到破坏状态时，试件上的塑性应变区域进一步扩展。有限元分析得到的塑性应变分布区域和裂缝发展演化规律与拟静力试验得到的裂缝开展区域、梁铰和柱铰形成过程、试件最后破坏程度基本吻合。

试件 ZHL-4 的塑性应变区域主要集中在短肢剪力墙底部、框支柱与洞口之间的转换梁、框支柱的上下两端，而在转换梁跨中部位、框支柱的中部以及短肢剪力墙的中上半部，塑性应变均很小，甚至几乎没有塑性应变。试件 JLQ-1 的塑性应变区域除了集中在上述部位外，在几乎整片中间墙肢上也产生较大塑性应变。在拟静力试验中，试件均是先在梁端产生塑性铰，后在柱脚产生塑性铰，并且在节点区域、框支柱柱脚形成密集分布的裂缝。

8.3.2 特征荷载

试件 ZHL-4 和试件 JLQ-1 的开裂荷载、屈服荷载以及极限荷载的有限元分析结果与试验结果的对比见表 8-4。

试件开裂荷载、屈服荷载和极限荷载的有限元分析结果与试验结果对比 表 8-4

试件编号		P_{cr}(kN)			P_y(kN)			P_e(kN)		
		正向	反向	均值	正向	反向	均值	正向	反向	均值
ZHL-4	有限元	84	76	80	310	306	308	384	361	373
	试验	90	80	85	310	270	290	373	360	367
JLQ-1	有限元	55	27	41	311	302	307	460	448	454
	试验	60	30	45	290	290	290	447	443	445

由表 8-4 可见，两个试件开裂荷载的有限元分析结果小于试验结果，其主要原因是，在有限元分析中对混凝土材料属性定义作了简化，当混凝土单元内部积分点的应变超过混凝土极限拉应变时，即认为该处混凝土产生裂缝。而在拟静力试验中，只有当内部裂缝发展到试件表面，并且达到一定宽度后才能被观察到。虽然有限元分析所得的开裂荷载均要比拟静力试验值小，但是误差不大，在可接受范围内。两个试件的屈服荷载和极限荷载的有限元分析结果均大于试验结果，但误差也可接受。由此说明，有限元分析结果较为合理，具有可靠的参考价值。

8.3.3 滞回曲线

试件 ZHL-4 和试件 JLQ-1 的滞回曲线的有限元分析结果和试验结果的对比如图8-44、图 8-45 所示。（图上标注的试件符号有误，请修改）

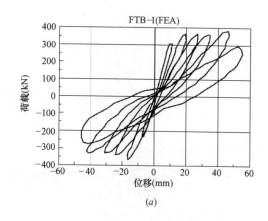
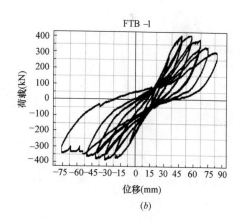

(a)　　　　　　　　　　(b)

图 8-44 试件 ZHL-4 滞回曲线有限元分析结果与试验结果对比
(a) 有限元分析滞回曲线；(b) 试验滞回曲线

由图 8-44、图 8-45 可见，有限元分析结果和试验结果均表明，两个试件的滞回曲线都表现出捏缩现象，滞回曲线总体来看都较为饱满。有限元分析得到的滞回曲线与拟静力试验得到的滞回曲线变化规律基本一致，曲线形状较为接近。

由于在有限元分析中，滞回曲线捏缩的模拟与材料本构关系、单元特性以及塑性损伤本构模型的恢复系数等多个因数有关，因此，准确模拟构件的滞回性能较为困难，有限元分析得到的滞回曲线捏缩程度不如拟静力试验结果明显。此外，两个试件极限位移的有限

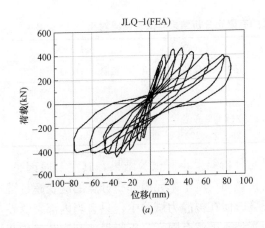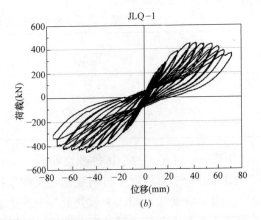

图 8-45 试件 JLQ-1 滞回曲线有限元分析结果与试验结果对比

（a）有限元分析滞回曲线；（b）试验滞回曲线

元分析结果要稍小于试验结果。

8.3.4 骨架曲线

试件 ZHL-4 和试件 JLQ-1 的骨架曲线的有限元分析结果和试验结果的对比如图 8-46 所示。

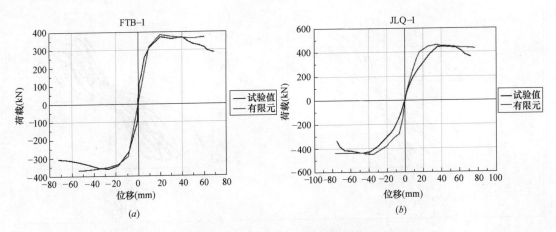

图 8-46 试件骨架曲线有限元分析结果与试验结果对比

（a）ZHL-4；（b）JLQ-1

由图 8-46 可见，在弹性阶段，有限元分析得到的骨架曲线与拟静力试验得到的骨架曲线变化规律相同，形状基本重合，进入塑性阶段后，有限元分析曲线与试验曲线开始出现偏差，虽然曲线变化规律仍然相同，曲线形状基本相似，但具体数据存在一定差异。此外，由于未考虑混凝土与筋材之间的粘结滑移问题和混凝土的裂变效应，达到极限荷载后，有限元分析得到的骨架曲线未出现明显的下降。

从骨架曲线的整体趋势上看，有限元分析得到的骨架曲线与拟静力试验得到的骨架曲线变化规律基本相同，虽然数据上存在一定差异，但两者吻合较好。由此表明，用 ABAQUS 软件进行有限元分析具有较好的合理性与可行性。

8.4 有限元分析小结

8.4.1 误差分析

总体上而言，有限元分析结果和试验结果较为吻合，但是仍然存在一定误差，其原因主要是：

（1）材料本构模型的选取。ABAQUS 软件自带的混凝土损伤塑性模型是基于各向同性的损伤来表征混凝土的非弹性行为。这是对混凝土材料属性定义的简化，并未考虑试验中混凝土存在孔洞和缺陷等问题。

（2）界面模型的选取。由于有限元分析中模型运算不收敛是最常见问题，而引起模型运算不收敛的原因也有很多，为避免模型求解不收敛，对本次试件进行有限元分析时没有对混凝土和筋材的粘结滑移以及混凝土的裂变效应进行准确模拟。而忽略混凝土与筋材两种材料交界面的力学作用对结构的承载力和刚度都有着较大的影响。但在拟静力试验中，混凝土与筋材两种材料交界面的力学作用比较复杂。

（3）加载方式的模拟。拟静力试验中水平荷载的施加通过分配钢梁分配到转换梁和传力梁上，而在有限元分析中在转换梁以及传力梁梁端设置刚性垫块，直接将水平荷载施加到垫块上，并没有完全模拟实际的荷载施加方式。另外，由于受实验室条件限制，水平荷载的反力不是由反力墙提供，而是三角反力架，因此当对试件施加较大水平荷载时，试件有一定的整体滑移。

（4）加载制度的模拟。有限元分析中选用位移控制加载制度，而拟静力试验中选用力-位移混合控制加载制度。并且在有限元分析中每级荷载只循环一次，而试验中每级荷载循环两次，因此有限元分析中损伤积累效应对试件的影响相对较弱。

8.4.2 对比分析小结

（1）有限元分析得到的塑性应变分布位置、区域，塑性应变演化规律与拟静力试验中裂缝产生扩展的位置、区域，梁铰、柱铰产生的位置，试件破坏程度吻合较好。对 CFRP 筋施加预应力，可提高构件的抗裂性能，也有助于推迟裂缝开展的时间，减缓裂缝开展的速度，减少裂缝开展的数量，且预应力 CFRP 筋数量越多，这种效果越明显。

（2）对于各试件的开裂荷载、屈服荷载、极限荷载和破坏荷载，有限元分析结果与试验结果的误差都在 15％ 以内，在可接受范围内，有限元分析结果具有一定的参考价值。对 CFRP 筋施加预应力，可以提高构件的开裂荷载和极限荷载，且预应力 CFRP 筋数量越多，这种效果越明显。采用 CFRP 筋替代钢筋，可以提高构件的极限荷载，但对提高开裂荷载基本没有作用。采用 CFRP 筋替代钢筋，对 CFRP 筋施加预应力，虽可在一定程度上提高屈服荷载,但效果不是很明显。

(3) 将钢筋替换为 CFRP 筋,以及对 CFRP 筋施加预应力,虽然构件延性有所降低,但仍具有充分延性,能满足抗震要求。

(4) 各试件的滞回曲线形状均比较接近,在正、反向加载阶段均在中间部分呈现出一定的捏缩现象,但总体还是比较饱满,说明采用 CFRP 筋替代钢筋,以及对 CFRP 筋施加预应力,均不会降低构件的抗震性能。相比之下,预应力 CFRP 筋数量减少,构件能获得更好的耗能能力。有限元分析得到的骨架曲线与拟静力试验中的骨架曲线呈现出相同的规律,曲线走势比较接近。

(5) 总体而言,有限元分析结果与拟静力试验结果相符较好。对于混凝土转换梁框支剪力墙等大型复杂结构,在难以开展试验或试验样本不足的情况下,可通过有限元分析进行辅助研究。

9　复合纤维材料混凝土结构研究展望

9.1　未来研究领域

　　为将 FRP 应用于土木工程领域，众多研究人员开展了大量研究工作，取得了丰硕成果，越来越多的 FRP 工程应用也为其提供了实践支撑。然而，FRP 在土木工程中的应用仍处于起步阶段，有很多问题还需要进一步研究探索。由于缺乏对这种新技术的深入理解、缺乏相应的设计指南或建议，使得 FRP 在土木工程中的大量应用受到了很大限制。

　　由于 FRP 是一种各向异性的线弹性材料，弹性模量低于钢筋，因此，与钢筋混凝土结构相比，FRP 筋混凝土结构裂缝更宽、变形更大、刚度更小、抗震性能较差，从而降低了其适用性和耐久性，限制了其工程应用。这些问题一直困扰着研究人员，而高韧性水泥基复合材料（Engineered Cementitious Composite，简称 ECC）则成为解决这些问题的最佳选择。将短切纤维、水泥、水、石英砂以及硅粉、粉煤灰等掺合料以一定的比例混合在一起并搅拌均匀，即制得 ECC。ECC 基于断裂力学和微观力学原理对材料微观结构进行合理设计，具有鲜明的应变硬化特征，使水泥基材料由传统的脆性材料转变为韧性材料。ECC 具有高抗拉延性、裂缝控制能力和高断裂韧性，非常适合与 FRP 筋联合使用来提高结构的延性、适用性和耐久性，并且能有效提高结构的损伤容限。本课题组完成的全 CFRP 筋高韧性水泥基复合材料柱的抗震性能研究表明，即使将线弹性的 CFRP 筋用作高韧性水泥基复合材料柱的增强筋，构件也具有很好的延性，充分发挥了两种复合材料的优势，弥补了 FRP 筋塑性、韧性不足的缺陷，实现了两种复合材料的有机结合。因此，课题组认为，FRP 筋高韧性水泥基复合材料结构将成为未来研究的一大热点，有着迫切的研究需求，这对 FRP 的工程应用将会产生极大的促进作用。

　　此外，在 ACI 440 委员会制定的有关报告或指南中，也有五个方面的关键研究需求反复被提及，即

　　（1）FRP 材料以及 FRP 加固和增强混凝土结构体系的耐久性能；

　　（2）FRP 加固和增强混凝土结构的设计、施工指南和规范；

　　（3）标准化的 FRP 材料性能测试方法；

　　（4）新的 FRP 材料类型和 FRP 结构体系；

　　（5）未来研究方向。

　　以上几个方面的内容并不是指 FRP 在土木工程中大量应用所面临的主要障碍，而反映的是作为一门新兴技术，FRP 目前研究的局限性和目前的研究空白。根据既有 FRP 工程应用情况，为满足 FRP 在实际工程应用中的要求，需要从以下一些方面进一步开展

研究。

1. 耐久性能及其他

（1）耐久性能测试中外部使用环境的识别。采用 FRP 材料时，究竟应该考虑哪些环境参数，目前还存在着争议。不同的结构用途、气候条件和维护保养措施等，都会影响到特定情况下环境参数的设置。因此，进行耐久性能测试时，应综合考虑主要环境参数的影响。

（2）体外粘贴 FRP 加固或修复的耐久性能。需对 FRP 加固混凝土结构的徐变性能、疲劳性能和耐久性能及其影响因素进行研究，重点是 FRP 与结构基层之间的粘结材料或粘结截面的耐久性。

（3）体内 FRP 增强筋的耐久性能。需对 FRP 增强混凝土结构的徐变性能、疲劳性能和耐久性能及其影响因素进行研究，重点是混凝土内 FRP 筋的性能。因此，应考虑 FRP 筋周围混凝土的性能和主要环境参数的影响。

（4）FRP 加固或增强混凝土结构的使用寿命预测。需要建立包含退化过程的分析模型，根据构件在短期荷载作用下的试验结果来预测长期荷载作用下构件的使用寿命，重点是体外粘贴 FRP 的疲劳寿命。耐久性能的影响因素同样也对构件的使用寿命产生影响。

（5）FRP 的抗火性能和防火措施。FRP 加固或增强混凝土结构受火时的受力性能仍然不是很明确，需要开发相应的建模技术，对结构受火时的受力性能进行预测。

（6）FRP 加固系统的抗震性能和抗冲击性能。人们期望通过采用 FRP 对结构构件进行加固来减轻地震或冲击荷载效应。然而，伪静力试验并不能完全反映构件在动力荷载作用下的应变速率效应和受力性能，因此，需要采用新方法，对 FRP 加固系统减轻动力荷载效应的效果进行鉴定。

2. 标准测试方法

不论是将 FRP 用于体外加固还是用于体内增强筋，都需要建立标准的外部环境加速腐蚀方法和相应的耐久性测试方法。

3. 设计和施工指南及规范

未来研究的一项重要内容是以试验数据为支撑，对 FRP 加固或增强混凝土结构的有关系数、理论分析方法和设计方法进行研究。由于 FRP 和钢筋的材料性能存在显著差异，因而其设计要求也不尽相同。因此，在 FRP 加固或增强混凝土结构的设计中，需对现有设计理念、方法和公式等进行相应的修正，从而建立适用于 FRP 加固或增强混凝土结构的设计方法。此外，随着极限状态设计法的日益认可，还应开展相应的可靠性分析和概率分析，从而得到 FRP 材料及其加固或增加混凝土结构的有关荷载系数和承载力系数。另外，还需对 FRP 加固或增强混凝土结构的施工方法和指南进行研究。

4. 新的 FRP 材料类型和 FRP 结构体系

（1）混杂纤维材料。将 FRP 材料应用于混凝土结构，通常面临着力学上或温湿度上的适应性问题，因此，可采用对多种纤维进行混杂的方式，或者采用无需进行聚合的创新化学工艺，生产出与混凝土相容性更好的 FRP 材料。

（2）FRP 筋增强构件的创新方法。要充分利用好 FRP 材料，远非采用 FRP 筋替代钢筋如此简单，而应该进一步深入探讨 FRP 筋增强构件的创新方法，从而使实现更好的施工成本效益。钢筋混凝土结构中混凝土的作用之一是为 FRP 筋提供保护层，如果 FRP 筋足够坚硬、耐久性足够好，则可去除混凝土保护层，从而节省材料和费用。

（3）自感应 FRP 结构健康监测系统。由于 FRP 具有独特的材料性能和制作工艺，因此，可开发基于 FRP 的综合传感系统，若将其用于结构健康监测，将会提供极大便利，甚至实现人与建筑物之间的智能交流。

5. 未来研究方向

FRP 材料代表了建筑材料发展的一个新方向，创新正是这个新方向所需要的，因此，应鼓励 FRP 材料及其应用的创新发展。

（1）FRP 在土木工程中的创新应用。目前，在土木工程领域中，FRP 材料的许多特性还未被利用起来，例如，玻璃纤维具有光传导特性，CFRP 具有导电性，FRP 材料在受力全过程中可以保持刚度不变，或者使其具备所需要的刚度水平等等。FRP 材料的这些特性，可以使其在智能建筑领域得到广泛应用，如实现人与建筑物之间的智能交流，保持结构稳定，自定位等。

（2）创新材料特性的开发利用。利用 FRP 材料的可裁剪性，可以开发出一系列新的材料特性，例如，可将 FRP 材料应用于化学或形状记忆预应力系统，CFRP 材料所具有的良好的疲劳性能使其能较好地适用于承受动载作用的结构体系。

（3）FRP 材料在可持续建筑中的应用。FRP 材料被视为一种实现建筑可持续性的工具，其效用-费用比相对较高，也就是说用较小的资源投入就能实现较大的结构效用。此外，FRP 材料及其系统还可延长老旧结构的使用寿命，在建筑节能和环保领域中，FRP 材料及其加固或增强系统也大有可为。

（4）合作研究。FRP 材料的开创性研究离不开科研院所和企业的密切配合，而这必然涉及需要公开一些研究资料与数据。为此，需要建立企业-科研院所-政府部门三者之间的合作关系，从而便于研究的开展，避免竞争因素的阻碍。考虑到 FRP 加固或增强系统具有诸多不同的形式，这种合作关系的建立显得更加重要。其中，科研院所与企业之间的深入合作又是重中之重，应该给予足够的优先考虑，并且也最富有成效。

如前所述，FRP 材料及其加固或增强系统的长期性能和耐久性能是两个非常重要的问题。由于土木工程结构所面临的外部环境条件是多种多样的，因此，不同气候地区的科研院所应互相协作，共同制定不同外部环境条件下 FRP 材料及其加固或增强系统的试验方法和设计条款。

此外，高校等教育机构的参与也很重要。目前，高校所开设的土木工程课程中，很少涉及有关 FRP 的教学内容。应通过开展相关学术活动，使 FRP 的有关知识进入大学课堂，并将高校的技术力量吸收到 FRP 的课题研究中来。

最后，尽管 FRP 在土木工程中的应用越来越广泛，但是非专业工程师对这种新兴技术仍然缺乏足够理解。例如，在 2004 年巴黎戴高乐机场航站楼的顶棚垮塌事故中，一些非专业工程师首先就对结构中所采用的 FRP 系统提出质疑，而事实证明该垮塌事故与 FRP 系统毫无关联。因此，当 FRP 加固或增强混凝土结构发生质量事故时，需要开展细致的司法调查与鉴定，找出事故的真正起因，从而消除人们对 FRP 加固或增强系统的疑虑，并通过总结事故的经验教训，进一步扩充 FRP 材料在土木工程中应用的知识基础。

9.2　研究需求一览

ACI 440 委员（ACI Committee 440）建议，为进一步探索 FRP 材料及其加固和增强混凝土结构的未知领域，并提供试验和理论支撑，需要进一步从以下一些方面进行大量的深入的研究：

1. FRP 材料加固技术

（1）材料

① FRP 加固系统抗拉强度统计样本中的正态分布规律。

② FRP 加固系统的防火措施。

③ FRP 加固构件在高温条件下的受力性能。

④ FRP 加固构件在低温条件下的受力性能。

⑤ FRP 加固构件的防火等级。

⑥ FRP 材料与加固构件基层之间不同热胀系数的影响。

⑦ FRP 材料的蠕变性能和耐疲劳破坏性能。

⑧ 腐蚀环境中 FRP 材料的强度和刚度退化特性。

（2）弯矩和轴力作用下的性能

① 非圆形截面构件外表面缠绕粘贴 FRP 材料的抗压性能。

② 顺轴力方向粘贴 FRP 材料加固构件的受力性能。

③ 高强混凝土对 FRP 加固构件受力性能的影响。

④ 轻骨料混凝土对 FRP 加固构件受力性能的影响。

⑤ FRP 加固混凝土结构构件的最大裂缝宽度和挠度的预测及控制。

⑥ FRP 加固混凝土受弯构件在长期荷载作用下的挠度。

（3）剪力作用

① 非完全包裹加固形式下 FRP 材料的有效应变。

② FRP 材料用作双向受力结构构件的抗冲切加固材料的研究。

（4）细部要求

① FRP 材料的锚固。

② FRP 材料的粘结性能和相关粘结系数。

③ FRP 材料的蠕变断裂和蠕变持续时间。

④ FRP 材料的疲劳性能。

⑤ FRP 材料的热膨胀系数。

⑥ FRP 材料的抗剪强度和抗压强度。

对第②～⑥项要求，指的是需要采取合适的试验测试方法来确定 FRP 材料的有关性能指标。

2. FRP 筋增强混凝土结构

（1）FRP 筋材料

① FRP 筋抗拉强度统计样本中的正态分布规律。

② FRP 筋混凝土结构构件在高温下的受力性能。

③ FRP 筋混凝土结构构件的最小抗火混凝土保护层厚度。

④ FRP 筋混凝土结构构件的防火等级。

⑤ FRP 筋的横向膨胀对混凝土开裂和劈裂的影响。

⑥ FRP 筋的蠕变性能和耐疲劳破坏性能。

⑦ FRP 筋锯断面的端部处理措施。

⑧ 腐蚀环境中 FRP 筋的强度和刚度退化特性。

（2）轴力和弯矩作用下的性能

① FRP 筋混凝土受压构件的受力性能。

② 同时配置纵向受压 FRP 筋和纵向受拉 FRP 筋混凝土受弯构件的受力性能。

③ 非矩形截面 FRP 筋混凝土结构构件的设计和分析。

④ FRP 筋混凝土结构构件的最大裂缝宽度和挠度的预测及控制。

⑤ 满足挠度要求的 FRP 筋混凝土受弯构件的最小高度。

⑥ FRP 筋混凝土受弯构件在长期荷载作用下的挠度。

⑦ FRP 筋混凝土桥面板、路面板等结构构件的受力性能。

（3）剪力作用下的性能

① FRP 筋混凝土结构构件中混凝土的抗剪贡献。

② 配置 FRP 箍筋的混凝土结构构件的破坏模式和配箍率限制。

③ FRP 筋用作双向受力结构构件的抗冲切增强筋的研究。

（4）构造要求

① FRP 筋表面变形形式的规范和分类。

② FRP 筋的表面特征对粘结性能的影响。

③ FRP 筋的搭接长度要求。

④ 控制温度和收缩裂缝的 FRP 筋的最小配筋率。

（5）FRP 筋有关材性指标的测试方法

对于 FRP 筋的以下材料性能指标，目前的测试方法还不完善，需要建立标准的测试方法：

① FRP 筋的粘结性能及相关的粘结系数。

② FRP 筋的蠕变性能和疲劳性能。

③ FRP 筋的热胀系数。

④ FRP 筋的耐腐蚀性能（尤其在碱性环境中）及相关的环境折减系数。

⑤ FRP 箍筋弯折部位的强度。

⑥ FRP 筋的抗剪强度。

⑦ FRP 筋的抗压强度。

3. 预应力 FRP 筋增强混凝土结构

（1）预应力筋材和锚具系统

缺乏商品化的预应力筋材和锚具系统仍然是预应力 FRP 筋工程应用的一个主要障碍。无法实现商品化，所有的项目就只能停留在研究阶段。而这又与预应力 FRP 筋高昂的价格有关，较高的成本使得预应力 FRP 筋在许多工程中的应用都受到经济性的制约。

（2）锚具

预应力 FRP 筋的锚具还有许多需要改进的方面，改进的方向是便于工程应用与施工操作。对于无粘结预应力系统而言，锚具的疲劳效应还需要进一步评估。

（3）防火措施

虽然 CFRP 本身可以承受 1000℃ 的高温，但是树脂的耐热性能却是很差的。因此，锚具的防火措施仍然是研究的重点。

（4）弯折设备

若需对预应力 FRP 筋进行弯折，为限制弯折处的应力集中，通常需要采取较大的曲率半径，而传统的预应力钢筋的弯折设备不能满足这项要求，因而需要开发新型的适用于预应力 FRP 筋的弯折设备。

（5）长期粘结性能

预应力 FRP 筋的粘结性能取决于其表面的树脂，虽然环氧涂层钢筋的粘结性能提供了一些经验借鉴，但是预应力 FRP 筋的长期粘结性能仍然是未知的。

（6）电腐蚀作用

CFRP 的电腐蚀作用要强于钢筋，虽然纤维周围的树脂可以防止电腐蚀的发生，但是仍然需要对其进行研究分析并给出设计建议。

（7）体外预应力加固技术

预应力 FRP 筋在结构加固中的应用潜力较大。由于 FRP 筋的弹性模量较低，对加固工程而言，较短的预应力 FRP 筋更有吸引力。然而，缺乏可靠的锚固系统仍然是将体外预应力加固技术应用于工程实际的关键制约因素。

（8）预应力 FRP 筋替换腐蚀预应力钢筋

采用预应力 FRP 筋替换结构中遭腐蚀的预应力钢筋是一个潜力巨大的应用领域。为此，需要解决以下两个问题：设计与结构中已有孔洞相适应的预应力 FRP 筋；保证预应力 FRP 筋在弯折点之外正常发挥作用。

（9）预应力 FRP 筋对圆形槽罐的加固

采用"缠绕"或"包裹"加固方式，利用预应力 FRP 筋对圆形槽罐进行加固，还需要制定相应的设计指南。

（10）预应力施加程序/方法

尚需制定 FRP 筋预应力施加程序/方法的操作指南。

（11）可靠性评估

预应力 FRP 筋混凝土结构构件的强度折减系数需要重新校对，使其与钢筋混凝土结构构件的强度折减系数保持原理一致。

（12）抗剪承载力

对采用预应力 FRP 筋和 FRP 箍筋增强的混凝土梁，还需要制定其抗剪设计指南。

（13）粘结长度和锚固长度

预应力 FRP 筋的有效粘结长度和锚固长度还需要通过研究分析进一步确定，以便给出设计建议。

参 考 文 献

[1] 江世永，飞渭，李炳宏. 复合纤维筋混凝土结构设计与施工 [M]. 北京：中国建筑工业出版社，2017.

[2] Shiyong Jiang, Binghong Li, Qianhua Shi, Xianqi Hu. Behavior of Continuous FRP Rectangular Spirals as Shear Reinforcement for Concrete Beams [J]. Advanced Materials Research Vols. 418-420 (2012) pp 307-312.

[3] Shiyong Jiang, Binghong Li, Qianhua Shi, Xianqi Hu. Shear Capacity of Concrete Beams Reinforced with Continuous FRP Rectangular Spirals [J]. Applied Mechanics and Materials Vols. 204-208 (2012) pp 3009-3015.

[4] Shiyong Jiang, Yong Ye, Wei Fei. Experiment on the Bonding Performance of BFRP Bars Reinforced Concrete [J]. Applied Mechanics and Materials Vols. 174-177 (2012) pp 993-998.

[5] Yingtao Li, Shiyong Jiang, Binghong Li, Qianhua Shi, Xianqi Hu. Parametric Analysis of Shear Behavior of Concrete Beams Reinforced with Continuous FRP Rectangular Spirals [J]. Applied Mechanics and Materials Vols. 217-219 (2012) pp 2435-2439.

[6] Jin Chen, Shiyong Jiang, Zheng Jiang, Xiangrong Zeng, Lei Zhang, Wen Luo. Nonlinear numerical analysis of transfer beam Under complex situation [J]. Advanced Materials Research Vols. 671-674 (2013) pp 847-850.

[7] Junlong Zhou, Chunxia Xu, Shiyong Jiang, Binghong Li, Zhongwen Ou. Investigation on the alkali-resistance properties of Basalt Fiber Reinforced Plastics bars in concrete [J]. Advanced Materials Research Vols. 284-286 (2011) pp 182-186.

[8] 李雪阳. CFRP 筋高韧性水泥基复合材料柱抗震性能研究 [D]. 重庆：后勤工程学院，2017.

[9] 吴世娟. 基于 OpenSees 的 CFRP 筋转换梁框支剪力墙抗震性能分析 [D]. 重庆：后勤工程学院，2017.

[10] 徐莱. 墙肢布置对 CFRP 混合配筋框支剪力墙抗震性能影响研究 [D]. 重庆：后勤工程学院，2017.

[11] 陈进. 预应力 CFRP 筋-钢筋混合配筋混凝土转换梁框支剪力墙抗震性能研究 [D]. 重庆：后勤工程学院，2016.

[12] 宋荣基. 碳纤维布加固震损 CFRP 筋混凝土柱的抗震性能研究 [D]. 重庆：后勤工程学院，2015.

[13] 余晗健. 全无磁耐腐蚀 CFRP 筋混凝土柱低周反复荷载试验研究 [D]. 重庆：后勤工程学院，2015.

[14] 林志昆. 配 CFRP 筋的框支转换梁结构抗震性能试验研究 [D]. 重庆：后勤工程学院，2013.

[15] 李炳宏. 配置 BFRP 纵筋及 BFRP 连续螺旋箍筋的混凝土梁的受力性能研究 [D]. 重庆：后勤工程学院，2011.

[16] 林锋. 玄武岩纤维箍筋抗剪性能试验研究 [D]. 重庆：后勤工程学院，2011.

[17] 孙朋永. 玄武岩纤维增强塑料筋无粘结预应力混凝土梁受弯性能试验研究 [D]. 重庆：后勤工程学院，2009.

[18] 甘怡. 先张法预应力玄武岩纤维筋混凝土梁受弯性能试验研究 [D]. 重庆：后勤工程学院，2009.

[19] 李新. 玄武岩纤维增强塑料筋粘结锚固性能的试验研究 [D]. 重庆：后勤工程学院，2008.

[20] 李加贵. 芳纶纤维增强塑料筋混凝土梁受弯性能试验研究 [D]. 重庆：后勤工程学院，2006.

[21] 熊晔. 芳纶纤维增强塑料筋粘结锚固性能的试验研究 [D]. 重庆：后勤工程学院，2006.

[22] 曾祥蓉. 预应力碳纤维布加固混凝土梁非线性有限元分析 [D]. 重庆：后勤工程学院，2004.

[23] 飞渭. 预应力碳纤维布加固钢筋混凝土受弯构件试验研究 [D]. 重庆：后勤工程学院，2002.

[24] ACI Committee 440. Guide for the Design and Construction of Structural Concrete Reinforced with Fiber-Reinforced Polymer Bars，ACI 440. 1R-15 [R]. Farmington Hills，Michigan：American Concrete Institute Committee 440，2015.

[25] ACI Committee 440. Specification for Carbon and Glass Fiber-Reinforced Polymer Materials Made by Wet Layup for External Strengthen，ACI 440. 8-13 [R]. Farmington Hills，Michigan：American Concrete Institute Committee 440，2014.

[26] ACI Committee 440. Pre-stressing Concrete Structures with FRP Tendons（Reapproved 2011），ACI 440. 4R-04 [R]. Farmington Hills，Michigan：American Concrete Institute Committee 440，2004.

[27] ACI Committee 440. Guide for the Design and Construction of Externally Bonded FRP Systems for Strengthening Concrete Structures，ACI 440. 2R-08 [R]. Farmington Hills，Michigan：American Concrete Institute Committee 440，2008.

[28] ACI Committee 440. Guide Test Methods for Fiber-Reinforced Polymers（FRPs）for Reinforcing or Strengthening Concrete Structures，ACI 440. 3R-12 [R]. Farmington Hills，Michigan：American Concrete Institute Committee 440，2012.

[29] ACI Committee 440. Specifications for Construction with Fiber-Reinforced Polymer Reinforcing Bars，ACI 440. 5-08 [R]. Farmington Hills，Michigan：American Concrete Institute Committee 440，2008.

[30] ACI Committee 440. Specifications for Carbon and Glass Fiber-Reinforced Polymer Bar Materials for Concrete Reinforcement，ACI 440. 6-08 [R]. Farmington Hills，Michigan：American Concrete Institute Committee 440，2008.

[31] ACI Committee 440. Report on Fiber-Reinforced Polymer（FRP）Reinforcement for Concrete Structures，ACI 440R-07 [R]. Farmington Hills，Michigan：American Concrete Institute Committee 440，2007.

[32] ACI Committee 440. Guide for Design & Constr of Externally Bonded FRP Systems for Strengthening Unreinforced Masonry Structures，ACI 440. 7R-10 [R]. Farmington Hills，Michigan：American Concrete Institute Committee 440，2010.

[33] ACI 318-14. Building Code Requirements for Structural Concrete（ACI 318-08）and Commentary [S]. Farmington Hills，Michigan：American Concrete Institute Committee 318，2014.

[34] Japanese Society of Civil Engineers. Recommendation for Design and Construction of Concrete Structures Using Continuous Fiber Reinforcing Materials [S]. Tokyo，Japan：Japan Society of Civil Engineers，1997.

[35] JSCE-E531. Test method for tensile properties of continuous fiber reinforcing materials [S]. Tokyo，Japan：Research Committee on Continuous Fiber Reinforcing Materials，1997.

[36] Japanese Society of Civil Engineers. Recommendations for Design and Construction of High Performance Fiber Reinforced Cement Composite with Multipal Fine Cracks（HPFRCC）[S]. Tokyo，Japan：Japan Society of Civil Engineers，2007.

[37] Canadian Standards Association. Design and Construction of Building Components with Fiber-Reinforced Polymers [S]. Toronto, Ontario: Canadian Standards Association, 2002.

[38] Canadian Standards Association. Canadian Highway Bridge Design Code, S6-00 [S]. Toronto, Ontario: Canadian Standards Association, 2000.

[39] GB 50608—2010. 纤维增强复合材料建设工程应用技术规范 [S]. 北京：中华人民共和国住房和城乡建设部, 2011.

[40] GB/T 3354—1999. 定向纤维增强塑料拉伸性能试验方法 [S]. 北京：国家质量技术监督局, 1999.

[41] GB/T 31539—2015. 结构用纤维增强复合材料拉挤型材 [S]. 北京：中华人民共和国国家质量监督检验检疫总局, 2015.

[42] GB 50010—2010. 混凝土结构设计规范 [S]. 北京：中华人民共和国住房和城乡建设部, 2010.

[43] GB/T 50152—2012. 混凝土结构试验方法标准 [S]. 北京：中华人民共和国住房和城乡建设部, 2012.

[44] GB 50011—2010. 建筑抗震设计规范 [S]. 北京：中华人民共和国住房和城乡建设部, 2010.

[45] GB/T 50081—2002. 普通混凝土力学性能试验方法标准 [S]. 北京：中华人民共和国建设部, 2003.

[46] JGJ 101—96. 建筑抗震试验方法规程 [S]. 北京：中华人民共和国建设部, 1996.

[47] GB/T 17671—1999. 水泥胶砂强度检验方法 [S]. 北京：国家质量技术监督局, 1999.

[48] JGJ/T 70—2009. 建筑砂浆基本性能试验方法标准 [S]. 北京：中华人民共和国住房和城乡建设部, 2009.

[49] 周新刚, 初明进, 吴江龙等. 恶劣大气条件下混凝土结构的耐久性 [J]. 工业建筑, 2004, 34 (4)：66-68.

[50] 丁乃庆, 姚占龙. 高桩码头结构锈蚀破损原因分析及对策 [J]. 水道港口, 2002, 23 (1)：184-194.

[51] 张建伟, 邓宗才, 杜修力等. 预应力 FRP 技术的研究与发展 [J]. 工业建筑, 2004, 34 (1)：418-425.

[52] 丁鉴海, 索玉成, 余素荣等. 昆仑山口西 8.1 级地震前电离层与磁场短期异常对比研究 [J]. 地震, 2004, 24 (1)：104-111.

[53] 张亮娥, 闫计明, 陈常俊等. 太原地震台地磁相对记录室建设中的质量控制 [J]. 地震地磁观测与研究, 2008, 29 (6)：71-75.

[54] 郑柯献, 郑在壮, 陈维超. 琼中地震台地磁房改造 [J]. 地震地磁观测与研究, 2007, 28 (2)：84-89.

[55] 高丹盈, 李趁趁, 朱海堂. 纤维增强塑料筋的性能与发展 [J]. 纤维复合材料, 2002 (4)：37-40.

[56] 霍林生, 李宏男, 肖诗云等. 汶川地震钢筋混凝土框架结构震害调查与启示 [J]. 大连理工大学学报, 2009, 49 (5)：718-723.

[57] 吕林. CFRP 加固震后严重损伤混凝土框架的抗震试验研究 [D]. 郑州：郑州大学, 2009.

[58] 张敬书, 金德保, 付宝明等, 汶川地震后建筑的抗震加固技术 [J]. 工程抗震与加固改造, 2011, 33 (1)：107-110.

[59] 赵彤, 谢剑. 碳纤维布补强加固混凝土结构新技术 [M]. 天津：天津大学出版社, 2001.

[60] 吴刚, 魏洋, 吴智深等. 玄武岩纤维布与碳纤维布加固混凝土矩形柱抗震性能较研究 [J]. 工业建筑, 2007, 37 (6)：14-19.

[61] 谢剑, 刘明学, 赵彤. 碳纤维布提高高强混凝土柱抗震能力评估方法 [J]. 天津大学学报, 2005, 38 (2)：109-113.

[62] 李忠献，许成祥，景萌等. 碳纤维布加固钢筋混凝土短柱的抗震性能试验研究 [J]. 建筑结构学报，2002，23（6）：41-48.

[63] Houssam Toutanji, Mohamed Saafi. Performance of Concrete Beams Prestressed with Aramid Fiber-reinforced Polymer Tendons [J]. Composite Structures，1999（1）：63.

[64] 金飞飞，冯鹏，叶列平. 轻质 FRP 人行天桥的动力特性研究 [J]. 工业建筑，2009：279-282.

[65] 冯鹏，叶列平，金飞飞等. FRP 桥梁结构的受力性能与设计方法 [J]. 玻璃钢/复合材料，2011，5：12-19.

[66] 龚永智，张继文，蒋丽忠等. 高性能 CFRP 筋混凝土柱的抗震性能 [J]. 中南大学学报：自然科学版，2010，41（4）：1506-1513.

[67] Saatcioglu M, Grira M. Seismic Performance and Design of Concrete Columns Confined with CFRP Grids [C]//FRP Composites in Civil Engineering. Proceedings of the International Conference on FRP Composites in Civil Engineering. Edited by Teng J G, HongKong, China, 2001：1227-1234.

[68] Mohammed K S. Concrete Columns and Beams Reinforced with FRP Bars and Grid under Monotonic and Reversed Cyclic Loading [D]. Ottawa Carleton Institute for Civil Engineer, 2003.

[69] 马颖. 钢筋混凝土柱地震破坏方式及性能研究 [D]. 大连：大连理工大学，2012.

[70] 江洲. 钢筋混凝土柱动力性能试验及数值模拟研究 [D]. 湖南：湖南大学，2012.

[71] 王苏岩，曹怀超，刘毅. CFRP 布修复震损高强混凝土柱抗震性能试验研究 [J]. 铁道科学与工程学报，2012，9（3）：1-7.

[72] 张柯，岳清瑞，叶列平等. 碳纤维布加固混凝土柱改善延性的试验研究 [J]. 工业建筑，2000，30（2）：16-19.

[73] 赵彤，刘明国，谢剑等. 应用碳纤维布增强钢筋混凝土柱抗震能力的研究 [J]. 地震工程与工程振动，2000，20（4）：66-72.

[74] Ye L P, Zhang K, Zhao S H, Feng P. Experimental Studyon Seismic Strengthening of RC Columns with Wrapped CFRP Sheets [J]. Construction and Building Materials, 2003, 17（6-7）：499-506.

[75] 孙丽，张娜. 海水环境腐蚀下的 GFRP 筋抗压性能试验 [J]. 沈阳建筑大学学报：自然科学版，2013，1：8.

[76] N F Grace, A K Soliman, G Abdel-Sayed. Behavior and Ductility of Simple and Continuous FRP Reinforced Beams [J]. Journal of Composites for Construction, 1998：186-194.

[77] 朱虹. 新型 FRP 筋预应力混凝土结构的研究 [D]. 南京：东南大学土木工程学院，2004.

[78] 高丹盈，B. Brahim. 纤维聚合物筋与混凝土粘结机理及锚固长度的计算方法 [J]. 水利学报，2000，（11）：70-78.

[79] Alsayed S H, Al-Salloum Y A, Almusallam T H. Performance of Glass Fiber Reinforced Plastic Bars as A Reinforcing Material for Concrete Structures [J]. Composites：Part B, Engineering, 2000, 31（6）：555-567.

[80] 张新越，欧进萍. FRP 加筋混凝土短柱受压性能试验研究 [J]. 西安建筑科技大学学报，2006，38（4）：467-472.

[81] 马宏旺，吕西林，陈晓宝. 建筑结构"中震可修"性能指标的确定方法 [J]. 工程抗震与加固改造，2006，27（5）：26-32.

[82] Sharbatdar M K. Concrete Columns and Beams Reinforced with FRP Bars and Grids under Monotonic and Reversed Cyclic Loading [D]. University of Ottawa, 2003.

[83] Bakht B, Bazi G, Banthia N. Canadian Bridge Design Code Provisions for Fiber-reinforced Structures [J]. Journal of Composites for Construction, 2000 , 4（1）：3-15.

[84] 王元丰. AFRP 约束混凝土柱性能理论 [M]. 北京：科学出版社，2011.

［85］　蒋凤昌. 锈蚀钢筋混凝土柱承载力评估与加固修复研究［M］. 上海：同济大学出版社，2012.

［86］　郝庆多，王勃，欧进萍. 纤维增强塑料筋在土木工程中的应用［J］. 混凝土，2006（9）：38-40.

［87］　洪乃丰. 钢筋混凝土基础设施与耐久性. 土建结构工程的安全性与耐久性［M］. 北京：中国建筑工业出版社，2003：79.

［88］　刘尚合，孙国至. 复杂电磁环境内涵及效应分析［J］. 装备指挥技术学院学报，2008，19（1）：1-5.

［89］　Romualdi J P，Batson G B. Mechanics of Crack Arrest in Concrete［J］. Journal of the Engineering Mechanics Division，2008，89：147-168.

［90］　曹明莉，许玲，张聪. 高延性纤维增强水泥基复合材料的微观力学设计、性能及发展趋势［J］. 硅酸盐学报，2015，43（5）：632-642.

［91］　徐世烺，李贺东. 超高韧性水泥基复合材料研究进展及其工程应用［J］. 土木工程学报，2008，41（6）：45-60.

［92］　徐涛智，杨医博，梁颖华等. 聚乙烯醇纤维增韧水泥基复合材料研究进展［J］. 混凝土与水泥制品，2011（6）：39-44.

［93］　梅明荣，杨勇，王山山等. 钢纤维混凝土热性能及其防裂作用的研究［J］. 水利学报，2007，38（S1）：111-117.

［94］　戴建国，黄承逵，赵国藩. 混凝土中非结构性裂缝分析及合成纤维控制［J］. 建筑结构，2000，30（09）：56-59.

［95］　Li V C. Advances in ECC Research［J］. ACI Special Publication on Concrete：Material Science to Applications，2002，SP 206-23：373-400.

［96］　Lin Z，Kanda T，Li V C. On Interface Property Characterization and Performance of Fiber Reinforced Cementitious Composites［J］. Concrete Science and Engineering，1999，1（3）：173-184.

［97］　Redon C，Li V C，Wu C et al. Measuring and Modifying Interface Properties of PVA Fibers in ECC Matrix［J］. Journal of Materials in Civil Engineering，2001，13（6）：399-406.

［98］　Wang S，Wu C，Li V C. Interface Tailoring for Strain-Hardening Polyvinyl Alcohol-Engineered Cementitious Composite（PVA-ECC）［J］. ACI Materials Journal，2002，99（5）：463-472.

［99］　Fischer G，Li V C. Effect of Matrix Ductility on Deformation Behavior of Steel-reinforced ECC Flexural Members under Reversed Cyclic Loading Conditions［J］. ACI Structural Journal，2002，99（6）：781-790.

［100］　邓明科，刘海勃，秦萌等. 高延性纤维混凝土抗压韧性试验研究［J］. 西安建筑科技大学学报（自然科学版），2015，47（5）：660-665.

［101］　邓明科，秦萌，梁兴文. 高延性纤维混凝土抗压性能试验研究［J］. 工业建筑，2015，45（04）：120-126.

［102］　李艳，王伟伟，温从格. ECC 常规三轴受压力学性能试验研究［J］. 混凝土，2016（1）：59-63.

［103］　Li V C，Wang S. On High Performance Fiber Reinforced Cementitious Composites［C］//Proceedings of the JCI International Workshop on ductile Fiber Reinforced Cementitious Composites. Tokyo，Japan Concrete Institute，2003：13-23.

［104］　Li V C，Wang S，Wu C. Tensile Strain-Hardening Behavior of Polyvinyl Alcohol Engineered Cementitious Composite（PVA-ECC）［J］. ACI Materials Journal，2001，98（6）：483-492.

［105］　Li V C. Engineered Cementitious Composites［J］. Journal of the Chinese Ceramic Society，2007（4）：1-7.

［106］　Takashima H，Miyagai K，Hashida T. Fracture Properties of Discontinuous Fiber Reinforced Cementitious Composites Manufactured by Extrusion Molding［C］// Proceedings of JCI International

Workshop on Ductile Fiber Reinforced Cementitious Composites. Takayama, Japan, 2002: 75-83.

[107] Kamile Tosun-Felekoglu, Burak Felekoglu, Ravi Ranade et al. The Role of Flaw Size and Fiber Distribution on Tensile Ductility of PVA-ECC [J]. Composites: Part B, 2014 (56): 536-545.

[108] 徐世烺, 李贺东. 超高韧性水泥基复合材料直接拉伸试验研究 [J]. 土木工程学报, 2009, 42 (09): 32-41.

[109] 李贺东. 超高韧性水泥基复合材料试验研究 [D]. 大连: 大连理工大学, 2008.

[110] Zhang J, Gong C, Guo Z. Engineered Cementitious Composite with Characteristic of Low Drying Shrinkage [J]. Cement and Concrete Research, 2009, 39 (4): 303-312.

[111] 公成旭, 张君. 高韧性纤维增强水泥基复合材料的抗拉性能 [J]. 水利学报, 2008, 39 (3): 361-366.

[112] 潘钻峰, 汪卫, 孟少平等. 混杂聚乙烯醇纤维增强水泥基复合材料力学性能 [J]. 同济大学学报 (自然科学版), 2015, 43 (1): 33-40.

[113] Maalej M. Flexural/Tensile-Strength Ratio in Engineered Cementitious Composites [J]. Journal of Materials in Civil Engineering, 2014, 6 (4): 513-528.

[114] Li Q, Xu S. Experimental Research on Mechanical Performance of Hybrid Fiber Reinforced Cementitious Composites with Polyvinyl Alcohol Short Fiber and Carbon Textile [J]. Journal of Composite Materials, 2011, 45 (1): 5-28.

[115] 李贺东, 徐世烺. 超高韧性水泥基复合材料弯曲性能及韧性评价方法 [J]. 土木工程学报, 2010, 43 (3): 32-39.

[116] 李建强. 高韧性纤维增强水泥基复合材料试验研究 [D]. 西安: 长安大学, 2012.

[117] Shimizu K, Kanakubo T, Kanda T, et al. Shear Behavior of Steel Reinforced PVA-ECC Beams [C] //13th World Conference on Earthquake Engineering. Vancouver, Canada, 2004: 704-711.

[118] 杨忠, 刘成建, 张文健等. 钢筋增强高韧性水泥基复合材料梁受剪延性分析 [J]. 人民长江, 2014, 45 (13): 79-81.

[119] 杨忠, 刘成建, 张文健, 江德保. MCFT 理论的超高韧性水泥基复合材料简支梁抗剪性能研究 [J]. 长江科学院院报, 2015, 32 (07): 128-132.

[120] Fukuyama H, Suwada H. Experimental Response of HPFRCC Dampers for Structural Control [J]. Journal of Advanced Concrete Technology, 2003, 1 (3): 317-326.

[121] Mitamura H, Sakata N, Shakushiro K. Application of Overlay Reinforcement Method on Steel Deck Utilizing Engineered Cementitious Composites - Mihara Bridge [J]. Bridge and Foundation Engineering, 2005, 39 (8): 88-91.

[122] Kunieda M, Rokugo K. Recent Progress on HPFRCC in Japan Required Performance and Applications [J]. Journal of Advanced Concrete Technology, 2006, 4 (1): 19-33.

[123] 苏骏, 徐世烺. 高轴压比下 UHTCC 梁柱节点抗震性能试验 [J]. 华中科技大学学报 (自然科学版), 2010, (07): 53-56.

[124] 苏骏, 徐世烺, 毕辉. UHTCC 新型梁柱节点抗震性能试验研究 [J]. 地震工程与工程振动, 2010, 30 (02): 59-63.

[125] 苏骏, 李威, 张晋. UHTCC 局部增强框架节点抗震性能试验 [J]. 华中科技大学学报 (自然科学版), 2015, 43 (09): 110-113.

[126] 路建华, 张秀芳, 徐世烺. 超高韧性水泥基复合材料梁柱节点的低周往复试验研究 [J]. 水利学报, 2012, 43 (S1): 135-144.

[127] 张旭. 高轴压比 PVA-ECC 柱抗震性能研究 [D]. 湖南大学, 2016.

[128] 刘文林. PVA 纤维增强混凝土柱抗震性能试验和数值模拟研究 [D]. 兰州理工大学, 2016.

[129] 叶列平，冯鹏. FRP 在工程结构中的应用与发展 [J]. 土木工程学报，2006，39（3）：24-36.

[130] 黄亚新，苗大胜，程曦等. 不同种类拉挤 FRP 筋材压缩强度研究 [J]. 工程塑料应用，2012，40（8）：81-85.

[131] 诸葛萍，丁勇，卢彭真. 循环荷载作用对 CFRP 筋力学性能的影响 [J]. 复合材料学报，2014，31（1）：248-253.

[132] 龚永智，张继文，蒋丽忠等. CFRP 筋受压性能及人工海水环境对其影响的试验研究 [J]. 工业建筑，2010，40（3）：94-97.

[133] Wang H L, Sun X, Peng G et al. Experimental Study on Bond Behaviour between BFRP Bar and Engineered Cementitious Composite [J]. Construction and Building Materials, 2015, 95（3）：448-456.

[134] 方廷，王海龙，罗月静等. BFRP 筋 ECC 粘结滑移试验与本构模型 [J]. 低温建筑技术，2015，37（07）：6-8.

[135] 方廷. FRP 筋-ECC-混凝土复合结构力学性能研究 [D]. 浙江：浙江大学，2015.

[136] 高丹盈，朱海堂，谢晶晶. 纤维增强塑料筋混凝土粘结滑移本构模型 [J]. 工业建筑，2003，33（07）：41-43.

[137] Li V C, Wang S. Flexural Behaviors of Glass Fiber-reinforced Polymer （GFRP） Reinforced Engineered Cementitious Composite Beams [J]. ACI Materials Journal, 2002, 99（1）：11-21.

[138] Fischer G, Li V C. Deformation Behavior of Fiber-reinforced Polymer Reinforced Engineered Cementitious Composite （ECC） Flexural Members under Reversed Cyclic Loading Conditions [J]. ACI Structural Journal, 2003, 100（1）：25-35.

[139] 郝瀚，水中和，郑又瑞等. GFRP 筋增强 ECC 梁的抗弯性能研究 [J]. 建材世界，2015，36（02）：35-38.

[140] 赵永生，王嘉伟，俞家欢等. FRP 筋增强 PPECC 轴压柱试验研究 [J]. 混凝土与水泥制品，2013（05）：41-45.

[141] 俞家欢，邹静辉. FRP 筋增强 PPECC 梁滞回性能试验研究 [J]. 土木工程学报，2012，45（S2）：84-88.

[142] Wang S, Li V C. Polyvinyl Alcohol Fiber Reinforced Engineered Cementitious Composites：Material Design and Performances [C] // Proc Int'l Workshop on HPFRCC Structural Applications. RILEM SARL, 2011：65-73.

[143] 宁超. 聚丙烯纤维/水泥复合材料的制备与性能研究 [D]. 济南大学，2011.

[144] 胡春红，高艳娥，丁万聪. 超高韧性水泥基复合材料受压性能试验研究 [J]. 建筑结构学报，2013，34（12）：128-132.

[145] 孙明. 不同纤维掺量及品种对 ECC 流变性能和弯曲性能的影响研究 [D]. 沈阳建筑大学，2010.

[146] 顾惠琳，彭勃. 混凝土单轴直接拉伸应力-应变全曲线试验方法 [J]. 建筑材料学报，2003，6（1）：66-71.

[147] 黄晓燕，倪文，李克庆. 铁尾矿粉制备高延性纤维增强水泥基复合材料 [J]. 工程科学学报，2015，37（11）：1491-1497.

[148] 刘曙光，张栋翔，闫长旺等. 高钙粉煤灰 PVA-ECC 拉伸性能试验研究 [J]. 硅酸盐通报，2016，35（1）：52-60.

[149] 张林俊，宋玉普，吴智敏. 混凝土轴拉试验轴拉保证措施的研究 [J]. 实验技术与管理，2003，20（2）：99-101.

[150] 宗俊. 不同屈服点钢筋混凝土柱耗能性能研究 [D]. 扬州大学，2011.

[151] 李忠献. 工程结构试验理论与技术 [M]. 天津大学出版社，2004.

[152] 龚永智. 高性能 CFRP 筋增强混凝土柱受压及抗震性能的研究 [D]. 东南大学，2007.

[153] 蔡向荣. 超高韧性水泥基复合材料基本力学性能和应变硬化过程理论分析 [D]. 大连理工大学，2010.

[154] 方鄂华. 高层建筑钢筋混凝土结构概念设计（第 2 版）[M]. 北京：机械工业出版社，2014.

[155] 毛蓉方，王曙光，王滋军等. 梁式转换层梁柱受力性能研究 [J]. 建筑结构，2013，43（12）：15-19.

[156] 唐兴荣. 高层建筑转换层结构设计（第 2 版）[M]. 北京：中国建筑工业出版社，2012.

[157] 郑小冬，张敏. 带厚板转换高层住宅结构设计 [J]. 建筑结构，2013，43（S1）：89-94.

[158] 梁伟盛. 腋撑式钢筋混凝土结构转换层理论分析及抗震性能研究 [D]. 广州：华南理工大学，2012.

[159] 伏文英. 高层建筑结构设计计算条文与算例 [M]. 北京：中国建筑工业出版社，2015.

[160] 金文成，郑文衡，周小勇. 纤维复合材料配筋混凝土结构 [M]. 华中科技大学出版社，2014.

[161] Ardavan Yazdanbakhsh, Lawrence C. Bank, Chen Chen. Use of Recycled FRP Reinforcing Bar in Concrete as Coarse Aggregate and Its Impact on the Mechanical Properties of Concrete [J]. Construction and Building Materials 121 (2016) 278-284.

[162] 张维斌. 高层建筑带转换层结构设计释义及工程案例（第 2 版）[M]. 北京：中国建筑工业出版社，2015.

[163] 吕西林. 复杂高层建筑结构抗震理论与应用（第二版）[M]. 科学出版社，2014.

[164] 谢群，张鑫，陆洲导. 附加短肢墙式转换结构在竖向荷载作用下承载能力的试验研究 [J]. 结构工程师，2005，21（4）：81-84.

[165] 杨春，蔡健，吴轶等. 内置钢构架钢骨混凝土转换深受弯构件试验研究 [J]. 建筑结构学报，2008，29（2）：92-98.

[166] 祁勇，朱慈勉，钟树生. 不同肢厚比框支短肢剪力墙斜柱式转换梁框支剪力墙抗震试验研究 [J]. 振动与冲击，2012，31（12）：155-159.

[167] 李国强，崔大光. 钢骨混凝土梁柱框支剪力墙试验与恢复力模型研究 [J]. 建筑结构学报，2008，29（4）：73-80.

[168] 刘建伟. 框支剪力墙结构合理破坏机制及控制措施研究 [D]. 重庆：重庆大学，2012.

[169] 贾穗子，曹万林，袁泉. 框支密肋复合墙体拟静力试验研究 [J]. 哈尔滨工业大学学报，2015，47（8）：120-124.

[170] 贾穗子. 框支密肋复合板结构抗震性能研究 [D]. 北京：北京交通大学，2014.

[171] 李俞谕. 双型钢混凝土转换梁及其节点的抗震性能的研究 [D]. 长沙：湖南大学，2014.

[172] 沈朝勇，周福霖，阎维明等. 高宽比超限高层建筑模拟地震振动台试验研究 [J]. 广州大学学报（自然科学版），2003，2（2）：164-168.

[173] 黄襄云，金建敏，周福霖等. 高位转换框支剪力墙高层建筑抗震性能研究 [J]. 地震工程与工程震动，2004，24（3）：73-81.

[174] 徐培福，傅学怡，王翠坤等. 复杂高层建筑结构设计 [M]. 中国建筑工业出版社，2005.

[175] 周云，高向宇，阴毅等. 中海名都高层住宅结构模型模拟地震振动台试验研究 [J]. 地震工程与工程振动，2006，26（1）：105-110.

[176] 李永双，徐自国，曹进哲等. 某高层住宅项目振动台试验研究及弹塑性分析 [J]. 建筑结构，2009，39（3）：47-50.

[177] Han-Seon Lee, Dong-Woo Ko. Shaking Table Tests of a High-rise RC Bearing-wall Structure with Bottom Piloti Stories [J]. Journal of Architecture and Building Science, 2002, 117 (1486): 47-54.

[178] Hosoya H，Abe I，Kitagawa Y，Okada T. Shaking Table Test of Three-dimensional Scale Models of Reinforced Concrete High-rise Structures with Wall Columns [J]. ACI Structural Journal，2006，92（6）：765-780.

[179] Han-Seon Lee，Dong-Woo Ko. Seismic Response Characteristics of High-rise RC Wall building Having Different Irregularities in Lower Stories [J]. Engineering Structures，2007，10（6）：1-18.

[180] 魏琏，王森. 转换梁上部墙体受力特点及设计计算方法的研究 [J]. 建筑结构，2001，31（11）：3-6.

[181] Kuang J S，Li S. Interaction-based Design Tables for Transfer Beams Supporting In-plane Loaded Shear Walls [J]. Structural Design of Tall Buildings，2001，10（2）：121-133.

[182] 任卫教，沈斌. 楼板位置对转换梁扭转效应的影响 [J]. 建筑科学，2002，18（3）：3-5.

[183] 徐重人. 偏心转换梁受力性能的有限元分析 [J]. 建筑结构，2003，33（9）：39-42.

[184] 张兰英，李艳娜，吴庆荪. 带高位转换层的框支剪力墙结构弹塑性地震反应分析 [J]. 工业建筑，2003，33（6）：24-27.

[185] J. H. Li，R. K. L. Su，A. M. Chandler. Assessment of Low-rise Building with Transfer Beam under Seismic Forces [J]. Engineering Structure，2003，25（4）：34-39.

[186] 陈进，江世永，孙亮. 单跨框支转换梁应力分布规律的有限元分析 [J]. 四川建筑科学研究，2004，30（1）：35-37.

[187] R. S. Londhe. Shear Capacity of Reinforced Concrete Transfer Beams Reinforced with Longitudinal Steel [J]. Journal of Structural Engineering（Madras），2008，35（5）：112-127.

[188] 吴轶，何铭基，蔡健等. 带耗能腋撑型钢混凝土转换框架结构地震易损性分析 [J]. 工程力学，2012（10）：184-192.

[189] 何铭基. 带转换层高层框架结构基于变形和损伤的抗震性能评估方法研究 [D]. 广州：华南理工大学，2013.

[190] 杨淑斌，程晓杰. 某带高位转换框支剪力墙结构抗震性能分析 [J]. 安徽建筑大学学报，2015（06）：11-15.

[191] 张小莉，陶帅. 框支剪力墙转换结构的抗震性能分析 [J]. 四川建筑科学研究，2015，41（3）：85-87.

[192] 胡小勇，刘萍. 剪力墙与框架结构转换层有限元分析新解 [J]. 四川建筑科学研究，2015，41（2）：64-69.

[193] 郑元，聂仁杰. 某超高层部分框支剪力墙结构大震弹塑性分析 [J]. 建筑结构，2015，45（23）：34-39.

[194] 刘孟，王泽军. 带腋撑的梁式转换结构抗震性能分析 [J]. 世界地震工程，2016，32（2）：255-258.

[195] 何伟球，郑宜. 高层建筑转换梁框支剪力墙侧向受力特点及其合理屈服机制 [J]. 建筑科学，2016，32（1）：1-6.

[196] 郭伟亮，董万博，吴金妹等. 带转换双塔超高层结构抗震性能化设计 [J]. 建筑结构，2016，46（3）：12-18.

[197] 韩小雷，谢灿东，崔济东等. 基于构件变形的框支剪力墙结构抗震性能评估 [J]. 华南理工大学学报（自然科学版），2016，44（7）：105-115.

[198] B. M. Shahrooz，S. Boy，T. M. Baseheart. Flexural Strengthening of Four 76-year-old T-beams with Various Fiber-reinforced Polymer Systems：Testing and Analysis [J]. ACI Structural Journal，2002，99（5）：681-691.

[199] M. H. Han, A. Nain. Hygrotherma Aging of Polyimide Matrix Composite Laminates [J]. Composites: Part A, 2003, 34: 979-986

[200] 王伟, 薛伟辰. 碱环境下 GFRP 筋拉伸性能加速老化试验研究 [J]. 建筑材料学报, 2012, 15 (6): 760-766.

[201] 王晓璐, 查晓雄, 张旭琛. 高温下 FRP 筋与混凝土的粘结性能 [J]. 哈尔滨工业大学学报, 2013, 45 (6): 8-15.

[202] 卢姗姗. 配置钢筋或 GFRP 筋活性粉末混凝土梁受力性能试验与分析 [D]. 哈尔滨: 哈尔滨工业大学, 2010.

[203] 李趁趁, 王英来, 赵军等. 高温后 FRP 筋纵向拉伸性能 [J]. 建筑材料学报, 2014, 17 (6): 1076-1081.

[204] 徐新生. FRP 筋力学性能及其混凝土梁受弯性能研究 [D]. 天津: 天津大学, 2007.

[205] 葛文杰, 张继文, 戴航等. FRP 筋和钢筋混合配筋增强混凝土梁受弯性能 [J]. 东南大学学报 (自然科学版), 2012, 42 (1): 114-119.

[206] 韩强. CFRP-混凝土界面粘结滑移机理研究 [D]. 大连: 大连理工大学, 2010.

[207] 车媛. CFRP_钢管混凝土压弯构件的力学性能研究 [D]. 大连: 大连理工大学, 2013.

[208] 李春红. GFRP 筋混凝土桥面板设计方法的研究 [D]. 广州: 华南理工大学, 2013.

[209] 朱元林, 刘礼华, 张继文等. CFRP 筋粘结型锚固系统数值模拟及失效分析 [J]. 复合材料学报, 2015, 32 (5): 1414-1419.

[210] 李国维, 倪春, 葛万明等. 大直径喷砂 FRP 筋应力松弛试件锚固方法研究 [J]. 岩土工程学报, 2013, 35 (2): 228-234.

[211] 葛倩如, 黄志义, 王金昌等. BFRP 连续配筋复合式路面配筋设计 [J]. 浙江大学学报 (工学版), 2015, 49 (1): 186-191.

[212] P. X. W. Zhou. Long-term Deflection and Cracking Behavior of Concrete Beams Prestressed with Carbon Fiber-Reinforced Polymer Tendons [J]. Journal of Composites for Construction, 2003, 7 (30): 187-193

[213] H. A. Abdalla. Evaluation of Deflection in Concrete Members Reinforced with Fiber Reinforced Polymer (FRP) Bars [J]. Composite Structures, 2002, 56: 63-71.

[214] J. R. Yost, C. H. Goodspeed, E. R. Schmeckpeper. Flexural Performance of Concrete Beams Reinforced with FRP Grids [J]. Journal of Composites for Construction, 2001, 5 (1): 18-25.

[215] C. Barris. An Experimental Study of the Flexural Behaviour of GFRP RC Beams and Comparison with Prediction Models [J]. Composite Structures, 2009, 91 (3): 286.

[216] 郝庆多, 王川, 王勃等. GFRP/钢绞线复合筋混凝土梁开裂性能试验 [J]. 哈尔滨工业大学学报, 2012, 44 (02): 8-12.

[217] 薛伟辰, 张士前, 梁智殷. 1 年持续载荷下 GFRP-混凝土组合梁长期性能试验 [J]. 复合材料学报, 2016, 33 (05): 998-1008.

[218] Chakib Kassem, Ahmed Sabry Farghaly, Brahim Benmokrane. Evaluation of Flexural Behavior and Serviceability Performance of Concrete Beams Reinforced with FRP Bars [J]. Journal of Composites for Construction 15 (2011) 682-695.

[219] Ilker Fatih Kara, Ashraf F. Ashour. Flexural Performance of FRP Reinforced Concrete Beams [J]. Composite Structures 94 (2012) 1616-1625.

[220] R. J. Gravina, S. T. Smith. Flexural Behaviour of Indeterminate Concrete Beams Reinforced with FRP Bars [J]. Engineering Structures 30 (2008) 2370-2380.

[221] D. De Domenico, A. A. Pisano, P. Fuschi. A FE-based Limit Analysis Approach for Concrete

Elements Reinforce with FRP Bars [J]. Engineering Structures 33 (2011) 1754-1763.

[222] Joaquim A. O. Barros, Mahsa Taheri, Hamidreza Salehian, Pedro J. D. Mendes. A Design Model for Fibre Reinforced Concrete Beams Pre-stressed with Steel and FRPbars [J]. Composite Structures94 (2012) 2494-2512.

[223] Hamdy M. Mohamed, Radhouane Masmoud. Flexural Strength and Behavior of Steel and FRP-reinforced Concrete-filled FRP Tube Beams [J]. Engineering Structures 32 (2010): 3789-3800.

[224] S. E. C. Ribeiro, S. M. C. Diniz. Reliability-based Design Recommendations for FRP-reinforced Concrete Beams [J]. Engineering Structures 52 (2013) 273-283.

[225] Huanzi Wang, Abdeldjelil Belarbi. Flexural Durability of FRP Bars Embedded in Fiber-reinforced Concrete [J]. Construction and Building Materials 44 (2013) 541-550.

[226] Jun-Mo Yang, Kyung-Hwan Min, Hyun-Oh Shin, Young-Soo Yoon. Effect of Steel and Synthetic Fibers on Flexural Behavior of High-strength Concrete Beams Reinforced with FRP Bar [J]. Composites: Part B 43 (2012) 1077-1086.

[227] Mohamed S. Issa, Ibrahim M. Metwally, Sherif M. Elzeiny. Influence of Fibers on Flexural Behavior and Ductility of Concrete Beams Reinforced with GFRP Rebars [J]. Engineering Structures 33 (2011) 1754-1763.

[228] Zorislav Soric, Tomislav Kisicek, Josip Galic. Deflections of Concrete Beams Reinforced with FRP Bars [J]. Materials and Structures 43 (2010) 73-90.

[229] H. A. Abdalla. Evaluation of Deflection in Concrete Members Reinforced with Fiber Reinforced Polymer (FRP) Bars [J]. Composite Structures 56 (2002) 63-71.

[230] Xiaoshan Lin, Y. X. Zhang. Evaluation of Bond Stress-slip Models for FRP Reinforcing Bars in Concrete [J]. Composite Structures 107 (2014) 131-141.

[231] Bashar Behnam, Christopher Eamon. Reliability-based Design Optimization of Concrete Flexural Members Reinforced with Ductile FRP Bars [J]. Construction and Building Materials 47 (2013) 942-950.

[232] M. E. M. Mahroug, A. F. Ashour, D. Lam. Experimental Response and Code Modeling of Continuous Concrete Slabs Reinforced with BFRP Bars [J]. Composite Structures 107 (2014) 664-674.

[233] Mohamed Hassana, Ehab A. Ahmed, Brahim Benmokrane. Punching-shear Design Equation for Two-way Concrete Slabs Reinforced with FRP Bars and Stirrups [J]. Construction and Building Materials 66 (2014) 522-532.

[234] A. H. M. Muntasir Billah, M. Shahria Alam. Seismic Performance of Concrete Columns Reinforced with Hybrid Shape Memory Alloy (SMA) and Fiber Reinforced Polymer (FRP) Bars [J]. Construction and Building Materials 28 (2012) 730-742.

[235] Hany Jawaheri Zadeh, Antonio Nanni. Design of RC Columns Using Glass FRP Reinforcement [J]. Journal of Composites for Construction 17 (2013) 294-304.

[236] Ze-Yang Sun, Gang Wu, Zhi-Shen Wu et al. Nonlinear Behavior and Simulation of Concrete Columns Reinforced by Steel-FRP Composite Bars [J]. J. Bridge Eng. 19 (2014) 220-234.

[237] Hamdy M. Mohamed, Mohammad Z. Afifi, Brahim Benmokrane. Performance Evaluation of Concrete Columns Reinforced Longitudinally with FRP Bars and Confined with FRP Hoops and Spirals under Axial Load [J]. J. Bridge Eng. 19 (2014) 201-212.

[238] M. Nehdi, A. Said. Performance of RC Frames with Hybrid Reinforcement under Reversed Cyclic Loading [J]. Mater. Struct. 2005, 38 (6): 627-637.

［239］ M. Nehdi，M. Shahria Alam，M. A. Youssef. Development of Corrosion-free Concrete Beam-column Joint with Adequate Seismic Energy Dissipation ［J］. Engineering Structures 2010，32（9）：2518-2528.

［240］ Ilker Fatih Kara, Ashraf F. Ashour, Cengiz Dundar. Deflection of Concrete Structures Reinforced with FRP Bars ［J］. Composites：Part B 44（2013）375-384.

［241］ Stoll Frederick，J. E. Saliba, L. E. Casper. Experimental Study on CFRP-prestressed High-strength Concrete Bridge Beams ［J］. Composite Structures，2000，49（2）：191～200.

［242］ X. W. Patrick. Flexural Behavior and Deformability of Fiber Reinforced Polymer Prestressed Concrete Beams ［J］. Journal of Composites for Construction，2003，7（4）：275-284.

［243］ 薛伟辰. 新型 FRP 筋预应力混凝土梁试验研究与有限元分析 ［J］. 铁道学报，2003，25（5）：103-108.

［244］ 薛伟辰，王晓辉. 有粘结预应力 CFRP 筋混凝土梁试验及非线性分析 ［J］. 中国公路学报，2007，（7）：42-47.

［245］ 韩小雷等. 芳纶纤维预应力高强混凝土梁弯曲特性及延性探讨 ［J］. 建筑结构，2002，32（10）：53-55.

［246］ 王茂龙，朱浮声，金延. 预应力 FRP 筋混凝土梁受弯性能试验研究 ［J］. 混凝土，2006（12）：35-37.

［247］ 钱洋. 预应力 AFRP 筋混凝土梁受弯性能试验研究 ［D］. 南京：东南大学，2004.

［248］ 孟履祥. 纤维塑料筋部分预应力混凝土梁受弯性能研究 ［D］. 北京：中国建筑科学研究院，2005.

［249］ 杨剑. CFRP 预应力筋超高性能混凝土梁受力性能研究 ［D］. 长沙：湖南大学，2007.

［250］ 朱虹，张继文. 预应力 FRP 筋增强 RC 梁受弯破坏模式研究 ［J］. 土木建筑与环境工程，2012，34（5）：97-101.

［251］ 王作虎，杜修力，詹界东. 有粘结和无粘结相结合的预应力 FRP 筋混凝土梁抗弯承载力研究 ［J］. 工程力学，2012，29（3）：67-74.

［252］ 杜修力，王作虎，詹界东. 预应力 FRP 筋混凝土梁的抗震性能试验研究 ［J］. 土木工程学报，2012，45（2）：43-50.

［253］ B. Benmokrane, B. Zhang, A. Chennouf. Tensile Properties and Pullout Behaviour of AFRP and CFRP Rods for Grouted Anchor Applications ［J］. Construction and Building Materials，2000，14：157-170.

［254］ 叶列平，冯鹏，林旭川等. 配置 FRP 的结构构件的安全储备指标及分析 ［J］. 土木工程学报，2009. 42（9）：21-29.

［255］ 过镇海. 钢筋混凝土原理 ［M］. 北京：清华大学出版社，1999.

［256］ J. S. Jacobsen, P. N. Poulsen, J. F. Olesen, K. Krabbenhoft. Constitutive Mixed Mode Model for Cracks in Concrete ［J］. Engineering Fracture Mechanics，99（2013）：30-47.

［257］ 王作虎，杜修力，詹界东. 预应力 FRP 筋混凝土梁在低周反复荷载下的恢复力模型 ［J］ 北京工业大学学报，2012，38（10）：1509-1514.

［258］ Changqing Wang, Jianzhuang Xiao. Loan Pham and Tao Ding. Restoring Force Model of a Cast-in-situ Recycled Aggregate Concrete Frame ［J］. Advances in Structural Engineering 17（2014）：89-94.

［259］ Hadi Mazaheripour, Joaquim A. O. Barros, Jose Sena-Cruz. Tension-stiffening Model for FRC Reinforced by Hybrid FRP and Steel Bars ［J］. Composites：Part B 88（2016）162-181.

［260］ 陈进，江世永，周凌等. 混合配筋梁式转换结构抗震性能试验研究 ［J］. 振动与冲击，2013，32

(21)：150-157.

[261] 凌炯. 面向对象开放程序 OpenSees 在钢筋混凝土结构非线性分析中的应用与初步开发 [D]. 重庆大学，2004.

[262] 解琳琳，黄羽立，陆新征等. 基于 OpenSees 的 RC 框架-核心筒超高层建筑抗震弹塑性分析 [J]. 工程力学，2014（01）：64-71.

[263] 荣维生. 带板式转换高层建筑混凝土结构抗震性能研究 [D]. 北京：中国建筑科学研究院，2004.

[264] 梁伟盛. 腋撑式钢筋混凝土结构转换层理论分析及抗震性能研究 [D]. 广州：华南理工大学，2012.

[265] 钟树生，周礼婷，赵大梅. 框支短肢剪力墙转换结构不同墙肢布置方式抗震试验研究 [J]. 后勤工程学院学报，2011，27（2）：18-25.

[266] 祁勇，朱慈勉，钟树生. 框支短肢剪力墙斜柱式转换结构抗震性能试验研究 [J]. 结构工程师，2013，29（2）：70-74.

[267] 祁勇，钟树生. 框支短肢剪力墙转换结构抗震性能试验研究 [J]. 四川建筑科学研究，2013，39（4）：223-226.

[268] Liang W S，Cai J. Nonlinear Static Analysis of Seismic Response for Transfer Structure with Haunching Braces [J]. Advanced Materials Research，2011，255-260：493-498.

[269] Liang W S，Cai J. Displacement-Based Assessment of Seismic Resistance for Transfer Structure with Haunching Braces [J]. Advanced Materials Research，2011，243-249：557-562.

[270] 吴轶，何铭基，杨春等. 基于增量动力分析的带耗能腋撑钢筋混凝土转换结构抗震性能评估 [J]. 地震工程与工程振动，2010，30（5）：72-79.

[271] 杨淑斌，程晓杰. 某带高位转换框支剪力墙结构抗震性能分析 [J]. 安徽建筑大学学报，2015（06）：11-15

[272] Zou P X W. Flexural Behavior and Deformability of Fiber Reinforced Polymer Prestressed Concrete Beams [J]. Journal of Composites for Construction，2003，7（4）：275-284.

[273] Burke C R，DolanC W. Flexural Design of Prestressed Concrete Beams Using FRP Tendons [J]. PCI Journal，2001，46（2）：76-87.

[274] P. A. Whitehead，T. J. Ibell. Novel Shear Reinforcement for Fiber-reinforced Polymer-reinforced and Prestressed Concrete [J]. ACI Structural Journal，2005，102（2）：286-294.

[275] F. T. Au，J. Du. Deformability of Concrete Beams with Unbonded FRP Tendons [J]. Engineering Structures，2008，30（12）：3764-3770

[276] 方志，杨剑. 预应力 CFRP 筋混凝土 T 梁受力性能试验研究 [J]. 建筑结构学报 2005，26（5）：66-73.

[277] 徐新生，郑永峰. FRP 筋力学性能试验研究及混杂效应分析 [J]. 建筑材料学报，2008（11）：45-48.

[278] 杜修力，王作虎，詹界东. 预应力 CFRP 筋混凝土梁受剪性能试验研究 [J]. 建筑结构学报，2013，32（4）：80-86.

[279] 杨健. 混合 FRP 筋混凝土梁受弯性能研究 [D]. 重庆：重庆大学，2012.

[280] 贺谦. 基于 ANSYS 的高层钢结构抗震及稳定性分析 [D]. 成都：西南交通大学，2013.

[281] 张洪达. FRP 筋混凝土框架结构抗震性能有限元分析 [D]. 济南：济南大学，2014.

[282] 李琳，张正亚，吕毅刚. 预应力混凝土 T 梁抗弯承载能力试验研究与 Ansys 数值模拟 [J]. 中外公路，2016（03）：183-188.

[283] Guner S，Vecchio F J. Pushover Analysis of Shear-Critical Frames：Verification and Application [J]. ACI Structural Journal，2010，107（107）：72-81.

[284] 陈学伟. 剪力墙结构构件变形指标的研究及计算平台开发 [D]. 广州：华南理工大学，2011.

[285] 陈鑫. 配有高强钢筋高强混凝土框架结构抗震性能试验研究 [D]. 大连：大连理工大学，2012.

[286] 王仪萍. 预应力混凝土空腹桁架转换结构抗震性能分析 [D]. 重庆：重庆大学，2013.

[287] Chiara, Casarotti, Pinho. Seismic Response of Continuous Span Bridges through Fiber-based Finite Element Analysis [J]. Earthquake Engineering and Engineering Vibration, 2006, 5 (1)：119-131.

[288] 张强，周德源，伍永飞等. 钢筋混凝土框架结构非线性分析纤维模型研究 [J]. 结构工程师，2008, 24 (1)：15-20.

[289] 江见鲸，陆新征. 混凝土结构有限元分析 [M]. 北京：清华大学出版社，2013.

[290] 陈学伟，林哲. 结构弹塑性分析程序 OpenSees 原理与实例 [M]. 北京：中国建筑工业出版社，2014.

[291] 吕西林. 建筑结构抗震设计理论与实例 [M]. 上海：同济大学出版社，2015.

[292] Setzler E J, Sezen H. Model for the Lateral Behavior of Reinforced Concrete Columns Including Shear Deformations [J]. Earthquake Spectra, 2008, 24 (2)：493-511.

[293] S Y X, Jian Z. Hysteretic Shear-flexure Interaction Model of Reinforced Concrete Columns for Seismic Response Assessment of Bridges [J]. Earthquake Engineering & Structural Dynamics, 2011, 40 (3)：315-337.

[294] 杨红，赵雯桐，莫林辉等. 考虑节点非弹性变形的 RC 框架地震反应分析 [J]. 湖南大学学报（自然科学版），2014, (09)：27-34.

[295] Zhao J, Sritharan S. Modeling of Strain Penetration Effects in Fiber-Based Analysis of Reinforced Concrete Structures [J]. ACI Structural Journal, 2007, 104 (2)：133-141.

[296] Elwood K. Shake Table Tests and Analytical Studies on the Gravity Load Collapse of Reinforced Concrete Frames [D]. University of California, Berkeley, 2002.

[297] 陈建伟，边瑾靓，苏幼坡等. 应用 OpenSees 模拟方钢管混凝土柱的抗震性能 [J]. 世界地震工程，2015 (3)：71-77.

[298] 艾庆华，王东升，向敏. 基于纤维单元的钢筋混凝土桥墩地震损伤评价 [J]. 计算力学学报，2011, 28 (5)：737-742.

[299] 赵鹏展. GFRP 管混凝土柱—钢筋混凝土梁节点抗震性能研究 [D]. 大连：大连理工大学，2010.

[300] Neuenhofer A, Filippou F C. Geometrically Nonlinear Flexibility-Based Frame Finite Element [J]. Journal of Structural Engineering, 1998, 124 (6)：704-711.

[301] 冯鹏，叶列平，黄羽立. 受弯构件的变形性与新的性能指标的研究 [J]. 工程力学，2005, 22 (6)：28-36.

[302] 窦志明. 高强混凝土柱的抗震性能研究 [D]. 广州：广州大学，2012.

[303] 闫晓荣，刘红军. 正交各向异性损伤模型在混凝土坝抗震安全评价中的应用 [D]. 大连：大连理工大学，2005.

[304] 石亦平，周玉蓉. ABAQUS 有限元分析实例详解 [M]. 北京：机械工业出版社，2006：165-207.

[305] 雷拓，钱江，刘成清. 混凝土损伤塑性模型应用研究 [J]. 结构工程师，2008, 24 (2)：22-27.

[306] 刘劲松，刘红军. ABAQUS 钢筋混凝土有限元分析 [J]. 装备制造技术，2009 (6)：69-70, 107.

[307] 王玉镯，傅传国. ABAQUS 结构工程分析及实例详解 [M]. 北京：中国建筑工业出版社，2010.

[308] 陈进，江世永，曾详蓉等. 部分配置 FRP 筋框支剪力墙抗震性能研究 [J]. 建筑材料学报，2016, 19 (2)：317-324.

［309］ 吴世娟，江世永，陶帅等. CFRP筋转换梁框支剪力墙抗震性能试验的数值模拟仿真方法［J］. 土木建筑与环境工程，2017，39（5）：16-22.

［310］ 江世永，陶帅，姚未来等. 高韧性纤维混凝土单轴受压性能及尺寸效应［J］. 材料导报，2017（24）：161-168.

［311］ 李雪阳，江世永，陶帅等. 高韧性水泥基复合材料抗压强度正交试验研究［J］. 硅酸盐通报，2017，36（2）595-601.

［312］ 江世永，陶帅，李雪阳. FRP筋高韧性纤维混凝土复合结构抗震性能研究进展［J］. 玻璃钢/复合材料，2017（7）：92-99.

［313］ 李雪阳，江世永，飞渭等. 高韧性水泥基复合材料强度尺寸效应试验研究与正交分析［J］. 中国材料进展，2017，36（6）：473-478.

［314］ 徐莱，陈进，王仲刚等. 部分预应力混合配筋框支转换梁结构拟静力试验研究［J］. 工业建筑，2017，47（3）：83-88.

［315］ 江世永，余晗健，姚未来等. 全CFRP筋混凝土柱低周反复荷载试验研究［J］. 四川建筑科学研究，2017，43（3）：99-104.

［316］ 陈进，江世永，张蕾等. 复杂受力情况下框支转换梁的设计研究［J］. 四川建筑科学研究，2012，38（3）：42-45.